"十四五"职业教育国家规划教材

高等职业教育药学类与食品药品类专业第四轮教材

仪器分析技术 第**3**版

(供药品质量与安全、药品生产技术、食品检验检测技术及药学类专业用)

主 编 杜学勤 高秀蕊 于 勇
主 审 毛金银（中国药科大学）
副主编 潘 伦 甘淋玲 赵玉文
编 者 （以姓氏笔画为序）
　　　　于 勇（湖南食品药品职业学院）　　　甘淋玲（重庆医药高等专科学校）
　　　　杜学勤（山西药科职业学院）　　　　　沈丽宫（福建生物工程职业技术学院）
　　　　赵玉文（山东药品食品职业学院）　　　姚 蓉（湖南食品药品职业学院）
　　　　高秀蕊（山东药品食品职业学院）　　　麻佳蕾（金华职业技术学院）
　　　　韩红兵（江苏省常州技师学院）　　　　潘 伦（重庆医药高等专科学校）
　　　　薛 琼（山西药科职业学院）

中国健康传媒集团
中国医药科技出版社

内 容 提 要

本教材是"高等职业教育药学类与食品药品类专业第四轮教材"之一，系根据仪器分析技术教学大纲的基本要求和课程特点编写而成，内容上涵盖电化学、紫外－可见光谱、红外吸收光谱、原子吸收光谱、荧光光谱、经典柱色谱、薄层色谱、气相色谱、高效液相色谱、质谱的基础知识及其实用分析技术。本教材紧密结合相关专业要求，优化教材内容，突出实用技术，精选典型示例，强化实验实训；具有基础知识适度够用、实验实训易于操作、编写体例新颖规范、图文并茂、通俗易懂、实用性强的特点。本教材为书网融合教材，配套有电子教材、PPT、题库和微课视频等数字资源，使教学资源更多样化、立体化。

本教材可供全国高职高专院校药品质量与安全、药品生产技术、食品检验检测技术及药学类专业师生教学使用，也可作为生产企业相关人员的培训教材或参考用书。

图书在版编目（CIP）数据

仪器分析技术／杜学勤，高秀蕊，于勇主编．—3 版．—北京：中国医药科技出版社，2021.8（2024.8 重印）

高等职业教育药学类与食品药品类专业第四轮教材

ISBN 978 - 7 - 5214 - 2553 - 6

Ⅰ.①仪…　Ⅱ.①杜…②高…③于…　Ⅲ.①仪器分析－高等职业教育－教材　Ⅳ.①O657

中国版本图书馆 CIP 数据核字（2021）第 143810 号

美术编辑 陈君杞

版式设计 友全图文

出版　**中国健康传媒集团**｜中国医药科技出版社

地址　北京市海淀区文慧园北路甲 22 号

邮编　100082

电话　发行：010 - 62227427　邮购：010 - 62236938

网址　www.cmstp.com

规格　889 × 1194mm $\frac{1}{16}$

印张　14

字数　368 千字

初版　2013 年 1 月第 1 版

版次　2021 年 8 月第 3 版

印次　2024 年 8 月第 7 次印刷

印刷　北京印刷集团有限责任公司

经销　全国各地新华书店

书号　ISBN 978 - 7 - 5214 - 2553 - 6

定价　**42.00 元**

获取新书信息、投稿、为图书纠错，请扫码联系我们。

出版说明

"全国高职高专院校药学类与食品药品类专业'十三五'规划教材"于 2017 年初由中国医药科技出版社出版，是针对全国高等职业教育药学类、食品药品类专业教学需求和人才培养目标要求而编写的第三轮教材，自出版以来得到了广大教师和学生的好评。为了贯彻党的十九大精神，落实国务院《国家职业教育改革实施方案》，将"落实立德树人根本任务，发展素质教育"的战略部署要求贯穿教材编写全过程，中国医药科技出版社在院校调研的基础上，广泛征求各有关院校及专家的意见，于 2020 年 9 月正式启动第四轮教材的修订编写工作。

党的二十大报告指出，要办好人民满意的教育，全面贯彻党的教育方针，落实立德树人根本任务，培养德智体美劳全面发展的社会主义建设者和接班人。教材是教学的载体，高质量教材在传播知识和技能的同时，对于践行社会主义核心价值观，深化爱国主义、集体主义、社会主义教育，着力培养担当民族复兴大任的时代新人发挥巨大作用。在教育部、国家药品监督管理局的领导和指导下，在本套教材建设指导委员会专家的指导和顶层设计下，依据教育部《职业教育专业目录（2021 年）》要求，中国医药科技出版社组织全国高职高专院校及相关单位和企业具有丰富教学与实践经验的专家、教师进行了精心编撰。

本套教材共计 66 种，全部配套"医药大学堂"在线学习平台，主要供高职高专院校药学类、药品与医疗器械类、食品类及相关专业（即药学、中药学、中药制药、中药材生产与加工、制药设备应用技术、药品生产技术、化学制药、药品质量与安全、药品经营与管理、生物制药专业等）师生教学使用，也可供医药卫生行业从业人员继续教育和培训使用。

本套教材定位清晰，特点鲜明，主要体现在如下几个方面。

1. 落实立德树人，体现课程思政

教材内容将价值塑造、知识传授和能力培养三者融为一体，在教材专业内容中渗透我国药学事业人才必备的职业素养要求，潜移默化，让学生能够在学习知识同时养成优秀的职业素养。进一步优化"实例分析/岗位情景模拟"内容，同时保持"学习引导""知识链接""目标检测"或"思考题"模块的先进性，体现课程思政。

2. 坚持职教精神，明确教材定位

坚持现代职教改革方向，体现高职教育特点，根据《高等职业学校专业教学标准》要求，以岗位需求为目标，以就业为导向，以能力培养为核心，培养满足岗位需求、教学需求和社会需求的高素质技能型人才，做到科学规划、有序衔接、准确定位。

3. 体现行业发展，更新教材内容

紧密结合《中国药典》（2020 年版）和我国《药品管理法》（2019 年修订）、《疫苗管理法》（2019

年)、《药品生产监督管理办法》（2020年版）、《药品注册管理办法》（2020年版）以及现行相关法规与标准，根据行业发展要求调整结构、更新内容。构建教材内容紧密结合当前国家药品监督管理法规、标准要求，体现全国卫生类（药学）专业技术资格考试、国家执业药师职业资格考试的有关新精神、新动向和新要求，保证教育教学适应医药卫生事业发展要求。

4. 体现工学结合，强化技能培养

专业核心课程吸纳具有丰富经验的医疗机构、药品监管部门、药品生产企业、经营企业人员参与编写，保证教材内容能体现行业的新技术、新方法，体现岗位用人的素质要求，与岗位紧密衔接。

5. 建设立体教材，丰富教学资源

搭建与教材配套的"医药大学堂"（包括数字教材、教学课件、图片、视频、动画及习题库等），丰富多样化、立体化教学资源，并提升教学手段，促进师生互动，满足教学管理需要，为提高教育教学水平和质量提供支撑。

6. 体现教材创新，鼓励活页教材

新型活页式、工作手册式教材全流程体现产教融合、校企合作，实现理论知识与企业岗位标准、技能要求的高度融合，为培养技术技能型人才提供支撑。本套教材部分建设为活页式、工作手册式教材。

编写出版本套高质量教材，得到了全国药品职业教育教学指导委员会和全国卫生职业教育教学指导委员会有关专家以及全国各相关院校领导与编者的大力支持，在此一并表示衷心感谢。出版发行本套教材，希望得到广大师生的欢迎，对促进我国高等职业教育药学类与食品药品类相关专业教学改革和人才培养作出积极贡献。希望广大师生在教学中积极使用本套教材并提出宝贵意见，以便修订完善，共同打造精品教材。

数字化教材编委会

主 编　杜学勤　高秀蕊　于　勇
副主编　潘　伦　甘淋玲　赵玉文
编 者　（以姓氏笔画为序）
　　　　于　勇（湖南食品药品职业学院）
　　　　甘淋玲（重庆医药高等专科学校）
　　　　杜学勤（山西药科职业学院）
　　　　沈丽宫（福建生物工程职业技术学院）
　　　　赵玉文（山东药品食品职业学院）
　　　　姚　蓉（湖南食品药品职业学院）
　　　　高秀蕊（山东药品食品职业学院）
　　　　麻佳蕾（金华职业技术学院）
　　　　韩红兵（江苏省常州技师学院）
　　　　潘　伦（重庆医药高等专科学校）
　　　　薛　琼（山西药科职业学院）

仪器分析技术是高职高专药品质量与安全、药品生产技术、食品检验检测技术及药学类专业的专业基础课，主要为学习后续药物检测技术、中药制剂检测技术、食品理化分析技术等课程及从事药物、食品检测等岗位奠定基础。

本版教材是在上版教材的基础上进行了修订，将编排在实训项目里的仪器维护保养模块调整到章节正文中，优化教材结构，强化精密仪器的维护知识。按照《中国药典》（2020 年版）和最新版《食品安全国家标准》修订与补充了药品、食品检测案例，与现行标准契合。参照全国职业院校技能大赛项目，并结合目前高职高专院校已开设的实训，删去上版教材中安排不合理的内容，新增食品检测实训内容。增加数字资源，常用仪器的使用配有操作规范的教学视频，使本版教材更具特色。

本教材体系新颖，特点鲜明，具体如下：

1. 简化理论知识、语言精炼、图文并茂、通俗易懂。本书共有 186 张图表和 31 个应用示例，帮助学生理解概念，掌握技术难点。

2. 每章涵盖理论知识、实用技术、应用示例、实践训练内容，理实一体，环环相扣。

3. 本版教材体例新颖，设置"学习引导""学习目标""实例分析""知识链接""即学即练""实践实训""目标检测"等模块。满足教学需求，提升教材可读性。

4. 实训项目取材经典，仪器普适，材料易得，规范仪器操作，强化数据处理能力训练。

5. 本教材为书网融合教材，配套有电子教材、PPT、题库和微课视频等数字资源，使教学资源更多样化、立体化。

本教材编写分工如下：杜学勤、高秀蕊及于勇担任主编，毛金银担任主审；杜学勤编写第一章，甘淋玲编写第二章，麻佳蕾编写第三章，薛琼编写第四章，韩红兵编写第五章，赵玉文编写第六章，姚蓉编写第七章，沈丽宫编写第八章，高秀蕊编写第九章，于勇编写第十章；杜学勤负责纸质教材及题库统稿，潘伦负责数字化教材统稿。

本教材在编写过程中，编者参考了大量书籍、文献资料，在此向相关书籍、文献资料的作者表示最衷心的感谢！对上版教材的主编毛金银及各位编者的支持表示最衷心的感谢！

由于编者能力所限，书中难免有疏漏与不妥之处，敬请读者批评指正，以便修订时完善。

编 者
2021 年 5 月

目录
CONTENTS

1

学习引导

1907 年，迈克尔孙因为"发明光学干涉仪并使用其进行光谱学研究"而成为美国第一位诺贝尔物理学奖获得者。1919 年，阿斯顿成功研制第一台质谱仪，之后借助质谱技术测定同位素，并成为 1922 年诺贝尔化学奖获得者。马丁和辛格发明了分配色谱法，并从混合物中分离出多种新物质而共同获得 1952 年诺贝尔化学奖……在诺贝尔物理和化学奖中，大约有四分之一属于测试方法和仪器创新，这些重大科学发明和技术进步推动仪器分析迅速发展。那么仪器分析与我们熟悉的滴定分析有什么不同？仪器分析在分析化学中又将发挥怎样的作用？

本章主要介绍仪器分析的分类、特点、发展方向及应用。

学习目标

1. 掌握 仪器分析的类型、特点与发展方向。
2. 了解 仪器分析技术在医药与食品领域的相关应用。

第一节 仪器分析的任务与分类

PPT

一、仪器分析的任务

化学测量学是研究物质的组成和结构，确定物质在不同状态和演变过程中化学成分、含量、时空分布和相互作用的量测科学，旨在发展化学测量相关的原理、策略、方法与技术，研制各类分析仪器、装置及相关软件，以获取物质组成、分布、结构与性质的信息与时空变化规律。分析化学（analytical chemistry）学科重整后已经调整为化学测量学。

化学测量学从传统的容量分析发展到现代的仪器分析；从光谱、电化学、色谱、质谱、核磁共振、热分析拓展到成像分析、纳米分析、微纳流控分析；从无机、有机分析扩展到生命过程化学信息的获取；从常量、微量、痕量分析到单颗粒、单细胞、单分子、活体分析；从简单物质的鉴定、单一信号的获取到复杂与生命体系的高通量检测与海量数据挖掘。

仪器分析（instrumental analysis）作为化学测量学的一个分支，它不同于建立在物质化学反应基础上的化学分析（chemical analysis）。仪器分析是指通过测量物质的某些物理或物理化学性质的参数及其变化来确定物质的组成、成分含量及化学结构等信息的分析方法，常需要借助各类复杂、精密的仪器完成检测。化学分析适于常量组分（含量＞1%）的分析，仪器分析常用于微量组分（含量在0.01%~1%），甚至痕量组分（含量＜0.01%）的分析。

仪器分析是对被测物质的存在状态、结构、反应过程等进行定性或定量分析，为各类研究、生产等活动提供灵敏、快捷的检测方法和准确结果，保证各类活动的顺利进行。它既是分析测试的重要方法，又是化学研究的重要手段，是化学测量学的发展方向。

仪器分析课程是化学、化工、制药、环境、食品、医疗卫生等学科的专业基础课。目前仪器分析技术已成为我国高等职业院校药品质量与安全、药学、药品生产技术、食品检验检测技术等专业教育中一门必修的专业基础课。通过本课程的学习，要求学生熟悉现代仪器分析方法，掌握仪器工作原理、结构及使用技术，能根据具体的分析检测任务，结合所学的各类仪器分析方法的基础知识、基本理论和实用技术，选择合适的分析测试手段，解决工作中所遇到的问题，完成工作任务。本课程的目的在于培养分析检验技术人才所必须具备的现代仪器分析技术及其相关综合素质。

二、仪器分析的分类

现代分析仪器的种类繁多，分析测试方法也很多，其原理、仪器结构、操作技术、适用范围等差别很大，并且各种方法具有相对独立性。根据测量的物质性质或参数不同，仪器分析大体分为以下几类。

1. 电化学分析法（electrochemical analysis） 是根据物质在溶液中与电极上的电化学性质为基础建立的分析方法。测试时将试样溶液和适当电极构成化学电池，通过测量该电池的电导（电阻）、电位、电流、电量的强度或变化情况对物质进行分析测试。根据测量参数的不同，又可分为电导分析法、电位分析法、库仑分析法、伏安法、极谱法等。

2. 光学分析法（optical analysis） 是基于物质发射的电磁辐射或物质与电磁辐射相互作用后产生的信号变化而建立的分析方法。又可分为非光谱法和光谱法。

（1）非光谱法 不涉及物质内部能级的跃迁，即不以光的波长为特征信号，而是通过测量光的某些基本性质（反射、折射、干涉、衍射和偏振等）的变化建立起来的光学分析法。这类方法可分为折射法、X射线衍射法、电子衍射法、旋光法、浊度法等。

（2）光谱法 是依据被测物质对光的发射、吸收、散射或荧光等作用建立的光学分析法，当物质与光相互作用，物质内部发生能级跃迁，产生辐射能强度随波长变化的图谱即光谱。利用此光谱进行定性定量和结构分析的方法即光谱分析法（spectroscopic analysis）。根据物质分子或原子内不同能级间跃迁所需要的能量和不同波长光的能量相互匹配的关系，建立了一系列的光谱分析方法。如原子发射光谱法、原子吸收光谱法、紫外-可见分光光度法、红外吸收光谱法、拉曼光谱法、分子荧光和磷光光谱法、核磁共振波谱法等。按不同的分类方式，光谱法可分为发射光谱法、吸收光谱法、散射光谱法；或分为原子光谱法和分子光谱法；或分为能级谱，电子、振动、转动光谱，电子自旋及核自旋谱等。

3. 色谱分析法（chromatography） 是用来分离、分析多组分物质极其有效的方法之一，是根据混合物的各组分在互不相溶的两相（固定相和流动相）间具有不同的分配系数、吸附能力或其他亲和作用的差异，使得不同的组分在固定相中滞留时间有长有短而按一定的先后顺序流出固定相建立的分离分析方法。常依据流动相的物理状态进行分类，用气体作流动相的色谱分析法称为气相色谱法；用液体作流动相的色谱分析法称为液相色谱法；用超临界流体作为流动相的色谱分析法称为超临界流体色谱法。

4. 质谱法（mass spectrometry，MS） 是在离子源中将被测物质分子解离成气态离子，利用离子在电场或磁场中运动性质的差异，在质量分析器中按质荷比（m/z，该离子的相对质量与所带单位电荷的数值之比）大小进行分离和测定的分析方法。根据所获得的图谱即质谱图的信息（m/z 的大小和相对强度），可进行有机物和无机物定性、定量和结构分析，特别适合于复杂有机化合物或生物大分子的鉴定和结构分析。

5. 热分析法（thermal analysis） 是通过测定物质的质量、体积、热导或反应热与温度变化之间的相互关系而建立起来的分析方法。热分析法广泛应用于物质的组成、熔点、多晶型、物相转化、结晶水、结晶溶剂、热分解，以及药物的纯度、相容性与稳定性等研究。主要的热分析方法有热重分析法、差热分析法、差示扫描量热法等。

本书着重介绍在药品检验、医学检验和食品分析工作岗位中常用的仪器分析方法：电化学分析法、紫外 – 可见分光光度法、红外吸收光谱法、原子吸收光谱法、荧光光谱法、经典柱色谱法、薄层色谱法、气相色谱法、高效液相色谱法、质谱法。

> **即学即练 1 – 1**
>
> 仪器分析主要分为哪几大类？
>
> 答案解析

第二节 仪器分析的特点与发展方向

PPT

一、仪器分析的特点

1. 优点

（1）分析速度快 许多精密仪器配有自动进样装置和计算机控制程序，实现仪器操作和数据处理的自动化。试样经预处理后直接上机测试，可在短时间内获得测试结果，有些方法如气相色谱法、原子发射光谱法等可一次测定多种组分，采用自动化系统，易于实现批量分析和在线分析。

（2）灵敏度高 现代仪器分析方法的灵敏度远高于经典的化学分析方法，最低检出量和检出浓度大大降低。绝对检出限可达微克级（10^{-6}g）、纳克级（10^{-9}g）、皮克级（10^{-12}g），甚至飞克级（10^{-15}g），适用于痕量、超痕量组分测定。

（3）样品用量少 适用于半微量（0.01～0.1g 或 1～10ml）、微量（0.1～10mg 或 0.01～1ml）乃至超微量（<0.1mg 或 <0.01ml）分析，样品用量可由化学分析的毫升、毫克级降低到仪器分析的微升、微克级，甚至更低的纳克级。

（4）选择性好，适于分析复杂组分 很多的仪器分析方法可以通过选择或调整测定条件，消除其他共存组分的干扰，复杂样品不需经过经典的物理或化学方法（如溶解、沉淀、萃取、蒸馏等）的预处理，即可直接进样分析，甚至可同时选择性测定试样中的多个组分。

（5）适应性强，应用广泛 现代仪器分析方法众多，功能各不相同，不但可用于定性、定量分析，还可进行形态分析、结构分析、物相分析、表面分析、微区分析、遥测分析等。有些仪器分析方法可在不破坏样品的情况下进行无损分析或动态分析检测，这对活组织分析、考古分析、产品仿制等具有十分重要的意义。

实例分析 1-1

实例 铅是一种对人体健康危害极大的有毒重金属，尤其是儿童铅中毒，可造成发育迟缓、行走不便、食欲不振、便秘和失眠；还有的伴有多动、听觉障碍、注意力不集中和智力低下等现象。血铅水平超过或等于100μg/L，即可诊断为铅中毒。目前儿童血铅检测方法有原子吸收光谱法、电化学分析法、电感耦合等离子体质谱法。

问题 1. 为什么不能采用化学分析法检查儿童血铅？

2. 儿童血铅检测方法有哪些特点？

答案解析

2. 局限性

（1）**分析成本与技术要求高** 仪器分析是多学科相互渗透、交叉发展的结果，分析仪器是集电子、计算机、新材料等科学技术综合应用的产物。分析仪器结构复杂，科技含量高，价格昂贵，需要适宜的实验环境和定期的保养维护，对仪器分析工作者的知识水平、操作能力、技术素质都提出较高的要求，因而分析仪器的普及使用比较困难。

（2）**分析方法常不能单独使用** 仪器分析常常是在化学分析基础上进行检测，特别是仪器自动化程度不高时，试样在测试前还需要经溶解、沉淀、过滤、萃取、蒸馏等预处理，以消除共存组分的干扰，保证测试结果的准确性，减少对仪器的损伤。仪器分析大多需要标准物质对照或对仪器进行校正，标准物质的含量则需要化学分析法来确定，可见化学分析法和仪器分析法是相辅相成、相互配合的。

（3）**相对误差大** 仪器分析的相对误差通常为3%~5%，化学分析一般相对误差小于0.3%，仪器分析测定结果的准确度不及化学分析方法，相对误差大，一般不适宜常量和高含量组分的分析测试。如利用红外光谱分析法定量，其结果相对误差可达10%~20%。

二、仪器分析的发展方向

随着科学技术的进步和生产快速发展，需要更准确灵敏、选择性更高、快速简便的分析测试方法；学科间的相互渗透，新成果的不断涌现也加快了新方法、新技术的建立。纵观现代仪器分析的发展方向，可归纳为以下四个方面。

1. 智能化与微型化 分析仪器与计算机技术的结合，加快了数据处理的速度，使以前难以实现的任务，如图谱的快速检索、复杂的数学统计等，能轻而易举地完成，还可以优化实验条件，控制整个分析过程，实现分析仪器的自动化和智能化。微集成电路技术的应用使仪器设备更趋向于小型化、微型化。以生物芯片为代表的"芯片实验室"的研究，可将分析的流路系统、检测元件等刻画、集成在一块芯片上，实现微全分析。光纤化学传感器、纳米传感器、生物传感器、分子印迹等技术的出现，使活体、原位、实时、在线分析成为可能。

2. 信息资源共享 随着网络的全球化以及人工智能技术的发展，各类分析方法专家系统的开发与应用成为必然趋势，可以共享分析方法和研究数据，实现远程分析，例如建立中药指纹图谱在线专家系统，能够利用计算机网络共享中药指纹图谱研究成果，指导众多分析工作者顺利、快速、合理地建立中药指纹图谱，既节约了成本和时间，又加快了新技术的应用速度。

📖 **知识链接** ─────────────────────────────────────

专家系统

专家系统（expert system）是应用人工智能技术模拟特定领域内人类专家求解问题的思维过程，解决相关领域难题的智能计算机程序系统，它是人工智能中最重要的也是最活跃的一个应用领域。专家系统在化学方面的应用涉及谱图解析、分离科学、分析方法选择、仪器控制、有机合成等诸多方面。国内外知名的专家系统有质谱和碳谱图谱解析的 DENDRAL 系统（美国）、红外光谱图解析的 PAIRS 系统（美国）、色谱专家系统 ESC（中国）、有机合成的 LHASH 系统（荷兰）等。ESC 系统由中国科学院大连化学物理研究所在 20 世纪 80 年代开发研制，分为气相和液相色谱两大部分，包括色谱分离模式的推荐、最佳柱系统推荐、操作条件的最佳化、在线定性定量分析等内容，应用于石化、环境监测、疾病诊断、基因分析和药物分析等领域。

─────────────────────────────────────

3. 分析技术联用 联用分析技术已成为当前仪器分析的重要发展方向，将几种方法结合起来，特别是分离技术（如色谱法）和鉴定技术（红外光谱法、质谱法、核磁共振波谱法等）的结合，发挥不同分析方法的协同作用，大大提高仪器分析获取及快速、高效处理化学、生物、环境等复杂体系物质组成、结构、状态信息的能力，成为分析复杂混合物的重要技术手段。分析仪器的联用技术逐步朝着测试速度超高速化、分析试样超微量化、分析仪器超小型化的方向发展。

4. 方法创新与新仪器研制 各学科相互交叉渗透，新技术（如基因芯片）不断出现，经典分析方法不断革新，促进了新仪器分析方法的研究与开发。现代分析化学已经远远超出化学学科的领域，它结合化学、物理学、生物学、数学、计算机等学科，广泛应用在生命科学、环境科学、材料科学、信息科学、能源科学等众多领域。各学科的快速发展对分析化学提出了新任务、新挑战，建立新的分析原理和研制新型分析仪器，不断提高方法的灵敏度、选择性和准确度已经成为仪器分析技术重要的发展方向。

第三节 仪器分析技术在医药与食品领域中的应用

PPT

一、在药学领域中的应用

随着药学事业的发展，仪器分析技术广泛应用在药品质量控制、合成药物分析、中药与天然药物分析、生物药物分析、药物制剂分析等方面。仪器分析技术不仅应用于各类药品的常规检验，而且用于新药研制和药品生产过程中的质量分析。仪器分析技术已经成为药学领域进行分析和科学研究的重要手段。

1. 在药品常规检验中的应用 各种仪器分析方法在 2020 年版《中国药典》中的应用极其广泛，针对一部和二部品种正文项下"含量测定"项目所采用的一些仪器分析方法统计（表 1 - 1），可见其在药品检验中应用的重要性和广泛性。

此外，红外光谱法被大量应用于化学原料药的鉴别；薄层色谱法常用于杂质检查；气相色谱法被用于溶剂和农药残留检查；高效液相色谱法是纯度较低、成分复杂药物含量测定的首选方法。2020 年版《中国药典》四部通则收录的技术规范中，光谱法还有火焰光度法、原子发射光谱法、电感耦合等离子体质谱法、拉曼光谱法、质谱法、核磁共振波谱法、X 射线衍射法，以及新增的 X 射线荧光光谱法；色谱法还有离子色谱法、分子排阻色谱法、超临界流体色谱法、毛细管电泳法等；指导原则有近红外分光光度法。

表 1-1 2020 年版《中国药典》一、二部"含量测定"项下常规仪器分析方法出现频次统计

方法	一部		二部	
	数量	百分比（%）	数量	百分比（%）
高效液相色谱法	1772	65.36	1465	54.02
气相色谱法	105	3.87	16	0.59
紫外-可见分光光度法	54	1.99	306	11.28
电位滴定法	—		204	7.52
永停滴定法			10	0.37
薄层色谱法	20	0.74	—	—
原子吸收分光光度法	4	0.15	9	0.33
离子色谱法			5	0.18
高效液相色谱-质谱法	2	0.074		
荧光分析法	—	—	1	0.037

2. 在新药研制和生产中的应用 在新药研制过程，药物分子结构确证离不开"四大谱（紫外光谱、红外光谱、核磁共振波谱和质谱）"和 X 射线衍射法（确证晶体或粉末的晶型和晶态）；药物分离或手性拆分，色谱法是其选择的最佳方法。在新药的毒理、药理、临床药物代谢、生物利用度和生物等效性研究过程中，生物样本的组成复杂、含量极低、数量众多，虽进行预处理和富集，但仍需要灵敏、专属、快速的测定方法，液相色谱和多级串联质谱技术为此类低浓度生物样本测定提供了新的方法。近红外光谱技术已被发达国家用于制药生产过程的各个环节（包括合成、制剂、包装等），是目前制药领域应用最为广泛的过程分析技术，可以在线对产品质量参数和过程关键参数进行实时无损测量和质量控制；拉曼光谱法可用于药物的水分、结晶度分析，也为假药劣药的鉴别提供了快速检测技术。液相色谱-质谱联用技术使蛋白质、核酸、多糖和基因工程药物等生物大分子的结构解析和质量控制成为可能。

二、在医学领域中的应用

仪器分析技术在医学领域的渗透相当广泛和深入，特别是医学检验领域。如果没有仪器分析的参与，医学检验的发展将十分困难。疾病的诊断、治疗、预防发展离不开临床的血液学、免疫学、生物化学等检验；基础医学领域离不开药物代谢分析、毒物分析、卫生学、预防医学等分析检验，在这些检验过程中都不同程度地使用了分析仪器和仪器分析的方法。仪器分析的自动化、智能化、简便快捷，能在短时间内为临床诊断提供大量信息，以确保诊断的准确性。与医学紧密相关的超痕量生物活性物质、单细胞内神经传递物质、人体蛋白质碎片的微分布、基因组图等生命科学的研究，也离不开生物质谱和现代核磁共振波谱技术。

三、在食品领域中的应用

仪器分析技术在食品检测工作中也发挥着重要的作用，广泛应用于食品中营养成分、添加剂、重金属、农药和兽药残留、微生物毒素等的检测。目前在食品分析检测中常用的仪器分析方法有电化学分析

法、光学分析法、色谱法。其中高效液相色谱法已成为食品分析中的重要技术手段，用于检测食品中的防腐剂、甜味剂、食用色素等各类添加剂，蛋白质、氨基酸、糖类、脂肪酸、维生素等营养成分，以及抗生素、杀虫剂、霉菌毒素等污染物等。质谱以及色谱－质谱联用技术的应用，使农药残留分析从原有的依靠色谱法测定一种或几种食品农药残留，发展到可同时测定多种不同种类的农药残留，实现了对多组分农药的高通量、高灵敏度定性及定量分析。食品检测工作中使用的样品形态多样、基质复杂、种类繁多，检测项目及检测组分多，检测组分含量低，因此对食品检测仪器的准确度、灵敏度提出了更高要求，有力地推动了食品分析仪器的快速发展。

综上所述，仪器分析技术贯穿于食品药品研发、生产、流通、监督管理全部过程，也是医学领域不可缺少的技术手段，且应用越来越普及和广泛。

目标检测

答案解析

一、选择题

1. 下列参数中，作为电化学分析中电位法被测参数的是（　　）。

    A. 电极电位　　　　B. 电阻　　　　C. 电量　　　　D. 电流

2. 下列方法中，以物质对光的吸收为基础建立起来的是（　　）。

    A. 比浊法　　　　B. 质谱法　　　　C. X射线衍射法　　　　D. 红外光谱法

3. 下列不属于分子结构确证常用的"四大谱"的是（　　）。

    A. 紫外光谱　　　　B. 质谱　　　　C. 分子荧光光谱　　　　D. 核磁共振波谱

4. 下列不属于光谱法的是（　　）。

    A. 紫外光谱　　　　B. 拉曼光谱　　　　C. 色谱　　　　D. 核磁共振波谱

5. 下列方法中，可用于测定物质熔点的是（　　）。

    A. 差示扫描量热法　　　　B. 质谱法　　　　C. 红外光谱法　　　　D. 色谱法

6. 下列不属于仪器分析特点的是（　　）。

    A. 灵敏　　　　B. 快速　　　　C. 适用于微量分析　　　　D. 适用于常量分析

7. 2020年版《中国药典》"含量测定"项下使用最多的仪器分析方法是（　　）。

    A. 紫外－可见分光光度法　　　　B. 电位分析法

    C. 气相色谱法　　　　D. 高效液相色谱法

8. 电位法测定维生素C注射液的pH，属于（　　）。

    A. 重量分析法　　　　B. 化学分析法　　　　C. 电化学分析法　　　　D. 色谱法

9. 下列仪器方法中，不常用于定量分析的是（　　）。

    A. 紫外－可见分光光度法　　　　B. 红外分光光度法

    C. 荧光分析法　　　　D. 电位分析法

10. 下列方法中，最适合用于药物分离或手性拆分的是（　　）。

    A. 色谱法　　　　B. 光谱法　　　　C. 电化学分析法　　　　D. 热分析法

二、判断题

1. 光谱法一般都可以作为定量分析方法使用。　　　　　　　　　　　　　　　　　（　　）

2. 色谱法主要指分离方法。   （　　）

3. 气相色谱和液相色谱是依据固定相的状态来分类的。   （　　）

4. 仪器分析测试的相对误差小于化学分析测试的相对误差。   （　　）

5. 仪器分析方法常作为独立方法来使用。   （　　）

6. 液相色谱－质谱联用技术可用于生物大分子的结构解析。   （　　）

7. 仪器分析技术不但可用于定性、定量分析，还可进行结构分析。   （　　）

8. 仪器分析法是纯度达98.5%以上原料药首选的含量测定方法。   （　　）

9. 在《中国药典》中仪器分析法可用于药物鉴别、检查、含量测定。   （　　）

10. 仪器分析可用于常量组分、微量组分及痕量组分分析。   （　　）

三、简答题

1. 简述仪器分析大致分为几类，具有哪些特点，发展方向是什么。

2. 仪器分析可以取代化学分析吗？为什么？

3. 查阅 2020 年版《中国药典》四部通则，试述收载了哪些仪器分析方法。

书网融合……

知识回顾　　　微课　　　习题

（杜学勤）

药物溶液的 pH 不仅影响药物稳定性与药物的溶解性，而且当药物溶液的 pH 偏离正常体液 pH 太大时，容易对组织产生刺激性，因此《中国药典》规定，注射液、滴眼液、中药液体制剂的糖浆剂、合剂和露剂等需要测定 pH 进行质量控制。在滴定分析中遇到有色溶液（如食醋）、胶体溶液、浑浊溶液或没有合适指示剂指示终点的被测物质（如磺胺类药物）时，采用指示剂确定终点并不可行或误差太大。那么如何准确测量药物溶液的 pH？如何测定上述用指示剂难以确定终点的被测物质的含量呢？

本章主要介绍直接电位法、电位滴定法及永停滴定法。

学习目标

1. **掌握**　化学电池、电极电位基本概念；溶液 pH 的测定技术；酸度计、电位滴定仪、永停滴定仪的操作使用。

2. **熟悉**　酸度计、电位滴定仪、永停滴定仪的基本组成部件及日常维护；电位滴定测定技术；永停滴定测定技术。

3. **了解**　卡尔 - 费休氏水分测定技术；直接电位法、电位滴定法和永停滴定法在食品药品方面的应用。

第一节　电化学基础知识

电化学分析（electrochemical analysis）是仪器分析的重要组成部分之一，是应用电化学的基本原理和实验技术，依据物质电化学性质测定物质组成及含量的分析方法。常以待测溶液作为电解质溶液，插入适当电极，组成化学电池，测定化学电池的电阻、电量、电流和电位等电化学参数，通过这些电参数与待测溶液浓度的关系求得含量。

本章主要介绍在药物研究与生产过程中常用于定量分析的电位分析法、永停滴定法和相关的仪器设备。

一、化学电池

1. **原电池和电解池**　各种电化学分析法都必须具备一个化学电池，它是化学能与电能相互转换的电化学反应装置。每个电池都由一对电极、电解质溶液和外电路三个部分组成。在化学电池中发生的化学反应是电极和电解质溶液界面间的氧化还原反应，存在电子的得失，得失的电子通过电极与外电路形成电流通路。

根据电极与电解质溶液接触方式不同，化学电池可分为有液接电池和无液接电池。两个电极分别浸泡在不同的电解质溶液，并通过盐桥相互连通的化学电池称为有液接电池［图2-1（a）］。盐桥是指一个两端装有细孔玻璃塞或琼脂凝胶，内装饱和KCl或NH_4Cl溶液的倒置的"U"形管或直管，目的消除由组成不同或不同浓度溶液间的离子扩散速度差引起的液接电位。两个电极浸泡在同一种电解质溶液的化学电池称为无液接电池［图2-1（b）］。

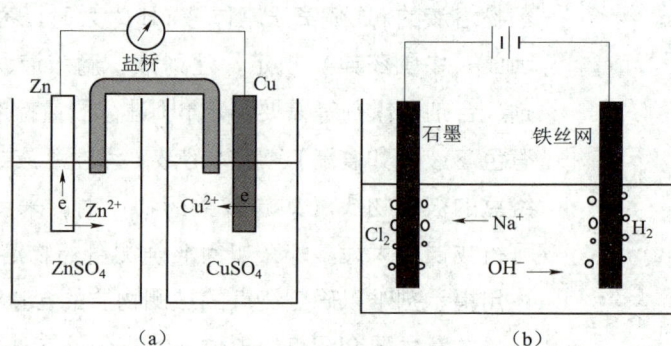

图2-1 原电池（a）和电解池（b）

根据化学能与电能转换形式的不同，化学电池又可分为原电池和电解池。化学电池内部自发地将进行的化学反应的能量转变为电能的化学电池称为原电池；需要外部供给电能来实现内部电化学反应的化学电池称为电解池。无论是原电池还是电解池，通常将发生氧化反应的电极称为阳极（anode）；发生还原反应的电极称为阴极（cathode）。电极的正、负区分根据电极电位的正、负程度来确定，电位较正的为正极，电位较负的电极为负极。

2. 电池符号 根据国际纯粹与应用化学联合会（IUPAC）的规定，化学电池可以用图解式符号来表示，其书写原则如下：①一般把负极（如原电池Zn棒与Zn^{2+}溶液）写在电池符号表示式的左边，正极（如原电池Cu棒与Cu^{2+}溶液）写在电池符号表示式的右边；②以化学式表示电池中各物质的组成和状态，溶液要标明活度（某物质的有效浓度，单位：mol/L），若为气体物质应注明其分压（Pa）和温度，如不注明，则温度为298.15K，气体分压为101.325kPa，溶液浓度为1mol/L；③以符号"｜"表示不同物相之间的接界面，同一相中的不同物质之间用"，"隔开，用"‖"表示盐桥，连接两个电极反应（也称半电池）；④非金属或气体不导电，因此非金属元素在不同氧化值时构成的氧化还原电对作电极时，需外加惰性导体（如铂或石墨等）作电极导体。其中，惰性导体不参与电极反应，只起导电（输送或接送电子）的作用，故称为"惰性"电极。

示例2-1 原电池符号

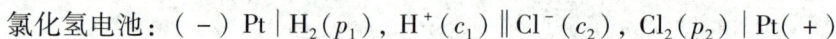

Cu-Zn原电池：$(-)Zn(s)\,|\,ZnSO_4(c_1)\,\|\,CuSO_4(c_2)\,|\,Cu(s)(+)$

氯化氢电池：$(-)Pt\,|\,H_2(p_1),\,H^+(c_1)\,\|\,Cl^-(c_2),\,Cl_2(p_2)\,|\,Pt(+)$

3. 电池的电动势 也称电压，是指当流过电池的电流为零时或接近于零时两电极间的电位差。习惯上将阳极写在左边，阴极写在右边，电池电动势E即右边电极的电位$\varphi_右$减去左边电极的电位$\varphi_左$，即

$$E = \varphi_右 - \varphi_左 \tag{2-1}$$

根据电池电动势的符号可判断该电池是原电池还是电解池。如（2-1）式中E为正值，则该电

池自发进行，是原电池；如（2-1）式中E为负值，则该电池不能自发进行，需外加一个大于该电池电动势值的外加电压，构成电解池。电池电动势的测量工具是补偿法电位差计或高阻抗的电子毫伏计。

📱 **知识链接**

电化学发展历程

1791年，伽戈尼解剖青蛙发现了生物电，被认为是电化学的起源。1799年，伏特发明第一个铜锌化学电池，此后电池得到充分发展，为人类利用电源探索世界奠定了基础。1834年，法拉第提出电解定律，为建立库仑分析法和电重量法奠定了定量基础。1889年，能斯特提出电化学平衡方程——能斯特方程，将化学热力学带入电化学热力学时代，为电位法和伏安法的建立提供了理论依据。1920年，海洛夫斯基发明滴汞电极并发现极谱现象，因此获得1959年诺贝尔化学奖。1940年，弗鲁姆金提出迟缓放电理论，奠定了电化学动力学基础。1960年，马库斯在量子力学基础上建立电子传递理论，获得1992年诺贝尔化学奖。电化学的发展促进电化学技术的不断创新，在食品药品分析、工业生产、环境保护和治理、开发新能源动力技术、金属防腐、生物电医疗检测等方面发挥着重要的作用。

二、电极电位

1. 电极电位的产生　在化学电池中，赖以进行氧化还原反应和传导电流从而构成回路的部分，称为电极（electrode）。例如，将金属插入具有该金属离子的溶液中所构成的体系即称为该金属电极。金属表面与溶液间又是如何传导电流呢？以锌电极为例来阐述。金属锌是一种强还原剂，有强烈失电子倾向，当锌片插入$ZnSO_4$溶液中时，这种倾向就表现为Zn原子离开锌片表面变为Zn^{2+}，被氧化，在溶液中阴离子的吸引下进入溶液，从而使锌片表面聚集了多余的电子而带负电荷；另一方面，溶液中Zn^{2+}也有取得电子被还原变成锌原子回到锌片表面的倾向。这两种倾向的方向是相反的，但第一种被氧化的倾向要大于第二种被还原的倾向；当二者达到动态平衡时，在锌片表面与溶液的相界面处构成稳定的双电层（图2-2），该双电层间存在的电位差就是锌电极的电极电位。

如果金属被氧化的倾向小于溶液中该离子被还原的倾向时，则在金属与溶液的相界面上同样形成双电层（例如$Cu｜Cu^{2+}$和$Ag｜Ag^+$），不过此时金属带正电荷，而溶液带负电荷。

2. 标准氢电极　目前电极的电极电位绝对值尚无法测量，只能选一个电极电位相对稳定不变的电极即标准电极与其组成原电池，用补偿法测量其电动势（也称电池电压），从电池电动势和标准电极的电极电位计算出被测电极的电极电位。IUPAC推荐标准氢电极作为标准电极，其构造如图2-3所示：将一片镀铂黑的铂片浸入活度为$1mol/L$ H^+溶液中，通氢

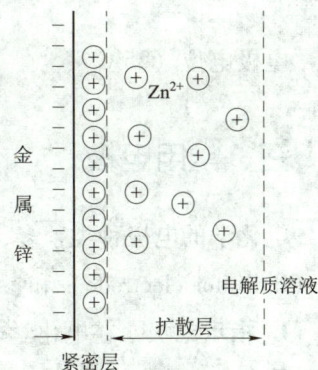

图 2-2　双电层示意图

气使铂电极表面不断有气泡放出直至溶液饱和，并保证在液面上氢气的分压为101.325kPa（1atm即一个大气压）。铂黑的表面吸附氢气，但不参与反应，只传递电子，其电极反应为

$$2H^+ + 2e \Longleftrightarrow H_2$$

国际上统一规定：在任何温度下标准氢电极的电极电位为零。以标准氢电极为负极，被测电极为正

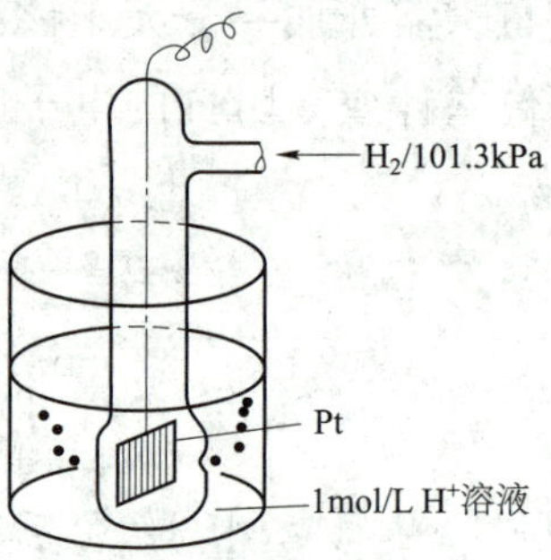

图 2-3　标准氢电极结构

极组成原电池，所测电池的电动势为被测电极的电极电位。因标准氢电极的电极电位是人为规定的，所以被测电极的电极电位是相对值。国际上还规定：每个电极在298.15K时，以水为溶剂，当其氧化态（高价态）和还原态（低价态）的物质的活度均为1mol/L（或气态物质分压为1atm）时的电极电位称为该电极的标准电极电位（手册或参考书可查到）。

3. 电极电位计算　从电极组成来看，除导电金属外，还必须有发生电极反应的物质，且其氧化态（Ox）和还原态（Red）同时存在，如铜电极的 Cu^{2+} 和 Cu，氯电极的 Cl_2 和 Cl^- 等。电极的电极电位大小可通过能斯特（Nernst）方程计算。如某一电极的电极反应为

$$Ox + ne \Longrightarrow Red$$

则其电极电位（能斯特方程）为

$$\varphi = \varphi^{\ominus} + \frac{RT}{nF}\ln\frac{\alpha_{Ox}}{\alpha_{Red}} \tag{2-2}$$

（2-2）式中，φ 为电极电位；$\varphi^{\ominus}$ 为该电极的标准电极电位；R 为摩尔气体常数，其值为8.314J/(mol·K)；F 为法拉第常数，其值为96485C/mol；T 为热力学温度（K）；n 为电极反应传递的电子数；α 为活度。当氧化态和还原态物质的浓度不大时，活度也可用浓度代替；固体物质和纯液体的活度作为1mol/L。当测量温度为25℃时，式（2-2）可简化为

$$\varphi = \varphi^{\ominus} + \frac{0.059}{n}\lg\frac{\alpha_{Ox}}{\alpha_{Red}} \tag{2-3}$$

示例2-2　电极电位计算表达式

电极反应：
$$Cu^{2+} + 2e \Longrightarrow Cu$$

电极电位（25℃）：
$$\varphi_{(Cu^{2+}/Cu)} = \varphi^{\ominus}_{(Cu^{2+}/Cu)} + \frac{0.059}{2}\lg\alpha_{Cu^{2+}} \tag{2-4}$$

电极反应：
$$MnO_4^- + 8H^+ + 5e \Longrightarrow Mn^{2+} + 4H_2O$$

电极电位（25℃）：
$$\varphi_{(MnO_4^-/Mn^{2+})} = \varphi^{\ominus}_{(MnO_4^-/Mn^{2+})} + \frac{0.059}{5}\lg\frac{\alpha_{MnO_4^-}\cdot\alpha_{H^+}^8}{\alpha_{Mn^{2+}}} \tag{2-5}$$

三、常用电极

电化学的电极种类繁多，组成及作用各不相同。一般根据在电化学分析中作用的不同，分为指示电极（indicator electrode）和参比电极（reference electrode）。

1. 指示电极　在电化学电池中能及时反映待测离子活（浓）度的变化，并产生相应响应信号的电极。具有三个特点：①电极电位与待测离子活（浓）度符合 Nernst 方程式；②响应快，重现性好；③简单耐用，使用方便。常见的指示电极有金属基电极和离子选择性电极（ion selective electrode，ISE）。

（1）金属基电极　以金属为基体、基于电子转移反应的电极。其又可分为三类。

1）活性金属电极　是指由金属插入该金属离子溶液中组成的金属–金属离子电极，如 Ag｜Ag^+ 电极。此类电极有一个相界面，故称为第一类电极，其电极电位能反映金属离子的活（浓）度，可用于测定金属离子的活（浓）度。

2）金属–难溶盐电极　是指由表面涂有相应难溶盐的金属插入该难溶盐的阴离子溶液中组成的金

属－金属难溶盐电极，如银　氯化银电极（Ag｜AgCl，Cl⁻）。此类电极有两个相界面，所以属于第二类电极，其电极电位随溶液中阴离子活（浓）度的变化而改变，可用于测定难溶盐阴离子的活（浓）度。当该类电极的难溶盐阴离子浓度一定时，其电极电位数值一般恒定，故又常用作参比电极。

3）惰性金属电极　是指由惰性金属插入含有某氧化态和还原态电对的溶液中组成的惰性金属电极。惰性金属本身不参与电极反应，仅起传递电子的作用，其电极电位随溶液中氧化态和还原态活（浓）度的比值的变化而变化，可用于测定溶液中两者的活（浓）度或它们的比值，如 $Pt｜Fe^{3+}$，Fe^{2+}、$Pt｜O_2$，OH^- 等电极，也称零类电极或氧化还原电极。

（2）离子选择性电极　亦称膜电极，是以固体膜或液体膜为传感器，对溶液中的被测离子产生选择性响应，而对其他离子不响应或响应很弱的电极。其机制在于响应离子在膜上产生交换和扩散，形成的膜电位与该离子之间的活（浓）度的关系符合 Nernst 方程。

2. 参比电极　在恒温恒压条件下，电极电位不随被测离子活度（或浓度）变化而变化，具有恒定电位值的电极。参比电极提供标准电极电位，在分析过程中与指示电极组成原电池，通过测量其电池电动势可计算出指示电极的电极电位。常用的参比电极有甘汞电极（calomel electrode）、银－氯化银电极（silver－silver chloride electrode）等。

（1）甘汞电极　由金属汞、甘汞（Hg_2Cl_2）和已知浓度的 KCl 溶液组成。其结构如图 2－4 所示。

电极表示式：　　$Hg｜Hg_2Cl_2(s)｜KCl(c)$

电极反应：　　$Hg_2Cl_2(s)+2e \rightleftharpoons 2Hg(l)+2Cl^-$

电极电位（25℃）：　$\varphi_{(Hg_2Cl_2/Hg)}=\varphi^\Theta_{(Hg_2Cl_2/Hg)}-0.059\lg\alpha_{Cl^-}$ （2－6）

从（2－6）式中不难发现，当 Cl^- 溶液浓度一定时，该电极的电位就恒定了。在电位测定中常用的甘汞电极是饱和甘汞电极（saturated calomel electrode，SCE），此外还有其他类型的甘汞电极，25℃时，这些甘汞电极的电极电位见表 2－1。

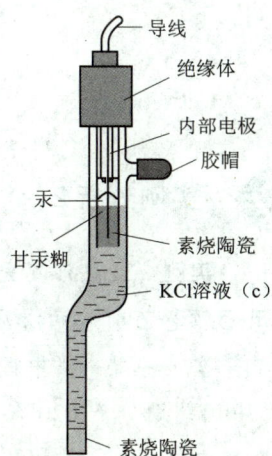

图 2－4　甘汞电极结构

表 2－1　不同 KCl 浓度的甘汞电极的电极电位（25℃）

名称	0.1mol/L 甘汞电极	标准甘汞电极（NCE）	饱和甘汞电极（SCE）
c_{KCl}（mol/L）	0.1	1	饱和溶液
φ（V）	+0.3365	+0.2828	+0.2438

（2）银－氯化银电极　由银丝镀上一层氯化银，浸到一定浓度的氯化钾溶液中所构成。其结构如图 2－5 所示。因其结构简单，而常作玻璃电极和其他离子选择电极的内参比电极。

电极表示式：　　$Ag｜AgCl(s)｜Cl^-(c)$

电极反应：　　$AgCl(s)+e \rightleftharpoons Ag(s)+Cl^-$

电极电位（25℃）：　$\varphi_{Ag^+/Ag}=\varphi^\Theta_{Ag^+/Ag}-0.059\lg\alpha_{Cl^-}$ （2－7）

同样，该电极的电极电位仅仅与溶液中的 Cl^- 有关，在25℃时，不同 KCl 浓度的银－氯化银电极电位见表 2－2。

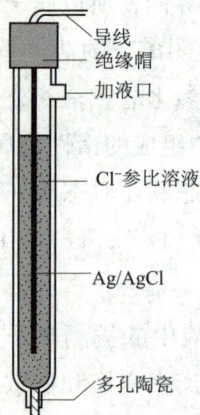

图 2-5　银-氯化银电极结构

表 2-2　不同 KCl 浓度的 Ag-AgCl 电极的电极电位（25℃）

名称	0.1mol/L Ag-AgCl 电极	标准 Ag-AgCl 电极	饱和 Ag-AgCl 电极
c_{KCl}（mol/L）	0.1	1.0	饱和溶液
φ（V）	+0.2880	+0.2223	+0.1990

第二节　溶液 pH 测量技术

PPT

实例分析 2-1

实例　氧氟沙星是具有广谱抗菌作用的喹诺酮类药物，其复方制剂氧氟沙星氯化钠注射液适用于敏感菌引起的泌尿生殖系统感染、呼吸道感染、胃肠道感染、伤寒、皮肤软组织感染、败血症等全身感染。《中国药典》（2020 年版）二部规定该注射液的 pH 为 3.5~7.5。检测依据为《中国药典》（2020 年版）四部通则 0631 pH 测定法。如何判定该注射液的 pH 是否符合规定？

问题　1. 检测中会用到哪两种标准缓冲液？如何配制？
　　　　2. 使用酸度计进行测定时其操作步骤是什么？

答案解析

一、pH 测量电极

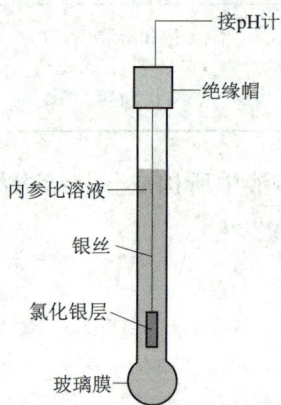

图 2-6　玻璃电极结构

测定水溶液的 pH（水溶液中氢离子活度的负对数），常以饱和甘汞电极作参比电极，氢电极、氢醌电极、pH 玻璃电极作指示电极。其中 pH 玻璃电极最为常用。

1. pH 玻璃电极

（1）构造　pH 玻璃电极（glass electrode，GE）一般由内参比电极、内参比溶液、玻璃膜、导线、电极插头等部分组成，其构造如图 2-6 所示。

其中玻璃球膜的厚度约为 0.1mm，组成为 Na_2O、CaO、SiO_2 等，电极的玻璃膜成分不同，测量的 pH 范围也不同。球内装有 pH 为 7 或 pH 为 4 的 KCl 内参比缓冲溶液。电极上端是高度绝缘外套屏蔽线的导线和引出线，以防漏电和静电干扰。

（2）响应机制　普通的玻璃电极由21.4% Na_2O、6.4% CaO、72.2% SiO_2组成。其之所以能指示 H^+ 活（浓）度的大小，是基于 H^+ 在玻璃膜上的交换和扩散。当玻璃电极的玻璃膜内、外表面与溶液接触时，能吸收水分在膜表面形成厚度为 $10^{-4}\sim10^{-5}$ mm 的水化凝胶层，水化凝胶层中的 Na^+ 与溶液中的 H^+ 发生交换反应，其反应式为

$$H^+ \quad + \quad Na^+GL^- \quad \Longleftrightarrow \quad Na^+ \quad + \quad H^+GL^-$$

（溶液）　　（玻璃膜）　　　　（溶液）　　（玻璃膜）

交换反应在酸性或中性溶液中进行得很完全，当玻璃膜在水中充分浸泡时，膜内、外表面（或凝胶层）上的 Na^+ 点位几乎全被 H^+ 所占据。但是越深入凝胶层内部，Na^+ 被 H^+ 所交换的数量越少，在玻璃膜中间部分则无交换反应发生，形成厚度约 10^{-1} mm 的干玻璃层，如图2-7（a）所示。当充分浸泡的玻璃电极浸入被测溶液时，由于被测溶液的 H^+ 活（浓）度与水化层中的 H^+ 活（浓）度不同，H^+ 将由浓度高的一侧向浓度低的一侧扩散，当达到平衡时，在试液与玻璃膜外表面相接触的两相界面之间形成双电层，产生外相界电位 $\varphi_{外}$，同理，在玻璃膜内表面与内参比溶液之间形成内相界电位 $\varphi_{内}$。由于膜外侧溶液的 H^+ 活（浓）度与膜内侧溶液的 H^+ 活（浓）度不同，所以 $\varphi_{内}\neq\varphi_{外}$，产生的电位差则称为玻璃电极的膜电位 $\varphi_{膜}$，即

$$\varphi_{膜}=\varphi_{外}-\varphi_{内} \tag{2-8}$$

$\varphi_{外}$、$\varphi_{内}$、$\varphi_{膜}$ 之间的关系如图2-7（b）所示。

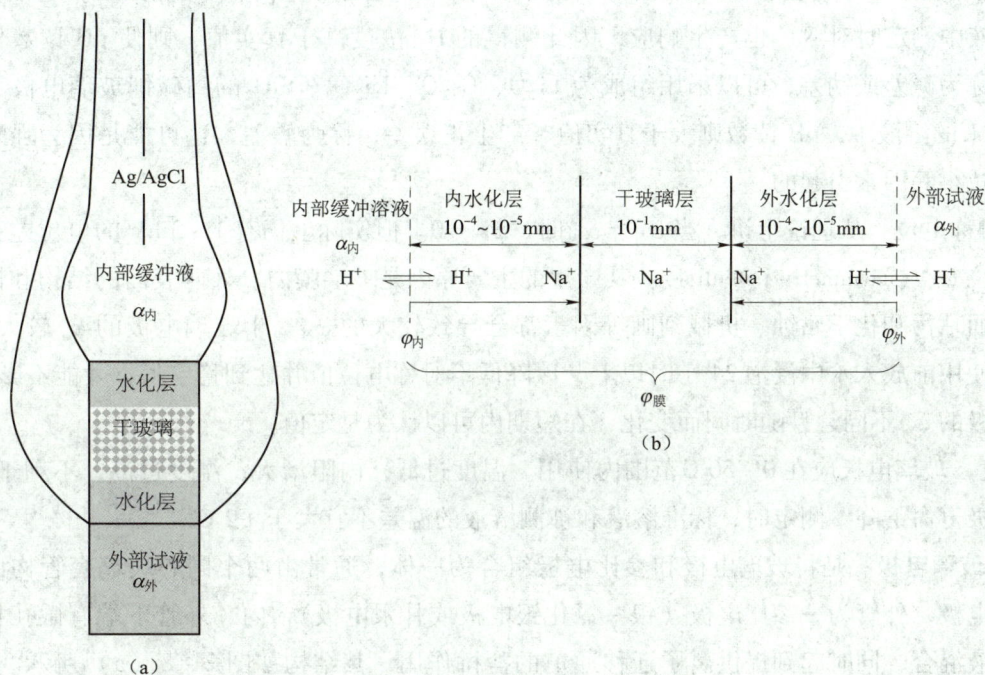

图2-7　玻璃电极膜分层和电位产生示意图

当玻璃膜内、外表面的结构相同，且电极中内参比溶液的 H^+ 活（浓）度一定时，影响 $\varphi_{膜}$ 大小的主要是待测溶液的 H^+ 活（浓）度，所以膜电位可表示为

25℃　　　　　　　$$\varphi_{膜}=K'+0.059\lg\alpha_{外}=K'-0.059pH \tag{2-9}$$

（2-9）式中，K' 表示膜电位的性质常数，与玻璃膜结构和内参比溶液的 H^+ 活（浓）度有关。

玻璃电极的电位由膜电位与内参比电极的电位决定。在一定条件下，内参比电极的电位是一定值，

则玻璃电极的电位可表示为

$$25℃ \qquad \varphi_玻 = \varphi_{内参} + K' - 0.059\text{pH} = K_玻 - 0.059\text{pH} \qquad (2-10)$$

（2-10）式中，$K_玻$表示玻璃电极的性质常数，与膜电位的性质常数和内参比电极的电位有关。由此可见，一定温度下，玻璃电极的电位$\varphi_玻$与待测溶液的pH呈线性关系，这是玻璃电极测定溶液pH的理论依据。

（3）性能　玻璃电极对H^+很敏感，平衡速度快；可以做得很小，能用于1滴溶液的pH测定；也可用于流动溶液的pH测定，进行在线控制；因其电极上没有电子交换，不受溶液中氧化剂、还原剂存在的干扰，所以也可用于浑浊、有色溶液的pH测定。玻璃电极的性能主要受以下几个方面因素的影响。

1）电极斜率　当溶液的pH变化一个单位时，玻璃电极电位的变化值称为电极斜率（转换系数），用S表示，即

$$S = -\frac{\Delta\varphi}{\Delta\text{pH}} = \frac{2.303RT}{F} \qquad (2-11)$$

由（2-11）式可知，S和温度有关。当$T = 25℃$时，$S = 59.2\text{mV/pH}$，称为Nernst斜率。如果电极长期使用将会老化，此时实际斜率会小于其理论值。在25℃时，如果玻璃电极斜率低于52mV/pH，此电极不宜再用。

2）碱差和酸差　一般玻璃电极的电位只有在pH = 1～9范围内与pH呈线性关系。通常玻璃电极在pH > 9的溶液中测定时对Na^+也产生响应，因此测得的H^+浓度高于真实值，则使pH读数偏低，产生负误差，也称为碱差或钠差，可以采用组成为Li_2O、Cs_2O、La_2O_3、SiO_2的高碱锂玻璃电极克服这一误差。在pH < 1的溶液中，pH读数则大于真实值，产生正误差，称为酸差，这可能是因为强酸性溶液中水分子活度减小等因素引起的。

3）不对称电位　从理论上讲，当$\alpha_外 = \alpha_内$时，$\varphi_膜 = 0$。但实际上仍有1～3mV的电位差存在，这就是不对称电位φ_{as}（asymmetry potential）。其产生的主要原因是玻璃膜内、外两表面的结构和性能不完全一致。外表面玷污和化学腐蚀、机械刻画等因素都会导致较大的φ_{as}。干玻璃电极的φ_{as}较大且不稳定，因此必须在使用前放入水中浸泡24小时以上，以降低不对称电位值并达到稳定值，才能不影响pH的测定。不同电极的φ_{as}不同，且随时间而变化，在短期内可以认为是定值。

4）温度　玻璃电极应在0～50℃范围内使用。温度过低，内阻增大；温度过高，不利于离子交换，还会导致电极寿命下降。测定时，标准溶液和被测溶液的温差不宜大于$\pm2℃$。

2. 复合玻璃电极　是将玻璃电极和参比电极组合为一体，通常由两个同心玻璃套管构成，内管为常规的玻璃电极，外管为一参比电极（银-氯化银电极或甘汞电极），内、外管下端有微孔材料塞，防止内、外溶液混合，同时起到提供离子迁移通道的盐桥作用，其结构如图2-8（a）所示。将复合pH电极插入被测试样溶液中，就组成一个完整的电池体系，再将其导线接到酸度计上就可进行测定。相对于两个电极而言，复合电极使用更为方便，且测定值更稳定，已取代普通玻璃电极。此外，目前还出现了将复合电极和温度传感器组合为一体的三合一复合电极，用电极测量pH时无须连接单独的温度电极以进行温度补偿，如图2-8（b）所示。

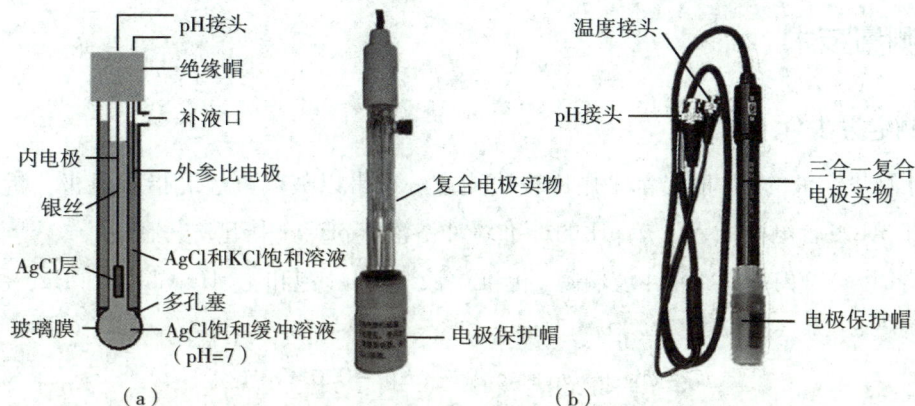

图 2 - 8　复合 pH 电极的结构（a）与实物（b）

二、酸度计

酸度计又称 pH 计，是专为使用玻璃电极测量溶液 pH 而设计的一种电子电位计，这种电子电位计能在电阻极大的电路中测量出微小的电位差，可将电池输出的电动势转换成 pH 读数而直接显示，因此用酸度计进行电位测量是测量 pH 最精密的方法。酸度计主要由 pH 测量电池（pH 复合电极与溶液组成）和 pH 指示器（电位计）两部分组成。酸度计根据仪器精度可分为 0.2、0.1、0.02、0.01 和 0.001 级，数字越小，精度越高。《中国药典》规定使用不低于 0.01 级（精度为 0.01）的酸度计测定水溶液的 pH。酸度计根据应用场合还分为实验室台式 pH 计、便携式 pH 计、工业 pH 计等。这里主要介绍前两种酸度计。

1. 实验室台式 pH 计　分析精度高，功能全，可连接打印输出、数据处理等附属设备。常见型号有 PHS－25 型、PHS－3C 型等，型号不同的酸度计虽有不同的精度和自动化程度，但基本原理相同。其结构一般有电源开关、显示屏、电极接头（含短路插头）、温度调节键（或旋钮）、定位调节键（或旋钮）、pH／mV 选择键（或开关）、斜率调节键（或旋钮）等部件（图 2－9）。

2. 便携式 pH 计　是一种智能型的分析仪器，可测量溶液 pH，也可测量各种离子选择性电极的电极电位和溶液温度。仪器体积小，重量轻，适用于现场和野外测试，具有较高的精度和完善的功能，可存贮 200 组实验数据，自动识别标准缓冲液，多采用三合一复合电极，也可配备复合 pH 电极和温度电极，自动进行温度补偿，仪器电池连续工作寿命长，具有欠压显示提示、自动关机功能，可延长电池使用寿命，常见型号有 PHBJ－260 型、PHB－4 型（图 2－10）。

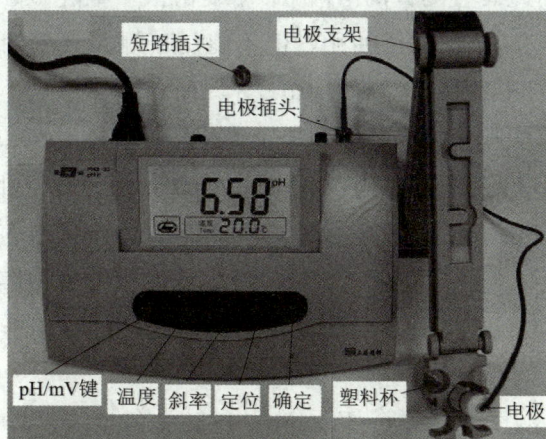

图 2 - 9　PHS - 3C 型酸度计

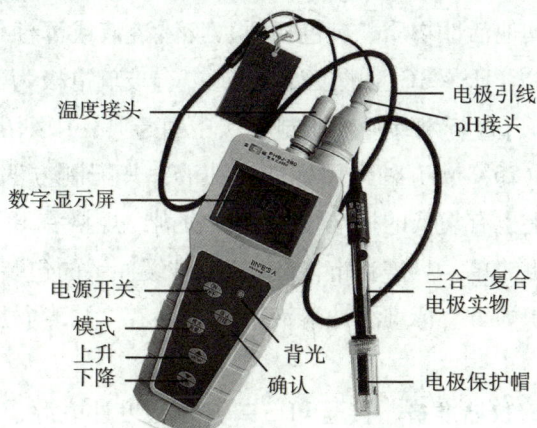

图 2 - 10　PHBJ - 260 型酸度计

三、pH 测量技术

(一) pH 测定方法

利用酸度计测量溶液的 pH 时，都采用比较法测量。通常以玻璃电极为指示电极，饱和甘汞电极为参比电极，或将 pH 复合电极插入已知 pH 的标准缓冲溶液（pH_s）中组成电池：

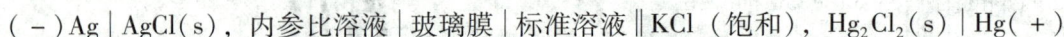

$(-)Ag|AgCl(s)$，内参比溶液|玻璃膜|标准溶液‖KCl（饱和），$Hg_2Cl_2(s)|Hg(+)$

测量其电动势 E_s 为

$$25℃ \qquad E_s = \varphi_{甘汞} - \varphi_{玻} = \varphi_{甘汞} - (K_{玻} - 0.059\,pH_s) \qquad (2-12)$$

显然，在一定条件下的饱和甘汞电极的电极电位 $\varphi_{甘汞}$ 是常数，$K_{玻}$ 也是常数，因此上式可以写成

$$E_s = K + 0.059\,pH_s \qquad (2-13)$$

（2-13）式中，K 为常数，是饱和甘汞电极和玻璃电极常数组合常数。再将上述两种电极插入被测溶液（pH_x），组成原电池，测量其电动势（E_x），同样有

$$25℃ \qquad E_x = \varphi_{甘汞} - \varphi_{玻} = K + 0.059\,pH_x \qquad (2-14)$$

（2-13）和（2-14）两式相减得

$$E_s - E_x = 0.059\,(pH_s - pH_x)$$

$$pH_x = pH_s - \frac{E_s - E_x}{0.059} \qquad (2-15)$$

（2-15）式中，pH_s 为标准缓冲液的 pH；pH_x 为被测溶液的 pH；E_s 为标准缓冲液的原电池电动势（V）；E_x 为被测溶液的原电池电动势（V）。

由于 pH_s 已知，E_s、E_x 又可测量得到，所以通过（2-15）式就可计算出被测溶液的 pH。这是测定溶液 pH 的理论基础，也称两次测量法。

两次测量法可以消除玻璃电极的不对称电位和仪器中若干不确定因素所产生的误差，但是由于饱和甘汞电极在标准缓冲液和被测溶液中产生的液接电位不相同，会引起测量误差，故待测溶液的离子强度与 pH_x 应和标准缓冲液的 pH_s 接近，两者的 pH 之差的绝对值不能大于 2 个 pH 单位。

(二) pH 测量操作技术

溶液 pH 测量装置由酸度计、电极、电极支架和塑料杯或小烧杯（盛放被测溶液或标准缓冲溶液）四个部分构成，其中电极和酸度计是最重要的部件。用此装置测量的溶液 pH 不受溶液中氧化剂、还原剂或其他活性物质、有色物质、胶体溶液或浑浊等影响，故被广泛使用，但不能用于测量含氟溶液的 pH。以 PHS-3C 型酸度计和 pH 复合玻璃电极为例，简述溶液 pH 测量操作技术。

1. pH 标准缓冲液配制 《中国药典》中列出了草酸盐、邻苯二甲酸盐、磷酸盐、硼砂及饱和氢氧化钙（25℃）五种常用标准缓冲液，其配制方法及相应的 pH 见《中国药典》四部通则 0631。目前，市场上也有袋装的标准缓冲系（粉剂，规格有 pH = 4.00、pH = 6.86、pH = 9.18 等）出售。市售配制方法更简单，只需将市售装 pH 标准缓冲系的包装袋剪开，用适量新煮沸过放冷的蒸馏水溶解定容到相应体积即可。标准缓冲溶液一般可保存 2 ~ 3 个月，但发现有浑浊、发霉或沉淀等现象时，不能继续使用。

2. 仪器准备 接通 PHS-3C 型酸度计电源，仪器预热 20 分钟。将"pH/mV"选择键置"pH"功能（档），酸度计接上 pH 复合玻璃电极（最好在蒸馏水中浸泡超过 24 小时）。

3. 仪器校正 一般采用两点法进行校正。具体做法如下：①选择两种 pH 相差约 3 个 pH 单位的标准缓冲液，使被测溶液的 pH 处于两者之间。②调节"温度"调节键，使所显示的温度与温度计测得的标准缓冲液温度相同，取与被测溶液 pH 较接近的第一种标准缓冲液对仪器进行定位，使酸度计显示值与该温度下第一种标准缓冲液的 pH 一致（如不一致，可调节定位键使两者相一致，此时酸度计上的斜率会自动调整到 100%）；仪器定位后再用第二种标准缓冲液核对仪器显示值，相差应不大于 ±0.02pH 单位，如超过 ±0.02pH 单位，调节"斜率"键，显示该温度下第二种标准缓冲液 pH 规定值。重复上述操作，直至不需要调节仪器，两种标准缓冲液的仪器显示值与该温度下的规定值相差不大于 ±0.02pH 单位，或者采用上述两种标准缓冲液对仪器进行自动校正，使斜率为 90%～105%，漂移值在 0±30mV 或 ±0.5pH 单位之内，再用 pH 介于两种校正缓冲溶液之间且尽量与供试品接近的第三种标准缓冲溶液验证，至仪器示值与验证缓冲液的规定值相差不大于 ±0.05pH 单位。否则，需检查仪器或更换新电极，重新校正至符合要求。③校正好的电极可浸泡在蒸馏水中备用。

经校正的仪器，在各调节键（或旋钮）没有变动的情况下，24 小时之内不需要校正。但如遇被测溶液温度与校正时的温度有较大的变化、电极干燥过久、换新电极、测量过浓酸（pH<2）或浓碱（pH>12）等情况，则需重新校正。

4. 测量 pH 调节"温度"键使显示的测量温度和被测溶液的温度相同。用滤纸吸干校正好、备用的复合电极球泡上的水后，将其插入被测溶液，轻摇均匀，待显示值稳定后，直接读取测量结果。

四、仪器的维护保养

1. 酸度计维护 酸度计应置于清洁、干燥、阴凉处。在不使用时，短路插头应置于电极接头处，使电极接入端处在短路状态以保护仪器。测量时，电极的引入导线必须保持静止，否则会引起测量不稳定。

2. pH 电极维护 玻璃电极或复合玻璃电极的日常维护重点应做好以下几方面：①电极的引出端，必须保持清洁和干燥，绝对防止输出两端短路，否则将导致测量结果失准或失效。②电极取下保护帽后，电极的玻璃球泡不能与硬物接触，任何破损和擦毛都会使电极失效；使用完毕，电极应插入有饱和氯化钾溶液（电极填充液为其他电解质溶液时，应保存在相应的电解质溶液里）的保护帽内，保持电极的玻璃球泡湿润。③被测溶液中如含有易污染敏感物或堵塞液接界的物质，易使电极钝化，造成电极的敏感梯度降低或读数不准，则应根据污染物质的性质，以适当清洗剂清洗。常见污染物质和对应的清洗剂见表 2-3。④电极经长期使用后，如发现梯度略有降低，则可把电极下端浸泡在 4% HF（氢氟酸）中 3～5 秒，用蒸馏水洗净，再在饱和氯化钾溶液中浸泡，使之复新。⑤对于电解液可填充的电极，当电解液的液面低于样品液面时，需要及时补充电解液，补充液可以从电极上端小孔加入，加液口用后及时封闭，以防电解液蒸发结晶。

表 2-3 常见污染物质和对应的清洗剂

污染物	清洗剂
无机金属氧化物	低于 1mol/L 的盐酸
有机脂类物质	稀皂液或稀洗涤剂
树脂、高分子烃类物质	酒精、丙酮、乙醚
蛋白质血球沉淀物	酸性酶溶液（如食母生片）
染料类物质	稀漂白液、过氧化氢

第三节　电位滴定技术

PPT

一、基本原理

电位滴定法（potentiometric titration）是将电极系统（指示电极和参比电极）与待测溶液组成原电池，根据滴定过程中电池电动势的变化来确定滴定终点的分析方法。在滴定过程中，待测溶液与滴定液（也称标准溶液）发生化学反应，使待测溶液的离子活度（或浓度）不断降低，指示电极的电位也相应发生变化。在化学计量点附近，因溶液中待测离子活度（或浓度）急剧变化而引起指示电极的电位突减或突增，使得电池电动势发生突变。因此，通过测量电池电动势的变化，即可确定滴定终点。根据滴定液消耗体积以及待测离子与滴定液反应的化学计量关系，即可计算出被测组分的含量。

电位滴定法与滴定分析法的主要区别在于确定终点的方法不同。前者是通过电池电动势的突变来确定终点，后者是通过指示剂颜色的转变来指示终点。因此，电位滴定法终点确定无主观性，不存在观测误差，结果更准确。可进行浑浊液、有色液和缺乏合适指示剂的样品溶液的滴定。易实现连续、自动和微量分析，可用于弱酸或弱碱的离解常数、配合物稳定常数等热力学常数的测定。

二、滴定终点的确定方法

测定时，将盛有供试品溶液的烧杯置电磁搅拌器上，浸入电极，搅拌，并自滴定管中分次滴加滴定液，边滴边记录滴定液的体积（V）和相应电位读数（E）。滴定初期可每次加入较多的滴定液，搅拌，记录电位；至将近终点前，则应每次加入少量的滴定液，搅拌，记录电位；至突跃点已过，还应继续滴加几滴滴定液，并记录相应电位。根据滴定液消耗量与电位的关系，采用作图法和内插法确定滴定终点。

1. 作图法

（1）$E-V$ 曲线法　以记录的滴定液体积 V 为横坐标，相应的电位读数 E 为纵坐标，绘制 $E-V$ 曲线。曲线的转折点（拐点）所对应的体积即滴定终点的体积。本法适用于滴定突跃明显的测定，如图 2-11（a）所示。

（2）$\Delta E/\Delta V - \bar{V}$ 曲线法　又称一阶导数法，以（$\Delta E/\Delta V$）（相邻两次的电位差与相应滴定液体积差之比）为纵坐标，以平均体积 $\bar{V}$（相邻两次加入滴定剂体积的算术平均值）为横坐标作图。该曲线可视为 $E-V$ 曲线的一阶导数曲线。曲线的极大值所对应的体积即滴定终点时的体积，如图 2-11（b）所示。

（3）（$\Delta^2 E/\Delta V^2$）$-V$ 曲线法　又称二阶导数法，以（$\Delta^2 E/\Delta V^2$）［相邻（$\Delta E/\Delta V$）值间的差与相应滴定液体积差之比］为纵坐标，以相应滴定液体积 V 为横坐标作图。该曲线可视为 $E-V$ 曲线的二阶导数曲线，曲线过零（$\Delta^2 E/\Delta V^2 = 0$）时对应的体积即滴点终点体积，如图 2-11（c）所示。因该法的终点最易于确定，结果最准确，所以最为常用。

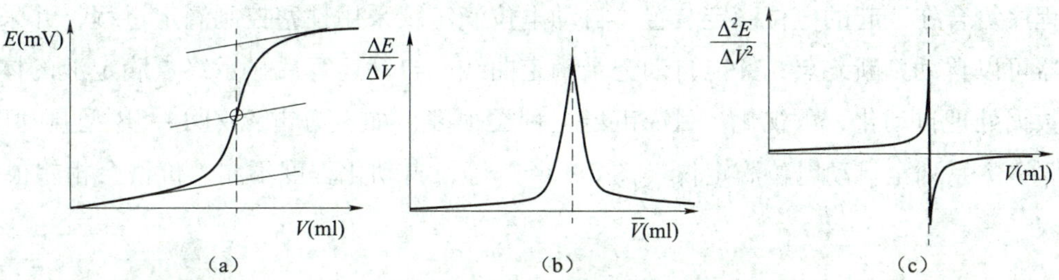

(a)　　　　　　　　(b)　　　　　　　　(c)

图 2 – 11　作图法确定电位滴定法终点

2. 内插法　基于 $E - V$ 曲线的二阶导数曲线过零（$\Delta^2 E/\Delta V^2 = 0$）时对应的体积即滴定终点体积的特征，在实际工作中常不作图，利用内插法计算滴定终点体积。该法利用（$\Delta^2 E/\Delta V^2$）$= 0$ 时前后最近的两组数据，采用内插法计算滴定终点，其计算原理如图 2 – 12 所示。

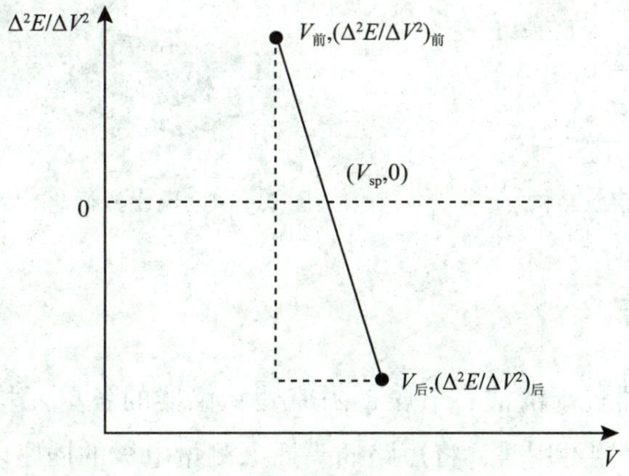

图 2 – 12　内插法原理示意图

由图可知，

$$\frac{V_{sp} - V_{前}}{V_{后} - V_{前}} = \frac{(\Delta^2 E/\Delta V^2)_{前}}{(\Delta^2 E/\Delta V^2)_{前} - (\Delta^2 E/\Delta V^2)_{后}}$$

因此滴定终点体积计算公式为

$$V_{sp} = V_{前} + \frac{(\Delta^2 E/\Delta V^2)_{前}}{(\Delta^2 E/\Delta V^2)_{前} - (\Delta^2 E/\Delta V^2)_{后}} \times (V_{后} - V_{前}) \tag{2-16}$$

（2 – 16）式中，V_{sp} 为滴定终点体积；$V_{前}$ 为曲线过零前某点的体积；$V_{后}$ 为曲线过零后某点的体积；（$\Delta^2 E/\Delta V^2$）$_{前}$ 为曲线过零前的二级微商值；（$\Delta^2 E/\Delta V^2$）$_{后}$ 为曲线过零后的二级微商值。

利用上述方法确定滴定终点，主要是根据化学计量点附近的测量数据，因此，通常只要准确测量和记录滴定终点前后 1～2ml 内的测量数据，便可求得滴定终点的消耗滴定液体积。如果采用自动电位滴定仪，滴定数据或滴定曲线的获得更方便。电位滴定法也可用于指示剂终点颜色的选择或核对，在滴定前加入指示剂，观察终点前至终点后的颜色变化，确定被测物质在终点时指示剂的颜色。

三、电位滴定仪

1. 基本装置　电位滴定的基本装置由电位计、电极系统（参比电极和指示电极）、电磁搅拌器、滴定管和反应容器等部件组成，其结构如图 2 – 13 所示。

2. 自动电位滴定仪　是将计量电磁阀、滴定装置、搅拌装置、自动清洗装置和温度探头等部件通过自动控制程序复合在一起的电位滴定装置。自动电位滴定仪采用柱塞控制滴定过程，并采集电极的动态信号。仪器可以自动判断终点，并能自动记录滴定曲线，自动运算后显示终点滴定液的体积，实现了滴定过程及数据处理自动化、可视化。目前市场上种类很多，如上海雷磁 ZDJ－5B 型自动电位滴定仪、瑞士万通 905/907 系列全自动电位滴定仪（图 2－14）等，自动化程度不同，价格会相差很多。

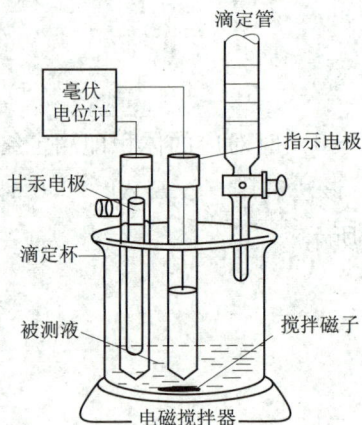

图 2－13　电位滴定仪结构

图 2－14　瑞士万通 905/907 型全自动电位滴定仪

四、仪器的维护保养

1. 电位滴定仪维护　仪器置于清洁、干燥、阴凉处。仪器的各单元均应经常保持清洁干燥，并防止灰尘及腐蚀性气体侵入。仪器不用时，将短路插头插入测量电极的插座内，防止灰尘及水汽浸入。仪器使用环境温度及滴定液温度不得超过 35℃，否则将引起滴定管装置中的活塞变形，影响使用。在用高氯酸、乙酸作滴定剂时，应保持环境温度不低于 16℃，否则会产生结晶，损坏阀门。

2. 滴定管路和电极清洁维护　每次使用前都应自动清洗和排空滴定管路原存放液体，以防在放置期间液体的浓度发生变化，影响滴定结果。如果滴定管路中有气泡，也应按下"清洗"键反复清洗直到排空里面的气泡为止。

分析结束后排空计量管液体。排空完成后取出滴定头和电极，用纯化水冲洗，滤纸吸干。如果是非水滴定，千万不要用纯化水清洗电极及滴头，可选择乙酸进行清洗。对易产生沉淀或结晶的滴定剂（如硝酸银），在分析结束后应用纯化水反复冲洗滴定管。当仪器长时间不用，或需更换滴定液时，可采用纯化水或乙醇多次清洗滴定管单元及管路。

3. 电极维护

表 2－4　不同滴定类型电极保存及维护

电极类型	保存	维护
pH 电极	单体玻璃电极：保存在蒸馏水中 复合 pH 电极：保存在电解质溶液中	同酸度计 pH 电极
氧化还原电极	单体电极：干保存 复合电极：浸泡在 3mol/L KCl 溶液中	响应出现问题：可能是表面钝化引起。将电极浸泡在含 0.5g 氢醌的 50ml，pH＝4 的缓冲溶液中一段时间，然后用蒸馏水清洗；或将电极与直流电源的负极相连，以稀硫酸为电解质，在 10mA 下电解 3 分钟。电极表面沾污后，用磨蚀粉清洁，然后用蒸馏水清洗。插入式针形电极可在火焰上烤至发红，以除去污物

续表

电极类型	保存	维护
银量法电极	单体电极：存放在电极盒中即可 复合电极：浸泡在饱和 KNO_3 溶液中，切勿使用 KCl，如 KNO_3 结晶，加蒸馏水清洗更新参比液	银电极随着使用，表面会变黑，可用研磨粉清洁电极，然后用清水清洗

五、应用示例

电位滴定法在药物分析中应用非常广泛，采用不同的电极系统便可用于不同的滴定方法，各种电位法所用的电极系统见表 2-5。在《中国药典》（2020 年版）二部中有 187 种原料药及其制剂采用电位滴定法进行含量测定。现以硝酸汞电位法（配位电位法）测定青霉胺等药物的含量为应用示例进行解析。

表 2-5　《中国药典》中常用的电极系统与滴定方法

滴定方法	电极系统	备注
水溶液氧化还原法	铂 - 饱和甘汞	铂电极用加有少量三氯化铁的硝酸或用铬酸清洁液浸洗
水溶液中和法	玻璃 - 饱和甘汞	
非水溶液中和法	玻璃 - 饱和甘汞	饱和甘汞电极套管内装饱和氯化钾的无水甲醇溶液 玻璃电极用过后立即清洗并浸在水中保存
水溶液银量法	银 - 玻璃 银 - 硝酸钾盐桥 - 饱和甘汞	银电极可用稀硝酸迅速浸洗
烃氢置换法	玻璃 - 硝酸钾盐桥 - 饱和甘汞	
硝酸汞电位滴定法	铂 - 汞 - 硫酸亚汞	铂电极可用 10%（g/ml）硫代硫酸钠溶液浸泡后用蒸馏水清洗 汞 - 硫酸亚汞电极用稀硝酸浸泡后用蒸馏水清洗

即学即练 2-1

答案解析

NaOH 滴定一元弱酸 HA，采用电位滴定法测定弱酸的平衡常数 K_a，试选择合适的电极系统，并计算弱酸的平衡常数 K_a。

示例 2-3　硝酸汞电位法测定青霉胺的含量

【基本原理】硝酸汞电位法所用的指示电极是铂电极（惰性电极），参比电极是汞 - 硫酸亚汞。在滴定过程中，在弱酸性条件下，青霉胺与 Hg^{2+} 进行配位反应，电池的电极电位只受 Hg_2^{2+} 浓度影响，而不受 Hg^{2+} 浓度影响，但至终点或终点后，会受 Hg^{2+} 影响而产生突跃，确定滴定终点。

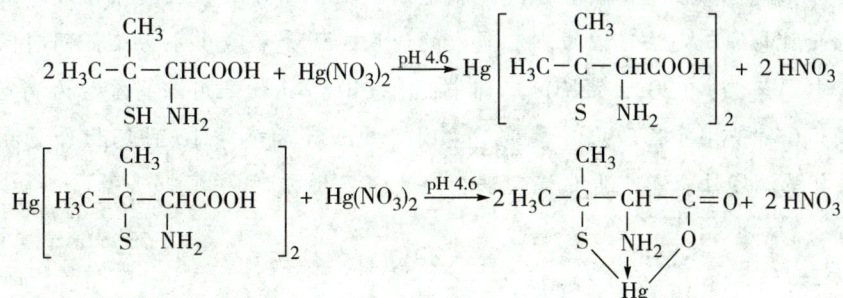

$$2\ H_3C\text{-}\underset{\underset{SH}{|}}{\overset{\overset{CH_3}{|}}{C}}\text{-}CHCOOH + Hg(NO_3)_2 \xrightarrow{pH\ 4.6} Hg\left[H_3C\text{-}\underset{\underset{S}{|}}{\overset{\overset{CH_3}{|}}{C}}\text{-}\underset{NH_2}{CHCOOH}\right]_2 + 2\ HNO_3$$

$$Hg\left[H_3C\text{-}\underset{\underset{S}{|}}{\overset{\overset{CH_3}{|}}{C}}\text{-}\underset{NH_2}{CHCOOH}\right]_2 + Hg(NO_3)_2 \xrightarrow{pH\ 4.6} 2\ H_3C\text{-}\overset{\overset{CH_3}{|}}{C}\text{-}CH\text{-}C=O + 2\ HNO_3$$

在滴定初期，青霉胺与 Hg^{2+} 先按 2：1 形成二青霉胺络汞，发生第一次滴定突跃，但突跃范围较小，不宜作终点。继续滴定，二青霉胺络汞与硝酸汞按 1：1 生成青霉胺络汞，发生第二次突跃，突跃范围大，变化大，宜确定终点。《中国药典》规定以第二次突跃作为终点，青霉胺与硝酸汞按物质的量之比为 1：1 进行定量计算。

【测定方法】精密称取本品 0.1502g，加 pH = 4.6 乙酸盐缓冲液 100ml 溶解，照电位滴定法，以铂电极为指示电极，汞 – 硫酸亚汞为参比电极，用硝酸汞滴定液（0.0501mol/L）缓慢滴定至终点。每 1ml 硝酸汞滴定液（0.05mol/L）相当于 7.461mg $C_5H_{11}NO_2S$。

【数据处理结果】电位滴定实验数据见表 2 – 6。

表 2 – 6 硝酸汞电位法测定青霉胺含量实验数据

V (ml)	E (mV)	ΔE (mV)	$\bar{V}$ (ml)	$\Delta E/\Delta V$ (mV/ml)	$(\Delta^2 E/\Delta V^2)$
19.35	– 225				
		5	19.375	100	4400
19.40	– 220				
		16	19.425	320	6800
19.45	– 204				
		33	19.475	660	
19.50	– 171				– 2800
		26	19.525	520	
19.55	– 145				– 2400
		20	19.575	400	
19.60	– 125				

终点的体积确定可用绘制 $E - V$ 曲线、$(\Delta E/\Delta V) - \bar{V}$ 曲线、$(\Delta^2 E/\Delta V^2) - V$ 曲线的方法，也可用内插法。由表 2 – 6 中可知：$V_{前} = 19.45\text{ml}$，$(\Delta^2 E/\Delta V^2)_{前} = 6800$；$V_{后} = 19.50\text{ml}$，$(\Delta^2 E/\Delta V^2)_{后} = -2800$。

终点体积为

$$V_{sp} = V_{前} + \frac{(\Delta^2 E/\Delta V^2)_{前}}{(\Delta^2 E/\Delta V^2)_{前} - (\Delta^2 E/\Delta V^2)_{后}} \times (V_{后} - V_{前}) = 19.45 + \frac{6800}{6800 - (-2800)} \times (19.50 - 19.45)$$

$$= 19.485(\text{ml}) \approx 19.48(\text{ml})$$

青霉胺的含量为

$$C_5H_{11}NO_2S(\%) = \frac{V_{sp}T}{m} \times 100\% = \frac{19.48 \times 7.461 \times \frac{0.0501}{0.05}}{0.1502 \times 1000} \times 100\% \approx 97.0\%$$

知识链接

汞

汞是一种对人体有害的银白色金属，以金属汞、汞盐和有机汞三种形式存在。非水滴定法以高氯酸滴定液滴定氢卤酸盐类药物时，为掩蔽氢卤酸对滴定的干扰，必须加入乙酸汞试液。我国吸收在实验中革除汞盐的经验，采用电位滴定法可以减少乙酸汞的使用，避免和减少汞污染，同时防止操作者的身体受到伤害。如在《中国药典》（2020 年版）二部中，有 140 种药物采用以高氯酸为滴定液的非水电位滴定法测定含量，仅有 6 种使用了乙酸汞。盐酸丁卡因、盐酸异丙嗪等 16 种药物含量测定采用以氢氧化钠为滴定液的两点电位滴定法或单点电位滴定法，避免了乙酸汞的使用。

第四节 永停滴定技术

PPT

一、基本原理

永停滴定法（dead - stop titration）又称双安培滴定法或双电流滴定法。测量时，将两个相同的指示电极（通常为铂电极）插入待滴定的溶液中，在两个电极之间外加一小电压（约50mV），然后进行滴定，通过观察滴定过程中两个电极间电流变化的特性来确定滴定终点。该方法属于电流滴定法，其装置简单，准确度高，操作简便。《中国药典》已将其作为重氮化（亚硝酸钠）滴定和卡氏水分测定确定终点的法定方法，主要应用于大多数抗生素及其制剂的水分限量检查和磺胺药物含量测定方法。

1. 可逆电对和不可逆电对 当在溶液中插入两个相同的铂电极时，因为两个电极电位相同，不发生任何电极反应，所以无电流通过电池；但是，当在插入含 Fe^{3+}/Fe^{2+}（或 I_2/I^-）电对溶液的两个电极间外加一小电压，则接正极的铂电极将发生氧化反应

$$Fe^{2+} \rightleftharpoons Fe^{3+} + e$$

接负极的铂电极将发生还原反应

$$Fe^{3+} + e \rightleftharpoons Fe^{2+}$$

即能产生电解反应，电极间会有电流通过。此类电对称为可逆电对。在滴定过程中，当反应电对氧化态（如 Fe^{3+}）和还原态（如 Fe^{2+}）的浓度相等时，电流最大；当两者浓度不等时，电流的大小由浓度小的决定。

若溶液中电对是 $S_4O_6^{2-}/S_2O_3^{2-}$，同样插入两个铂电极，外加一小电压，则只能发生氧化反应

$$2S_2O_3^{2-} \rightleftharpoons S_4O_6^{2-} + 2e$$

不能发生还原反应

$$S_4O_6^{2-} + 2e \rightleftharpoons 2S_2O_3^{2-}$$

所以不能发生电解反应，电极间无电流通过。此类电对称为不可逆电对。当然，在两个铂电极间外加一个很大的电压，不可逆电对也会发生电解反应，只不过是发生其他类型的电极反应。永停滴定法便是根据滴定过程中发生的上述现象确定滴定终点的。

2. 滴定电对体系 在滴定过程中，依据滴定剂和被测物质所属电对类型的不同，永停滴定电对体系可分为下面三类体系，且电极间电流变化曲线各不相同。

（1）可逆电对滴定不可逆电对体系 如用 I_2 滴定 $Na_2S_2O_3$，滴定反应为

$$I_2 + 2S_2O_3^{2-} \rightleftharpoons S_4O_6^{2-} + 2I^-$$

在计量点前，溶液中只有 I^- 和不可逆电对 $S_4O_6^{2-}/S_2O_3^{2-}$，因此无电流通过；计量点后，稍过量的 I_2 液加入，溶液中就有 I_2/I^- 可逆电对存在，电极间有电流通过，且电流强度随 I_2 浓度的增加而增加，电流计指针突然从零发生偏转并不再返回，从而指示终点到达。滴定过程中的电流变化曲线如图 2 - 15（a）所示。

（2）不可逆电对滴定可逆电对体系 如用 $Na_2S_2O_3$ 滴定 I_2，滴定反应为

$$2S_2O_3^{2-} + I_2 \rightleftharpoons S_4O_6^{2-} + 2I^-$$

在计量点前，溶液中存在 I_2/I^- 可逆电对和 $S_4O_6^{2-}$，有电流通过；随着滴定的进行 I_2 浓度减少，电流逐渐降低，计量点时 I_2 与 $Na_2S_2O_3$ 完全反应，溶液中只有 $S_4O_6^{2-}$ 和 I^-，无可逆电对，电解反应停止，此时电流计的指针将停留在零电流附近并保持不动，称为永停滴定法。滴定过程中的电流变化曲线如图 2 - 15（b）所示。

（3）可逆电对滴定可逆电对体系　如用 Ce^{4+} 滴定 Fe^{2+}，滴定反应为

$$Ce^{4+} + Fe^{2+} \rightleftharpoons Ce^{3+} + Fe^{3+}$$

滴定前溶液中只有 Fe^{2+}，无 Fe^{3+}，无电解反应，两电极间无电流通过。滴定开始后，Ce^{4+} 不断滴入时，Fe^{3+} 不断增多，溶液中有 Fe^{3+}/Fe^{2+} 可逆电对生成，故电流也随 Fe^{3+} 浓度的增大而增大。当 $[Fe^{3+}] = [Fe^{2+}]$ 时，电流达最大值；继续滴入 Ce^{4+} 溶液，Fe^{2+} 浓度逐渐下降，电流也逐渐降低，到达计量点时电流降至最低点。计量点后，Ce^{4+} 过量，溶液中出现 Ce^{4+}/Ce^{3+} 可逆电对，电流随 Ce^{4+} 浓度逐渐变大。滴定过程中的电流变化曲线如图 2 - 15（c）所示。

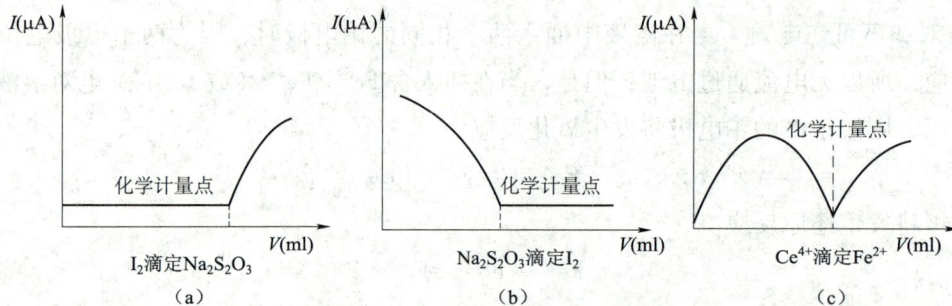

图 2 - 15　永停滴定过程中电流变化曲线

如将永停滴定原理和微量水分测定反应——卡尔反应相结合就是卡尔 - 费休氏水分测定法。

二、永停滴定仪

永停滴定装置一般如图 2 - 16 所示。图中 R_1 为绕线电位器，调节 R_1，可在两电极间加载合适的外加电压，一般数毫伏至数十毫伏即可；R 为电流计临界阻尼电阻（也称电流计的分流电阻），调节其电阻值可得到电流计合适的灵敏度；滴定过程中用电磁搅拌器搅动溶液。在滴定时，只需仔细观察电流计指针变化，指针位置突变点即滴定终点。必要时可每加一次滴定液，测量一次电流；以电流为纵坐标，滴定体积为横坐标，绘制滴定曲线确定终点。目前，商品化的永停滴定仪种类很多，自动化程度也各不相同。常用的有上海精科的 ZYT - 1 型、ZYT - 2 型自动永停滴定仪，ZDY - 500 型全自动永停滴定仪，滴定到终点前黄灯亮，减缓滴定速度；到达终点时，红灯亮，同时发出蜂鸣声音，指示终点到达，操作方便。卡氏水分测定仪分为容量法和库仑法两类，上海雷磁和瑞士万通都有系列产品；也有将电位滴定、永停滴定、卡氏水分测定三种滴定模式组合在一起的商品化仪器，如瑞士万通。《中国药典》规定，永停滴定仪电流计的灵敏度除另有规定外，测定水分时用 10^{-6} A/格，重氮化法用 10^{-9} A/格。

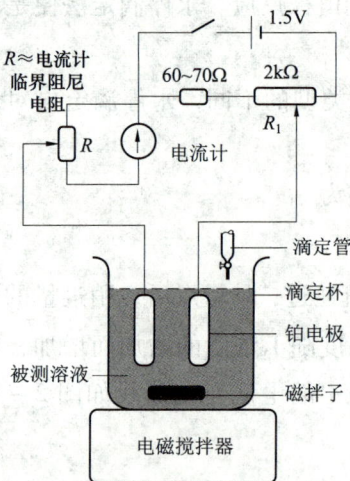

图 2 - 16　永停滴定装置结构

三、仪器的维护保养

1. 清洁　每次使用完毕，立即用细软布擦拭箱体表面污迹、污垢，目测无清洁剂残留，用清洁布擦干，并悬挂相应标识，及时填写仪器使用记录。

2. 注液泵维护

（1）泵管与活塞维护　玻璃泵管与活塞配合紧密，一般不宜脱离，以免损坏玻璃泵管，如污染严重，则必须脱离清洗，但严禁活塞装在玻璃泵管内加热去潮。

（2）泵体拆卸　仪器如长期不用或发生意外要拆卸泵体时，首先要将吸液管和注液管都提高液面，在注液位按"注液"键，排完泵管内的溶液，然后三通阀置吸液位，按"吸液"键，先吸掉吸液管道内的溶液到泵体中，然后迅速转动三通阀到注液位（不按任何键），此时仍在吸液，把注液管道中的溶液也吸入泵体中，待泵体活塞接近下限时按"复零"键，使电机停转，先拧下泵体接头聚乙烯旋扭，再旋下红色有机玻璃外套，双手握住玻璃泵体用力小心上移，使活塞螺杆外露，从泵体推杆凹槽内取出，倒掉残液并用蒸馏水冲洗。

（3）维护周期　每月进行一次维护检查，然后填写维护记录。常见故障如下。

1）数显不亮　原因是电源插头松动，应重新固定插头。

2）滴定过程中产生气泡　可能是液路部分接头松动，应扭紧接头。

3）指针反应迟钝，产生过滴现象　可能是电极钝化，应用清洗剂清洗，或滴液未加催化剂。

4）在注液或滴定过程中液体通过三通或泵体外渗　检查液路是否通顺，滴定管是否堵塞或三通转不到位，泵管外套是否松动。

5）数字显示乱跳　电源接地不良或周围有强电磁场干扰。

3. 双铂电极的清洁维护　永停滴定仪中双铂电极的清洁状态是滴定成功与否的关键，污染的电极在滴定时指示迟钝，终点时电流变化小，此时应重新处理电极。处理方法：可将电极插入 10ml 浓硝酸和 1 滴三氯化铁的溶液内，或铬酸洗液内浸泡数分钟取出后用水冲洗干净。

四、应用示例

永停滴定法在药物分析中有着重要的作用，可用作重氮化法和卡尔费休氏水分测定法的终点指示。

示例 2-4　重氮化滴定法

【基本原理】在《中国药典》中运用重氮化滴定法测定芳伯胺类药物（如磺胺药）含量。在滴定过程中，至近终点时，稍过量的 $NaNO_2$ 在酸性条件下生成 NO，与溶液中的 HNO_2 组成 HNO_2/NO 可逆电对，可发生电解反应，产生电流，即可确定终点。滴定反应为

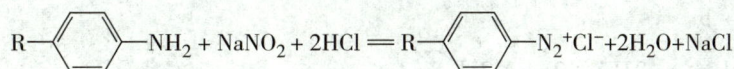

$$R-\!\!\!\bigcirc\!\!\!-NH_2 + NaNO_2 + 2HCl = R-\!\!\!\bigcirc\!\!\!-N_2{}^+Cl^- + 2H_2O + NaCl$$

在酸性介质磺胺药物溶液中插入两个铂电极，外加约 50mV 电压，串联一灵敏电流计测电流。滴定初期，电极间无电流或很小电流通过，电流计指针恒定不动；随着亚硝酸钠滴定液的加入，在终点前，两电极间电流维持恒定；终点时，稍加过量的亚硝酸钠滴定液，溶液中产生可逆电对，电极间有电流通过，电流计指针偏转不再回到原来位置，滴定终点到达。

【滴定方法】精密称取磺胺甲噁唑 0.5060g，加稀盐酸和蒸馏水各 25ml 溶解，照永停滴定法，用亚

硝酸钠滴定液（0.1001mol/L）滴定终点，消耗滴定液体积 19.80ml。每 1ml 亚硝酸钠滴定液（0.1mol/L）相当于 25.33mg 的磺胺甲噁唑（$C_{10}H_{11}N_3O_3S$）。

【数据处理结果】

$$C_{10}H_{11}N_3O_3S（\%）=\frac{V_{sp}TF}{m}\times100\%=\frac{19.80\times25.33\times\frac{0.1001}{0.1}}{0.5060\times1000}\times100\%\approx99.2\%$$

示例 2-5 卡尔-费休氏容量法测定青霉素钠中水分的含量

【基本原理】卡尔-费休氏水分测定法分为容量法和库仑法两种，许多国家都将此方法作为法定的水分测定的标准分析方法。《中国药典》中抗生素及其制剂水分的测定大多数也采用此方法。

（1）容量法　在无水吡啶和无水甲醇溶液中碘和二氧化硫能与水定量反应，依据碘的消耗量计算出水分的量。其基本反应为

$$I_2+SO_2+H_2O\rightleftharpoons2HI+SO_3$$

上述反应是可逆反应，为了使反应向右进行完全，选用碱性试剂（如无水吡啶）定量吸收 HI 和 SO_3，加入无水甲醇，生成更稳定的甲基硫酸氢吡啶。其滴定的总反应（卡尔-费休氏反应）为

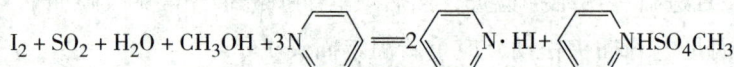

$$I_2+SO_2+H_2O+CH_3OH+3N\bigcirc=2\bigcirc N\cdot HI+\bigcirc NHSO_4CH_3$$

滴定终点前，溶液中有 SO_3/SO_2 不可逆电对，电极间无电流通过，电流计指针停止不动；达终点后，稍加过量的碘滴定液，溶液中即有可逆电对 I_2/I^-，两电极间有电流通过，电流计指针明显偏转不再回到起点，指示终点到达。卡尔-费休氏反应中用无水甲醇配制碘、二氧化硫的溶液，并加入无水吡啶，组成费休氏试液，该试液市场有售；也可将此试液分为含无水吡啶、二氧化硫的无水甲醇溶液和含碘的无水甲醇溶液两种，临用时再混合，这样试剂稳定性更好。被测样品应用无水甲醇溶解。水分含量计算公式为

$$水分含量（\%）=\frac{(A-B)F}{W}\times100\% \tag{2-17}$$

（2-17）式中，F 为每 1ml 费休氏试液相当于水的重量（mg）；A 为被测样品消耗的费休氏试液体积（ml）；B 为空白消耗的费休氏试液体积（ml）；W 为被测样品的取样量（mg）。容量法适用于测定含水量较多物质。

（2）库仑法　也称电量法。在仪器的电解池中先加费休氏试液和微量水，达到平衡后注入含水的样品，水参与碘、二氧化硫的氧化还原反应，在吡啶和甲醇存在的情况下，生成氢碘酸吡啶和甲基硫酸吡啶，消耗了的碘在阳极电解产生，从而使卡尔-费休氏反应不断进行，直至水分全部耗尽为止。当电解液中碘浓度恢复到原定浓度时，停止电解，其终点即至。电解过程电极反应为

阳极：$2I^--2e\rightarrow I_2$

阴极：$I_2+2e\rightarrow2I^-$　　$2H^++2e\rightarrow2H_2\uparrow$

依据法拉第电解定律，产生碘的物质的量与通过电量成正比，碘和水又是等物质的量反应，所以通过测定过程中流过的总电量可以换算成水分总量。库仑法无须标定滴定液，且可从卡氏库仑滴定仪上直接读取水分量（1mg 水相当于 10.72 库仑电量），使用更为方面。库仑法适用于测定含微量水分（0.0001%~0.1%）的烃类、醇类和酯类化合物。

【测定方法】标定卡尔-费休氏试液，F 为 3.48mg/ml。精密称取 0.5520g 青霉素钠置于干燥具塞

的锥形瓶中，加无水甲醇 3ml，振摇溶解。用标定的卡尔 - 费休氏试液滴定，永停法指示终点。消耗滴定液体积 1.62ml，空白试验消耗 0.18ml。

【数据处理结果】

$$水分含量(\%) = \frac{(A - B)F}{W} \times 100\% = \frac{(1.62 - 0.18) \times 3.48}{0.5552 \times 1000} \times 100\% = 0.91\%$$

卡尔 - 费休氏水分测定法中所用的仪器应干燥，并能避免空气中的水分浸入；测定操作宜在干燥环境中进行。

✍ 实践实训

实训一　葡萄糖注射液 pH 的测定 🔲微课

【实训目的】

1. **掌握**　溶液 pH 的测量技术；酸度计的规范操作。
2. **熟悉**　标准缓冲溶液的配制方法。
3. **了解**　酸度计和 pH 复合电极的维护常识。

【基本原理】

用酸度计测定溶液的 pH，均采用两次测量法测定。

25℃时
$$pH_x = pH_s - \frac{E_s - E_x}{0.059}$$

【实训器材】

1. **仪器**　PHS - 3C 型酸度计、pH 复合电极、塑料小烧杯、烧杯、滤纸、温度计、容量瓶。
2. **试剂**　邻苯二甲酸氢钾标准缓冲液（pH = 4.00）、磷酸盐标准缓冲液（pH = 6.86）、葡萄糖注射液、饱和氯化钾溶液（用 AR 级氯化钾加蒸馏水制成适量饱和溶液）。

【实训内容与操作规程】

1. **标准缓冲液制备**　将市售 pH = 4.00 邻苯二甲酸氢钾标准缓冲液和 pH = 6.86 磷酸盐标准缓冲液的包装袋分别剪开，分别用适量新煮沸过放冷的蒸馏水溶解定容到相应体积即可；也可用基准试剂按《中国药典》（2020 年版）四部通则 0631 自制。

2. **测量溶液制备**　取葡萄糖注射液适量，用新煮沸过放冷的蒸馏水稀释制成含葡萄糖为 5% 的溶液，每 100ml 溶液再加入饱和氯化钾溶液 0.3ml。

3. **测量前准备**　接通 PHS - 3C 型酸度计电源，预热仪器 20 分钟。用温度计测量标准缓冲液和测定液的温度并记录。

4. **酸度计校正**　将 pH/mV 选择键置"pH"功能（档）。将 pH 复合电极（最好在蒸馏水中浸泡过 24 小时）安装在电极支架上，拔去电极接头上的短路插头，将复合电极插头插在电极插口内。调节"温度"补偿键至温度与标准缓冲液温度一致，按第二节的两点校正法校正，第一标准缓冲液 pH = 6.86，第二标准缓冲液 pH = 4.00。

5. **测量**　调节"温度"补偿键至温度与测量溶液温度一致（如果和标准缓冲液的温度相同，不调），将复合电极洗净用滤纸吸干后，插入 20 ~ 30ml 测定液中，轻轻晃动测定液杯，使溶液均匀分布，待显示值稳定后，记录相应值。重复测定两次。

测定完毕后，关闭酸度计，拔去电源插头。将复合电极取出，接上短路插头。用蒸馏水冲洗电极并用滤纸吸干，按要求保存。

【实训记录与数据处理】

结果记录于表 2 - 7。

表 2 - 7　样品测定数据及结果

项目	1	2	3
pH			
平均值			
《中国药典》规定值		3.2 ~ 6.5	
结论			

【注意事项】

（1）玻璃电极球泡极薄，避免触碰硬物损坏电极。

（2）校准时选用的标准缓冲液 pH 应与待测溶液 pH 接近。

（3）测定不同溶液时，均用蒸馏水清洗电极并用滤纸擦干。

（4）实验完毕后及时将电极清洗干净并戴上电极套。

【思考题】

（1）酸度计上"温度"调节键（钮）起何种作用？"斜率"调节键（钮）作用又是什么？

（2）不同 pH 的标准缓冲溶液能否任意选择？

实训二　电位滴定法测定食醋中乙酸的含量

【实训目的】

1. 掌握　电位滴定仪的规范操作。

2. 熟悉　电位滴定法测定食醋中乙酸含量的方法。

3. 了解　电位滴定装置组成部件及电极的维护常识。

【基本原理】

食醋的酸性物质主要是乙酸（HAc），此外还含有少量其他弱酸。乙酸的解离常数 $K_a = 1.8 \times 10^{-5}$，可用 NaOH 标准溶液直接滴定，化学计量点的 pH 为 8.7。两者的反应方程式为

$$HAc + NaOH =\!=\!= NaAc + H_2O$$

在本实验滴定过程中，由于食醋的棕色无法使用合适的指示剂来观察滴定终点，所以它的滴定终点用酸度计来测量。本实验选用邻苯二甲酸氢钾作为基准试剂来标定氢氧化钠溶液的浓度。邻苯二甲酸氢钾纯度高、稳定、不吸水，而且有较大的摩尔质量。标定时可用酚酞作指示剂。

【实训器材】

1. 仪器　PHS - 3C 酸度计、pH 复合电极、电子天平、电磁搅拌器、滴定台、容量瓶、锥形瓶、吸

量管、蓝带滴定管、烧杯、量筒、洗耳球。

2. 试剂 NaOH（AR）、邻苯二甲酸氢钾（基准物质）、食醋、酚酞指示剂、pH 6.86 和 pH 9.18 标准缓冲液、去离子水。

【实训内容与操作规程】

1. 氢氧化钠溶液制备 取氢氧化钠适量，加水振摇使溶解成饱和溶液，冷却后，置聚乙烯塑料瓶中，静置数日，澄清后备用。取澄清的氢氧化钠饱和溶液 5.6ml，加新煮沸过的冷水使成 1000ml，摇匀。

2. 氢氧化钠溶液标定 用差量法精密称取在 105℃ 干燥至恒重的邻苯二甲酸氢钾基准物质 0.4 ~ 0.6g 于 250ml 锥形瓶中，加 40 ~ 50ml 新煮沸过的冷水，振摇，充分溶解，加入 2 滴酚酞指示剂，用待标定的氢氧化钠溶液滴至溶液呈微红色并保持 30 秒不褪色，即终点。平行标定三份。计算氢氧化钠溶液的浓度和各次标定结果的相对偏差，三份平行试验结果的相对平均偏差不得大于 0.1%，否则需重新标定。

3. 电位滴定装置组装与酸度计校正

（1）电位滴定装置组装 酸度计开机预热 30 分钟，连接复合电极，安装好蓝带滴定管和电磁搅拌器。

（2）酸度计校正 按相应酸度计校正操作规程，用 pH 6.86 和 pH 9.18 标准缓冲液校正酸度计（校正方法见实训一）。校正前将磁棒放入标准缓冲液中，把复合电极插入溶液中使玻璃球泡完全浸没在溶液中，开动搅拌器，注意观察磁棒不要触碰电极。校正完成后，定位和斜率按键（旋钮）位置不能再变动。

4. 食醋样品的含量测定 用吸量管吸取 5.0ml 食醋样品，置于 100ml 烧杯中，加去离子水 40 ~ 50ml 混匀，开动磁力搅拌器。用已标定的 NaOH 标准溶液滴定至酸度计指示 pH = 8.7。平行滴定三次，记录实验结果。

5. 空白对照 取 40 ~ 50ml 去离子水，进行空白试验。

【实训记录与数据处理】

结果记录于表 2 - 8、2 - 9。其中 $M_{KHC_8H_4O_4} = 204.22 g/mol$，$M_{CH_3COOH} = 60.05 g/mol$。

表 2 - 8 邻苯二甲酸氢钾标定 NaOH 溶液

项目	1	2	3
$m_{KHC_8H_4O_4}$（g）			
V_{NaOH}（ml）			
c_{NaOH}（mol/L）			
$\overline{c_{NaOH}}$（mol/L）			
相对偏差（%）			
相对平均偏差（%）			

表 2 - 9 样品测定数据及结果

项目	1	2	3
$V_{食醋}$（ml）			
V_{NaOH}（ml）			
$V_{空白}$（ml）			
c_{HAc}（g/100ml）			
$\overline{c_{HAc}}$（g/100ml）			
相对偏差（%）			
相对平均偏差（%）			

【注意事项】

重复测定，每次滴定结束后的电极、烧杯和磁棒都要清洗干净。

【思考题】

电位滴定法测定的食醋中乙酸含量有偏差吗？为什么？

实训三 永停滴定法测定磺胺甲噁唑片中 SMZ 的含量

【实训目的】

1. 掌握 重氮化滴定法的原理和自动永停滴定仪的规范操作。

2. 熟悉 永停滴定法确定滴定终点的方法。

3. 了解 永停滴定仪的维护常识。

【基本原理】

本实验运用永停滴定法指示重氮化滴定终点。

【实训器材】

1. 仪器 ZYT - 2 型自动永停滴定仪、铂电极、电子天平、烘箱、塑料烧杯、烧杯、温度计、滴定管。

2. 试剂 磺胺甲噁唑（SMZ）片（规格 0.5g）、亚硝酸钠、无水碳酸钠、对氨基苯磺酸、氨水、盐酸。

【实训内容与操作规程】

1. 溶液制备

（1）亚硝酸钠滴定液 取亚硝酸钠 7.2g，加无水碳酸钠（Na_2CO_3）0.10g，加水适量使溶解成 1000ml（约 0.1mol/L），摇匀。

（2）对氨基苯磺酸基准溶液 取在 120℃ 干燥至恒重的基准对氨基苯磺酸约 0.5g，精密称定，加水 30ml 与浓氨试液 3ml，溶解后，加盐酸溶液（1→2）20ml，搅拌，即得基准溶液。配制三份。

（3）样品溶液 取磺胺甲噁唑片 10 片，精密称定，研细，精密称取适量（约相当于磺胺甲噁唑 0.5g），加盐酸溶液（1→2）25ml，再加水 25ml，振摇使溶解。配制三份。

2. 自动永停滴定仪操作规程　以 ZYT-2 型自动永停滴定仪为例说明操作规程，其他型号参考相应说明书，具体规程如下。

（1）装注滴定液　打开电源开关，三通转换阀置吸液位（阀体调节帽顺时针旋到底，吸液指示灯亮）按"吸液"键，泵管活塞下移，标准液被吸入泵体，下移到极限位时自动停止，再转三通阀到注液位（逆时针旋到底，注液指示灯亮）按"注液"键，泵管活塞上移，先赶走泵体内的气泡，活塞上移到上限位时，自动停止，随后再在吸液位按"吸液"键，一般反复 2~3 次就可以赶走泵体和液路管道中的所有气泡，同时在整个液路中充满溶液。

（2）滴定参数设定　把电极和滴定管下移，浸入被测溶液烧杯中，三通阀置注液位，"灵敏度"键设定为 10^{-9}A，即极化电极为 -50mV。

（3）搅拌速度　容量杯中放入搅拌棒，打开搅拌开关，调节搅拌速度电位器，使搅拌速度适中。

（4）滴定　三通阀旋转到注液位按"滴定开始"键，仪器就开始自动滴定，先慢滴，后快滴，仪器出现假终点后指针返回门限值以下，又开始慢滴后快滴，反复多次，直到终点指针不再返回，约 1 分 20 秒后，终点指示灯亮，同时蜂鸣器响，滴定结束，此时数字显示器显示的数字就是实际消耗的滴定液毫升数。

（5）实验结束工作　完成实验后，将电极、滴定管移离液面并用蒸馏水冲洗干净，关闭永停滴定仪。

（6）注意事项　①仪器设有门限值电位器，可以从 60~80 的范围内连续调节，操作者可以从使用过程中出现的具体情况，如被测液体本底电位的高低，滴定过程中表头指针摆动幅度的大小等情况自行决定（顺时针旋转门限值高，反之则门限值下降）。一般情况下，在正常使用时，门限值电位器置中间位置就可以了。②在使用过程中，泵管活塞接近上限位时，要及时在吸液位吸液，如在"滴定开始"工作状态下，活塞到达上限位自动停止滴定后，应先按"复零"键，再在吸液位按"吸液"键吸液。③在滴定过程中，表头指针出现倒打现象，应转动一下电极角度，尽量避免出现指针倒打。④仪器设有"复零"键，在吸液、注液或滴定过程中按"复零"，仪器任何动作都立即停止，同时数字显示 00.00ml。滴定到达终点，经延时后，终点指示灯亮，蜂鸣器响，操作者记录下消耗的毫升数后，按"复零"键，仪器即退出终点锁定状态，同时数字也复零。⑤由于重氮化反应速度较慢，接近终点时，应每次滴加少量的滴定液体积。

3. 亚硝酸钠滴定液标定　在 30℃以下，依据自动永停滴定仪操作规程，用亚硝酸钠滴定液迅速滴定对氨基苯磺酸基准溶液，滴定时将滴定管尖端插入液面下约 2/3 处，随滴随搅拌，至近终点时，将滴定管尖端提出液面，用少量水洗涤尖端，洗液并入溶液中，继续缓缓滴定，用永停滴定法指示终点。记录亚硝酸钠滴定液消耗体积。测定三次，根据亚硝酸钠溶液的消耗量与对氨基苯磺酸的取用量，计算出亚硝酸钠滴定液浓度［每 1ml 亚硝酸钠滴定液（0.1mol/L）相当于 17.32mg 的对氨基苯磺酸］。

4. 磺胺甲噁唑中 SMZ 片含量测定　依据自动永停滴定仪操作规程，用亚硝酸钠滴定液滴定样品溶液，方法同上，平行测定三次，记录消耗亚硝酸钠滴定液体积［每 1ml 亚硝酸钠滴定液（0.1mol/L）相当于 25.33mg 的磺胺甲噁唑］。

【实训记录与数据处理】

1. 计算公式

（1）亚硝酸钠滴定液标定浓度计算公式

$$c_{NaNO_2} = \frac{m_{对氨基苯磺酸}（mg）}{V_{NaNO_2}（ml）} \times \frac{0.1（mol/L）}{17.32（mg/ml）}$$

（2）磺胺甲噁唑（SMZ）片含量计算公式

$$SMZ(\%) = \frac{V'_{NaNO_2}（ml） \times \overline{c_{NaNO_2}}（mol/L） \times 25.33（mg） \times 平均片重（g）}{m_{片粉}（g） \times 0.1（mol/L） \times 1.0（ml） \times 500（mg）} \times 100\%$$

2. 数据及结果 结果记录于表 2–10。

表 2–10 样品测定数据及结果

项目	1	2	3
$m_{对氨基苯磺酸}$（mg）			
V_{NaNO_2}（ml）			
c_{NaNO_2}（mol/L）			
$\overline{c_{NaNO_2}}$（mol/L）			
$m_{片粉}$（g）			
V'_{NaNO_2}（ml）			
SMZ（%）			
SMZ（%）平均值			
《中国药典》规定值	95.0% ~ 105.0%		
结论			

【注意事项】

（1）重氮化反应酸度一般以控制在 1~2mol/L 为宜。

（2）重氮化反应温度不宜超过 30℃，采用快速滴定。

【思考题】

试解释磺胺甲噁唑片含量计算公式中各个数据或符号代表的含义。

目标检测

答案解析

一、选择题

（一）单选题

1. 以下因素与甘汞电极的电极电位有关的是（   ）。

    A. ［H^+］   B. ［Cl^-］   C. 溶液的 pH   D. ［K^+］

2. 永停滴定法确定终点依据的参数是（   ）。

    A. 电极电位的变化   B. 滴定过程中电极上电流的变化

    C. 溶液 pH 的变化   D. 原电池的电动势的变化

3. 玻璃电极在使用前应在蒸馏水中浸泡 24 小时以上，其主要目的是（   ）。

    A. 清洗电极   B. 形成性质稳定的水化凝胶层

C. 清除杂质　　　　　　　　　　　　D. 提高电极电位数值

4. 在永停滴定法中，当电极间有电流通过时，下列说法正确的是（　　　）。

　　A. 电流达到最大时，其氧化型与还原型的浓度相同

　　B. 这是一个不可逆电对

　　C. 电流达到最大时，其氧化型的浓度等于零

　　D. 电流达到最大时，其还原型的浓度等于零

5. 用一阶导数法确定电位滴定的化学计量点，化学计量点是（　　　）。

　　A. 曲线横坐标等于零的点　　　　　　B. 曲线的拐点

　　C. 曲线的最高点　　　　　　　　　　D. 曲线突跃发生的点

（二）多选题

1. 下列电极属于参比电极的有（　　　）。

　　A. 饱和甘汞电极　　B. 铂电极　　　　C. 银-氯化银电极　　D. 玻璃电极

2. 甘汞电极的组成有（　　　）。

　　A. 汞　　　　　　　B. 甘汞　　　　　C. KCl 溶液　　　　　D. 铂丝

3. 下列电极的电极电位与［Cl^-］相关的是（　　　）。

　　A. 甘汞电极　　　　B. 银-氯化银电极　C. 氯离子选择性电极　D. 锑电极

4. 电位滴定法的优点有（　　　）。

　　A. 不受溶液颜色的影响　　　　　　　B. 不受溶液的浑浊程度的影响

　　C. 滴定突跃不明显的时候可以使用　　D. 无适当指示剂时可使用

5. 电位滴定法在酸碱滴定中应用时，（　　　）。

　　A. 通常选用 pH 玻璃电极作为指示电极

　　B. 选用饱和甘汞电极作为参比电极

　　C. 确定终点的方法比指示剂法更灵敏

　　D. 常用于有色或浑浊溶液，特别是弱酸、弱碱、混合酸（碱）的测定

二、填空题

1. 电位法应用于氧化还原滴定法时，一般采用＿＿＿＿＿＿＿＿作为指示电极，以＿＿＿＿＿＿＿＿作为参比电极；将电极系统和＿＿＿＿＿＿＿＿组成工作电池，根据电池电动势的＿＿＿＿＿＿＿＿来指示终点的分析法；依据＿＿＿＿＿＿＿＿反应化学计量关系和＿＿＿＿＿＿＿＿消耗量来计算被测组分的含量。

2. 永停滴定法和电位滴定法均是应用＿＿＿＿＿＿＿＿原理进行定量分析，均属于＿＿＿＿＿＿＿＿分析法；永停滴定法是根据滴定过程中＿＿＿＿＿＿＿＿电极上＿＿＿＿＿＿＿＿的变化来确定滴定终点的方法。

3. 卡尔-费休氏水分测定法分为＿＿＿＿＿＿＿＿和＿＿＿＿＿＿＿＿；水分含量计算公式为＿＿＿＿＿＿＿＿。

4. 玻璃电极一般是由＿＿＿＿＿＿＿＿、＿＿＿＿＿＿＿＿、＿＿＿＿＿＿＿＿和电线、电极插头组成。玻璃电极适用的溶液 pH 范围是＿＿＿＿＿＿＿＿。测量 pH 时，应先用＿＿＿＿＿＿＿＿对酸度计和电极系统进行校正，选用＿＿＿＿＿＿＿＿与待测溶液的 pH 应相差不大于＿＿＿＿＿＿＿＿，且补偿温度应和被测溶液的温度一致。

三、简答题

1. 简述永停滴定法中三种电对体系确定滴定终点的原理。

2. 简述两点法校正 pH 计的操作步骤。

3. 玻璃电极的性能受哪些参数影响？如何消除？

四、计算题

1. 用下面的电池测量溶液 pH

玻璃电极 | H⁺($x$mol/L) ‖ SCE

   在25℃时，测得 pH = 4.00 的标准缓冲液的电池电动势为 0.209V，测得被测溶液的电池电动势为 0.521V，计算被测溶液的 pH。

2. 精密称取头孢氨苄 0.1325g，按卡尔 – 费休氏水分测定法用永停滴定法确定终点，消耗费休氏试剂 2.80ml（每 1ml 相当于 4.0mg 的水）；空白试验消耗 0.20ml，求头孢氨苄中水分的含量。

3. 苯巴比妥含量测定时，称取本品 0.2135g，用银电极为指示电极，通过硝酸钾盐桥的甘汞电极为参比电极，按照电位滴定法测定，化学计量点时用去硝酸银滴定液（0.09954mol/L）9.35ml，已知每 1ml 硝酸银滴定液（0.1mol/L）相当于 23.22mg 的 $C_{12}H_{12}N_2O_3$，求苯巴比妥含量。

书网融合……

知识回顾　　　　微课　　　　习题

（甘淋玲）

第三章

紫外－可见光谱实用技术

科学家们从 17 世纪就开始对光进行研究，自然界中有许多化合物都具有颜色，例如硫酸铜水溶液呈蓝色，重铬酸钾水溶液呈橙色；并且当这些化合物在溶液中的浓度改变时，溶液颜色的深浅度也会随之变化；浓度愈大，颜色愈深。同样在白光下，化合物溶液呈现的颜色与光的波长有关吗？化合物溶液颜色深浅和化合物对光的吸收程度有什么关系？

本章主要介绍化合物对光的吸收定律，并利用紫外－可见分光光度计进行定性及定量分析。

学习目标

1. **掌握** 光吸收定律；紫外－可见吸收光谱；定量分析中吸收系数法、对照法、标准曲线法。
2. **熟悉** 紫外－可见分光光度计主要部件和工作原理；光学性能参数；校正方法。
3. **了解** 光的分类；影响紫外－可见吸收光谱的因素；紫外－可见分光光度法的应用。

第一节 紫外－可见分光光度法基础知识

紫外－可见分光光度法（ultraviolet visible spectrophotometry）是通过被测物质在紫外光区或可见光区的特定波长处或一定波长范围内的吸光程度，对该物质进行定性和定量分析的方法。该法在仪器分析方法中历史悠久，也是应用最为广泛的光学分析方法。具有仪器设备简单、操作便捷的特点，在化工、医药、环境监测、农林等领域应用广泛。

一、光的性质

1. 光的波粒二象性 光是一种电磁辐射，是电磁波中的一部分，具有波粒二象性，它的最小单位是光子。光子有一定的能量，其能量大小与光的频率或波长之间的关系可用普朗克（Planck）方程表示，即

$$E = h\nu = h \cdot \frac{c}{\lambda} \tag{3-1}$$

（3-1）式中，E 为能量，单位为焦耳（J）；h 为普朗克常量（6.626×10^{-34} J·s）；ν 为频率，单位为赫兹（Hz）；c 为光速（2.998×10^8 m/s）；λ 为波长，单位为纳米（nm）。

因（3-1）式中的 h 和 c 都是常数，故波长越短（频率越高）的光子，能量越大；反之亦然。因此，不同波长的光具有不同的能量。

2. 电磁波谱与光的分类 按波长或频率大小顺序将电磁波排列起来，就是电磁波谱。电磁波谱按波长范围可分为 γ 射线、X 射线、紫外光、红外光、微波和无线电波等，也可根据其能量范围划分为若干区域，各区域光波可引起物质中质点的不同类型的能级跃迁，由此产生相应的不同类型的分析方法。电磁波谱各区域的名称、波长范围、能量大小及相应能级跃迁类型见表 3-1。按组成光束的光波长或频率是否单一，可将光分为单色光和复色光。单色光是指单一波长的光，如 254nm 和 508nm 光等；含有多种波长的光称为复色光，如白色光、红色光、紫色光等。

表 3-1 电磁波谱

波谱名称	波长范围	光子能量（J）	能级跃迁类型	分析方法
γ 射线	$5 \times 10^{-3} \sim 0.14$nm	$4.0 \times 10^{-13} \sim 1.3 \times 10^{-15}$	核能级	
X 射线	$10^{-3} \sim 10$nm	$1.9 \times 10^{-13} \sim 2.0 \times 10^{-17}$	内层电子	X 射线衍射法
远紫外区	$10 \sim 200$nm	$2.0 \times 10^{-17} \sim 9.6 \times 10^{-19}$	内层电子	真空紫外光谱法
近紫外区	$190 \sim 400$nm	$9.6 \times 10^{-19} \sim 5.0 \times 10^{-19}$	价电子	紫外光谱法
可见区	$400 \sim 760$nm	$5.0 \times 10^{-19} \sim 2.7 \times 10^{-19}$	价电子	可见光谱法
红外区	$0.75 \sim 1000$μm	$2.7 \times 10^{-19} \sim 6.8 \times 10^{-23}$	分子振动	红外光谱法
微波区	$0.1 \sim 100$cm	$6.8 \times 10^{-23} \sim 6.4 \times 10^{-26}$	分子转动	微波光谱法
无线电波区	$1 \sim 1000$m	$6.4 \times 10^{-26} \sim 6.4 \times 10^{-29}$	电子自旋及核自旋	核磁共振谱法

3. 物质对光的选择性吸收 光与物质能发生多种作用，如发射、吸收、反射、折射、散射、衍射等。在发生折射、散射、衍射等现象过程中，光只改变了其传播方向，光子与物质之间没有进行能量传递；但是在光的发射和吸收过程中，光子与物质之间会产生能量的传递。当一束光照射到某物质或溶液时，组成该物质的分子、原子或离子等粒子可对不同的光子产生不同程度的吸收。被吸收的能量通常以热的形式释放出来，只是这种能量很微小，一般察觉不到。

实验研究表明，物质组成粒子总是处于特定的不连续的能量状态，各状态对应的能量称为能级，用 E 表示，其中能量最低的状态称为基态，对应能级用 E_0 表示，其他能量状态称为激发态，对应能级用 E_i 表示，不同能量能级间的能级差用 ΔE 表示。当物质与辐射能相互作用，物质内部的粒子（如电子）发生能级跃迁，由低能量状态转化为高能量状态。发生跃迁现象后，光子的能量发生转移，可表示为

$$M（基态）+ h\nu \rightarrow M^*（激发态） \tag{3-2}$$

这个过程就是物质对光的吸收过程。由于粒子的不同能量能级是不连续的，只有光子的能量（$h\nu$）与能级差（ΔE）相同时，物质才能吸收该辐射能。不同的物质结构不同，组成的粒子能级分布也不同，所能吸收光子的能量也不同，即所能吸收的光子频率或波长也各不相同，所以，物质的结构决定物质只能吸收特定波长的光，发生相应的能级跃迁，即物质对光的吸收具有选择性。

4. 溶液颜色 自然界中的白色光，可以由适当颜色的两种光按一定强度比例混合形成，这两种颜色的光称为互补光或互补色（表 3-2）。溶液呈现的颜色取决于溶液中的粒子对白色光的选择性吸收。如果溶液对白色光无吸收且全部透过，则溶液无色透明；如果吸收了某种波长的光，溶液呈现的颜色则是它吸收的光的互补色；如果溶液对白色光全部吸收无透过，则溶液呈黑色。因此在白光下，硫酸铜水溶液吸收了白色光中的黄色光，而呈现出互补色蓝色；高锰酸钾水溶液吸收了白色光中的绿色光，则呈

现出其互补色紫红色。由此可见，物质的颜色是基于物质对光的选择性吸收的结果；物质呈现的颜色则是被物质吸收光的互补色。

表 3 - 2　不同颜色可见光的波长及其互补色

波长（nm）	400～450	450～480	480～490	490～500	500～560	560～580	580～610	610～650	650～780
颜色	紫	蓝	绿蓝	蓝绿	绿	黄绿	黄	橙	红
互补色	黄绿	黄	橙	红	红紫	紫	蓝	绿蓝	蓝绿

以上是用溶液对白色光的选择性吸收粗略说明溶液颜色的呈现规律。若要更精确地说明物质对不同波长范围光的选择性吸收规律，则必须借助光谱来描述。

二、光的吸收定律

1. 透光率和吸光度　当一束平行单色光通过均匀无散射的液体介质时，光的一部分被吸收，一部分透过溶液，还有一部分被器皿表面散射。设入射光强度为 I_0，吸收光强度为 I_a，透射光强度为 I_t，反射光强度为 I_r，则

$$I_0 = I_a + I_t + I_r \qquad (3-3)$$

在测量分析过程中，通常将被测溶液和空白参比溶液分别置于同样材料和厚度的吸收池中，让强度为 I_0 的单色光分别通过两个吸收池，再测量透射光的强度。因此反射光强度 I_r 基本相同，其影响可相互抵消，（3-3）式可简化为

$$I_0 = I_a + I_t \qquad (3-4)$$

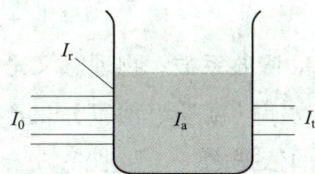

图 3 - 1　物质吸收光示意图

因测量过程中，入射光强度可以固定，透光强度可以测量，故常用二者之比来间接表示溶液吸收光强度。透射光的强度 I_t 与入射光强度 I_0 之比称为透光率（transmittance），用 T 表示，即

$$T = \frac{I_t}{I_0} \qquad (3-5)$$

溶液的透光率越大，表示溶液对光的吸收程度越小；反之，透光率越小，溶液对光的吸收程度越大。为了更直观地表示物质对光的吸收程度，常采用"吸光度"（absorbance）这一概念，其定义式为

$$A = -\lg T = \lg \frac{I_0}{I_t} \qquad (3-6)$$

A 值越大，表明物质对光的吸收程度越大。透光率和吸光度都是表示物质对光的吸收程度的一种量度，透光率以百分数表示，吸光度为无因次的量。两者可由公式（3-6）相互换算。

即学即练 3 - 1

当吸光度 $A = 0$ 时，T（%）为（　　）。

A. 0　　　　B. 10　　　　C. 100　　　　D. ∞

答案解析

2. 朗伯－比尔定律　溶液对光的吸收除与溶液本性有关外，还与入射光波长、溶液浓度、液层厚度及温度等因素有关。

1760 年，朗伯（Lambert）研究发现，在温度一定的情况下，当用某一波长的单色光照射一固定浓

度的溶液时，其吸光度与光透过的液层厚度成正比，即

$$A = k_1 \cdot L \tag{3-7}$$

（3-7）式中，A 为吸光度；L 为液层厚度；k_1 为与被测物性质、入射光波长、溶剂、溶液浓度和温度有关的比例常数。

1852 年，比尔（Beer）研究发现，在温度一定的情况下，当用某一波长的单色光照射液层厚度一定的溶液时，其吸光度与溶液浓度成正比，即

$$A = k_2 \cdot c \tag{3-8}$$

（3-8）式中，c 为溶液浓度；k_2 为与被测物性质、入射光波长、溶剂、液层厚度和温度有关的常数。

综合朗伯和比尔两关系式不难发现，当一束平行单色光照到均匀无散射的稀溶液时，溶液的吸光度和溶液的浓度与液层厚度的乘积成正比，此称为朗伯-比尔定律。数学关系式为

$$A = k \cdot c \cdot L \tag{3-9}$$

（3-9）式中，k 为与吸光物质的本性、入射光波长、溶剂及温度等因素有关的比例常数，也称为吸收系数。

当溶液中有多种吸光物质存在时，总吸光度等于溶液中各吸光物质吸光度之和，即吸光度具有加和性，这是进行多组分光度分析的理论基础。

$$A_{总} = A_1 + A_2 + A_3 + \cdots = \varepsilon_1 \cdot c_1 \cdot L + \varepsilon_2 \cdot c_2 \cdot L + \varepsilon_3 \cdot c_3 \cdot L + \cdots \tag{3-10}$$

3. 吸收系数　物理意义是吸光物质在单位浓度及单位液层厚度时的吸光度。吸收系数的大小取决于物质（溶质、溶剂）的本性、温度和光的波长，是物质的特征常数，是对物质进行定性和定量分析的依据之一。吸收系数表示方式有两种，且其单位与溶液浓度、液层厚度的单位有关。当液层厚度 L 以 cm 为单位，溶液浓度 c 以 mol/L 为单位时，此时吸收系数称为摩尔吸收系数，用 ε 表示，单位为 $L \cdot mol^{-1} \cdot cm^{-1}$，表示物质的浓度为 1mol/L、液层厚度为 1cm 时溶液的吸光度。数学关系式为

$$A = \varepsilon \cdot c \cdot L \tag{3-11}$$

在化合物组分不明的情况下，物质的相对分子量无从知道，因而浓度无法确定，无法使用摩尔吸收系数，此时，常采用百分吸收系数或比吸收系数。百分吸收系数是指 c 为 1g/100ml、吸收池厚度 L 为 1cm 时溶液的吸光度，用 $E_{1cm}^{1\%}$ 表示，其单位为 $100ml \cdot g^{-1} \cdot cm^{-1}$。数学关系式变为

$$A = E_{1cm}^{1\%} \cdot c \cdot L \tag{3-12}$$

$E_{1cm}^{1\%}$ 与 ε 可相互换算，关系式为

$$\varepsilon = E_{1cm}^{1\%} \times \frac{M}{10} \tag{3-13}$$

（3-13）式中，M 为吸光物质的摩尔质量，单位为 g/mol。

两种吸收系数都不能直接测得，但可在经过校正好的分光光度计上，用准确浓度的稀溶液测得吸光度后，依据朗伯-比尔定律计算得到。摩尔吸收系数一般不超过 10^5 数量级，ε 值达 10^4 数量级的划为强吸收，小于 10^2 划为弱吸收，介于两者间的称为中强吸收。应用时 ε 和 $E_{1cm}^{1\%}$ 单位常省略不写。

示例 3-1　氯霉素吸收系数的测定

用纯品氯霉素（M 为 323.15g/mol）配制 100ml 含有 2.00mg 的溶液，以 1cm 厚的吸收池在 278nm 波长处测得透光率为 24.3%，求 ε 和 $E_{1cm}^{1\%}$。

解：$A = -\lg T = 0.614$

$$E_{1cm}^{1\%} = \frac{A}{c \cdot L} = \frac{0.614}{0.002 \times 1} = 307$$

$$\varepsilon = E_{1cm}^{1\%} \times \frac{M}{10} = 307 \times \frac{323.15}{10} = 9920$$

三、紫外－可见吸收光谱

1. 定义 在紫外－可见光区，将不同波长的单色光依次通过被测物质，分别测得吸光度，然后绘制吸光度－波长曲线，称为吸收曲线，又称紫外－可见吸收光谱（图3-2）。紫外光－可见光的能量与物质内部电子跃迁所需的能量大体相当，所以紫外－可见吸收光谱也称为电子跃迁光谱。吸收曲线上有极大值的部分称为吸收峰，所对应光的波长叫最大吸收波长，用 λ_{max} 表示；吸收曲线上有极小值的部分称为吸收谷，相对应光的波长叫最小吸收波长，用 λ_{min} 表示；有时在最大吸收峰旁边有一个小的曲折称为肩峰，用 λ_{sh} 表示；在吸收曲线的短波长端吸收强度相当大但不成峰形的部分，称为末端吸收。因测量仪器的分辨

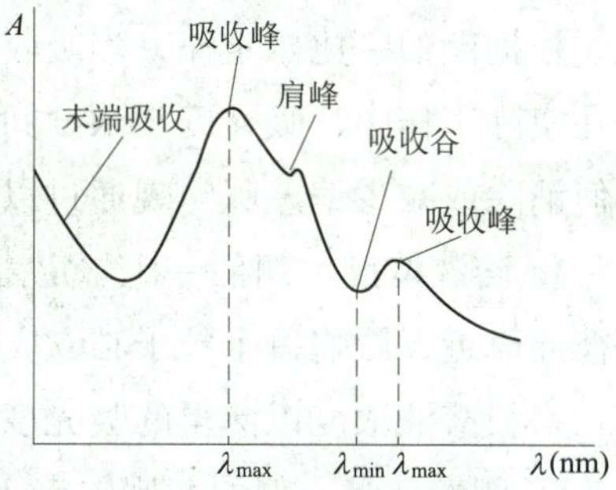

图3-2 吸收光谱示意图

率不够精细，物质内部组成粒子（如电子）众多，跃迁能级各不相同，所以紫外－可见光谱是连续的带状光谱。不同的物质结构不同，紫外－可见光谱的 λ_{max}、λ_{min}、λ_{sh} 等特征也可能有所不同，这是物质定性的依据之一。在 λ_{max} 处物质的吸收强度较大，灵敏度较高，是定量分析时最佳的光波长选择。

2. 影响因素 物质的吸收光谱与测定条件有密切关系。测定条件（温度、溶剂极性、pH等）不同，吸收光谱的形状、λ_{max}、ε_{max} 都有可能发生变化。

（1）温度 在室温范围内，温度对吸收光谱的影响不大。在低温时，由于分子的热运动降低，邻近分子间的能量交换减少，吸收峰变得比较尖锐；温度较高时，分子的碰撞频率增加，谱带变宽，谱带精细结构消失。

（2）溶剂 对物质的紫外－可见光谱的测定，大多是在溶液中进行的，许多溶剂本身在紫外光区有强吸收，严重影响被测物质的紫外吸收光谱，因此，所用溶剂应在被测物的吸收光谱区间无明显吸收。表3-3列出了一些紫外－可见吸收光谱中常用溶剂的波长极限，即截止波长，测量波长低于截止波长时，相应的溶剂不能选用。由于溶剂与溶质间也存在相互作用，也会影响吸收光谱的峰形和峰位，因此在与标准品的吸收光谱相比较时，必须采用相同的溶剂。

表3-3 一些常用溶剂的紫外截止波长

溶剂	截止波长（nm）	溶剂	截止波长（nm）
乙醚	220	三氯甲烷	245
异丙醇	210	乙酸乙酯	260
水	210	正己烷	220
甲醇	210	四氢呋喃	212
四氯化碳	265	丙酮	330
乙醇	210	苯	280

（3）pH 很多化合物都具有酸性或碱性可解离基团，在不同 pH 的溶液中，分子的解离形式可能发生改变，其吸收光谱的形状、λ_{max} 和吸收强度可能不一样。所以，在测定这些化合物的吸收光谱时，必须注意溶液的 pH 的影响。

（4）溶液浓度 过高或过低时，由于分子的解离、缔合、互变异构等作用，也可使物质的存在形式发生变化，从而使吸收光谱改变。此外，仪器的性能也可影响吸收光谱的形状。

四、吸光度测量技术

根据朗伯－比尔定律，当吸收池厚度一定时，以吸光度对浓度作图，应得到一条通过原点的直线。但在实际工作中，吸光度与浓度间的线性关系常常发生偏离，一般产生负偏差的情况居多（图3-3）。如何消除或减少偏差呢？现通过以下几个方面进行分析。

1. 溶液浓度 朗伯－比尔定律通常只适用于稀溶液。在高浓度（通常 > 0.01mol/L）时，吸光粒子间彼此靠近，影响每个粒子独立吸收光的能力，粒子的电荷分布也可能发生改变，导致对比尔定律的偏离。一般溶液浓度以测得的吸光度值在 0.2~0.8 间为佳，线性关系较好。

2. 测量波长 朗伯－比尔定律是以单色光作入射光束为前提。但事实上真正的单色光是难以得到的，用于测量的光束是一小段波长范围的复色光。由于吸光物质对不同波长光的吸收系数不同，而用来计算的吸收系数只是其中某一波长的吸收系数，导致运用朗伯－比尔定律时出现偏差，且在所使用的波长范围内，吸光物质的吸收系数变化越大，这种偏离就越显著。例如，图3-4所示的吸收光谱，谱带 a 的吸收系数变化不大，用谱带 a 的光束进行分析，造成的偏离较小；而谱带 b 的吸收系数变化较大，用谱带 b 的光束进行分析会造成较大的负偏离。所以，测量波长通常选择在最大吸收波长 λ_{max} 处，且谱带越窄（波长范围越小）的光束，这样，不仅能保证测定有较高的灵敏度，而且由于此处曲线较为平坦，吸收系数变化不大，对朗伯－比尔定律的偏离程度较小。

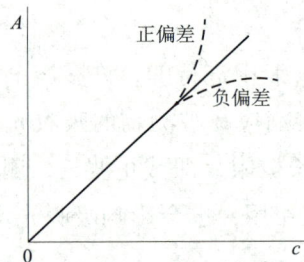

图 3-3 光吸收定律偏差曲线

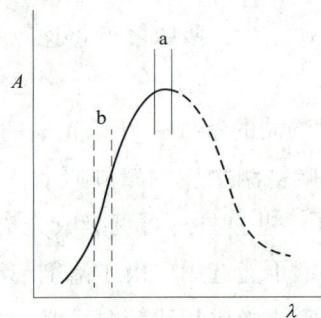

图 3-4 测量波长谱带的选择示意图

3. 空白校正 测量吸光度，实际上是测量透光率。当入射光束通过溶液时，溶剂和吸收池的吸收、光的散射、界面反射等因素都会使透光率降低，造成吸光度偏大；杂散光通过溶液会使透光率变大，造成吸光度偏小。为了消除这些方面的干扰，常用空白校正。空白是指与被测物完全相同的吸收池（也称比色皿）和只是不含被测物质的溶液（空白溶液或参比溶液）。采用光学性质相同、厚度相同的吸收池装入空白溶液作参比，调节仪器，使透过参比吸收池的透光率 $T = 100\%$ 或吸光度 $A = 0$，然后再将装有被测物溶液的吸收池移入光路中测量透光率或吸光度。

当然，控制温度、溶液的 pH、试剂种类和加入量等因素也是必须考虑的方面，以保证被测物质定量地保持在吸光能力相同的形式，以获得更好的分析测试结果。

第二节　紫外－可见分光光度计

一、仪器的结构

紫外－可见分光光度计（ultraviolet－visible spectrophotometer），简称分光光度计，是指在紫外及可见光区用于测定溶液吸光度的分析仪器。目前，紫外－可见分光光度计的型号较多，性能差别很大，但它们的工作原理和基本构造都相似，都由光源、单色器、吸收池、检测器和信号处理显示系统五大部件组成（图3－5）。

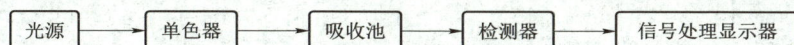

```
光源 → 单色器 → 吸收池 → 检测器 → 信号处理显示器
```

图3－5　紫外－可见分光光度计光路与基本结构示意图

分光光度计的工作原理是光源发出的光，经单色器分光后获得一定波长单色光照射到样品溶液，被样品溶液吸收后，未被吸收的单色光由检测器将光强度变化转变为电信号，并经信号处理显示系统调制放大后，显示透光率 T 或吸光度 A，完成测定。

1. 光源　分光光度计有能发射强度足够且稳定的、具有连续光谱的光源，紫外光区和可见光区通常分别用氘灯（或氢灯）和卤钨灯（或钨灯）作为光源。

（1）卤钨灯或钨灯　该光源发射光的适用波长范围在 320～1000nm，可作为可见光区的连续光源，用作测量可见光区的吸收光谱。因此仪器又常称为可见分光光度计。卤钨灯发光强度和使用寿命都优于钨灯，因而现在仪器常配用卤钨灯。

（2）氘灯或氢灯　该光源为气体放电光源，能发射 150～400nm 波长的连续光谱，适用于 200～375nm 紫外光区的测量。氘灯的灯管内充有氢的同位素氘，发光强度和灯的使用寿命比氢灯增加了 3～5 倍，因而现在仪器多用氘灯。

近年来，具有高强度和高单色性的激光已被开发用作紫外光源。已商品化的激光光源有氩离子激光器和可调谐染料激光器。

2. 单色器（monochromator）　是能将来自光源的复色光分解为单色光，并分离出所需波段光束的装置，是分光光度计的关键部件。单色器主要由狭缝、色散元件和准直镜（聚光镜或透镜）系统组成。光路及工作原理示意图如图3－6所示。

色散元件是关键部件，常用色散元件有棱镜和反射光栅，它能将连续光谱色散成为单色光。狭缝和准直镜系统主要用来控制光的方向，调节光的强度和"取出"所需要的单色光，狭缝对单色器的分辨率起重要作用，狭缝宽度过大时，谱带宽度太大，入射光单色性差，分辨率低，狭缝宽度过小时，分辨率高，峰形尖锐，但会减弱光强。可通过调节狭缝宽度为供试品吸收带半峰宽的 1/10 或者不断减小狭缝，直至吸光度不再增大且谱图噪音满足要求作为光谱带宽。《中国药典》收载的采用紫外－可见分光光度法测定的大部分品种，可以使用 2nm 光谱带宽。由于光栅单色器的分辨率比棱镜单色器分辨率高（可达 ±0.2nm），而且它可用的波长范围也比棱镜单色器宽，因此目前生产的紫外－可见分光光度计大多采用光栅作为色散元件。无论何种单色器，出射光光束常混有少量与仪器所指示波长不同的光波，即"杂散光"，其产生的主要原因是光学部件和单色器的外壁、内壁的反射和大气或光学部件表面上尘埃的散射等。杂散光会影响吸光度的准确测量，为了减少杂散光，单色器用涂以黑色的罩壳封起来，通常不允许任意打开罩壳。

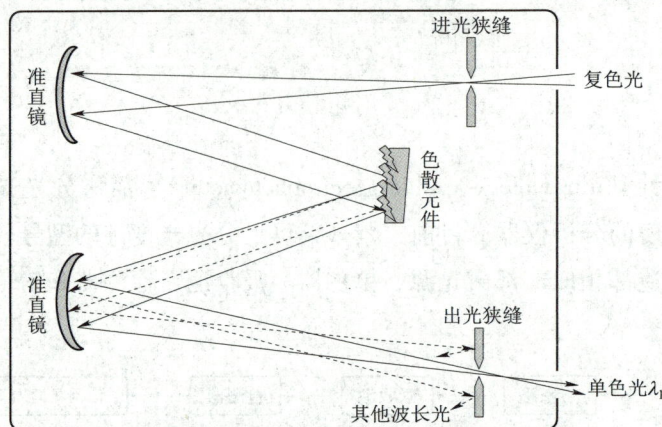

图 3-6　单色器光路示意图

3. 吸收池　又叫比色皿，是用于盛放样品溶液的器皿。吸收池一般为长方体，其底及两侧为毛玻璃，另两面为光学透光面。吸收池的材料有玻璃和石英两种，玻璃吸收池透光面标有字母"G"，玻璃吸收紫外光，故只适用于可见光区，石英吸收池透光面标有字母"Q"或"S"或"QS"，适用于紫外光区和可见光区。吸收池的规格是以光程为标志的，紫外 - 可见分光光度计常用的吸收池规格有 0.5、1.0、2.0、3.0、5.0cm 等，其中以 1.0cm 光径吸收池最为常用，如图 3-7 所示。在用于高浓度或低浓度测定时，可相应采用光径较小或较大的吸收池。用作盛放空白溶液和盛放试样溶液的吸收池应相互匹配，即实际测定所用的一套吸收池盛放同一种溶液，在所选波长下测定其透光率，彼此相差应在 0.5% 以内。指纹、油腻及池壁上的沉积物，都会影响吸收池的透光性能，因此在使用前后必须清洗干净。

4. 检测器　又称探测器，是对透过吸收池的光做出响应，并将检测到的光信号转变为电信号的元件。现在使用的分光光度计常用的检测器有光电管、光电倍增管。

（1）光电管　是在抽成真空或充有惰性气体的玻璃或石英泡内装上一个丝状阳极和一个涂有光敏材料的阴极组成的真空二极管，如图 3-8 所示。一定强度的光照射到阴极上时，光敏物质要放出电子，放出电子的多少与照射到它的光强度大小成正比，放出的电子在电场作用下流向阳极，造成在整个回路中有电流通过。回路中电流的大小与照射到光敏物质上的光强度的大小成正比，但光电流很小，需放大才能检测，这就是光电管测量光强度的工作原理。

图 3-7　紫外吸收池（1.0cm，带盖）

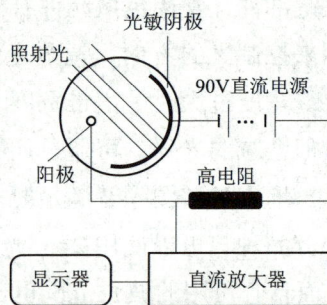

图 3-8　光电管工作原理示意图

目前，国产光电管有紫敏和红敏两种。紫敏光电管的阴极是铯阴极，适用光的波长范围为 200～625nm；红敏光电管的阴极是银氧化铯阴极，适用光的波长范围为 625～1000nm。

（2）光电倍增管　工作原理和光电管相似，结构上的差别是在涂有光敏材料的阴极和阳极间还有几个倍增电极（加速电极）。利用光敏产生的电子在加速电极的加速下，轰击倍增电极产生更多的电子，放大电流，产生更高的灵敏度。目前，光电倍增管是紫外－可见分光光度计广泛使用的检测器。

5. 信号处理显示器　是将检测器检出的信号以适当方式指示或记录下来的装置。常用的信号指示装置有检流计、微安表、电位计等。高性能仪器配有数据处理系统，一方面可对分光光度计进行操作控制，另一方面还可进行曲线扫描、数据处理、结果打印等多种功能。

🕮 知识链接

光吸收特性的纳米材料

当物质结构尺度不断减小，光与物质间的相互作用将会呈现出新的特质。在此基础上，纳米结构材料可以实现独特的光吸收性能，例如吸收效率的提高、吸收光谱的调节等。基于这些特性，纳米结构材料能够提升或改善现有光吸收器件的性能，可用于如太阳能电池、红外探测、大气环境监控等科技领域。因此，提升材料的光吸收性能，发掘材料光吸收特性的应用，有着重要的研究意义和实用价值。

二、仪器的类型与工作原理 🅮 微课

紫外－可见分光光度计按使用波长范围，可分为可见分光光度计和紫外－可见分光光度计两类。前者使用的波长范围为 400～780nm；后者使用的波长范围为 200～1000nm。按光路，可分为单光束式及双光束式两类；按测量时提供的波长数，又可分为单波长分光光度计和双波长分光光度计两类。

1. 单光束分光光度计　光源发出的光，经过单色器等一系列光学元件及吸收池后，最后照在检测器上时始终为一束光，如图 3-9 所示。

仪器的特点是结构简单、价格低，主要适于做定量分析。其不足之处是测定结果受光源强度波动的影响较大，因而给定量分析结果带来较大误差。常用的单光束紫外－可见分光光度计有 751G 型、752型（图 3-10）、754 型等。常用的单光束可见分光光度计有 721 型、722 型、723 型和 724 型等。

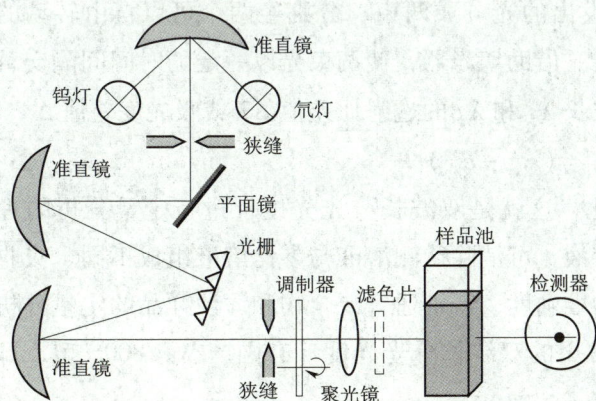

图 3-9　单光束分光光度计光路示意图　　　图 3-10　UV-752 型紫外－可见分光光度计

2. 双光束分光光度计　是指从单色器出来的单色光被一个旋转的扇形反射镜（切光器）分为强度相等的两束光，分别通过参比溶液和样品溶液。利用另一个与前一个切光器同步的切光器，使两束光在

不同时间交替地照在同一个检测器上，通过一个同步信号发生器对来自两个光束的信号加以比较，并将两信号的比值经对数变换后转换为相应的吸光度值。其工作原理如图 3-11 所示。

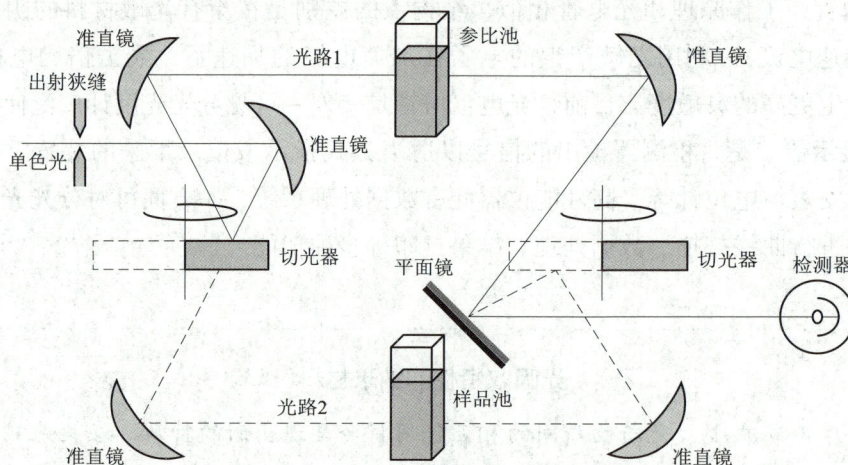

图 3-11 双光束分光光度计光路示意图

这类仪器的特点是能连续改变波长、自动地比较样品及参比溶液的透光强度、自动消除光源强度变化所引起的误差，特别适用于在较宽的波长范围内获得复杂的吸收光谱曲线的分析。常用的双光束紫外-可见分光光度计有 730 型、760MC 型、760CRT 型、TU-1901 型、日本岛津 UV-2450 型等（图 3-12）。

图 3-12　UV-2450 型紫外-可见分光光度计

3. 双波长分光光度计　采用双单色器。光源发出的光分成两束，分别经两个可以自由转动的光栅单色器，得到两束具有不同波长 λ_1 和 λ_2 的单色光。借助切光器，使两束光以一定的时间间隔交替照射到装有试液的吸收池上，由检测器显示出试液在波长 λ_1 和 λ_2 的透射比差值 ΔT 或吸光度差值 ΔA，即

$$\Delta A = A_{\lambda_1} - A_{\lambda_2} = (\varepsilon_{\lambda_1} - \varepsilon_{\lambda_2})cL \tag{3-14}$$

由（3-14）式可知，ΔA 与吸光物质浓度 c 成正比，这就是双波长分光光度计进行定量分析的理论根据。这类仪器一般不用参比溶液，只用一个待测溶液，可消除待测溶液与参比溶液组成不同、吸收液厚度差异等因素引起的背景吸收干扰，提高了测量的准确度，特别适合混合物和浑浊样品的定量分析，可进行导数光谱分析等；其不足之处是价格昂贵。常用的双波长分光光度计有国产 WFZ800S 型、日本岛津 UV-300 型、UV-365 型等。

三、仪器的技术参数与校正

1. 技术参数　分光光度计型号很多，改进更新也快，但都需要通过分光光度计技术参数了解其光

学性能及元件配置功能。

（1）光学性能参数　主要包含以下九个方面：①波长范围，是指仪器能测量的波长范围，如 190 ~ 1000nm；②波长准确度，是指仪器显示波长数值与单色光的实际波长值之间的误差，如 ≤ ±0.5nm；③波长重复性，是指重复使用同一波长时单色光实际波长的变动值，如≤0.2nm；④吸光度（A）测量范围，是指仪器能测量的吸光度范围，如 −0.170 ~ +2.00；⑤光度精度，是指吸光度或透光率测量值的误差，如 ≤ ±0.002A（0 ~ 0.5A）、±0.004A（0.5 ~ 1.0A）、±0.3%T（0 ~ 100%T）；⑥光度重复性，是指在相同情况下重复测量吸光度或透光率的变动性，如 ≤ 0.001A（0 ~ 0.5A）、0.002A（0.5 ~ 1.0A）、0.15%T（0 ~ 100%T）；⑦光谱带宽，是指单色器分辨两条靠近的谱线的能力，又称分辨率，如 $\Delta\lambda =$ 0.3nm；⑧杂散光，是指检测器在给定波长处接收非给定波长的杂光的强度，如 <0.04%T（220nm）、（360nm）；⑨光度噪声或基线平直度，是指仪器测量信号的噪声，影响仪器检测限，如 ±0.002A。以上光学性能参数往往能反映出仪器性能的好坏。

（2）元件配置　分光光度计常从以下六个方面说明仪器配置：①光源，如进口长寿命氘灯、钨灯（更换灯后无须调整光源）；②光学系统，如高性能全息光栅 1200 条/mm；③检测器，如进口硅光电二极管；④波长设置，如自动、手动；⑤输出模式，如 USB 2.0 ＊2 打印及数据输出、USB 1.0 联机；⑥工作方式，如 T（透光率）、A（吸光度）、c（浓度）、E（能量强度）。

2. 校正　由于环境因素对仪器机械部件的影响，会使仪器性能发生改变，因此除了定期维护检查外，还应在测定前对仪器的重要性能指标，如波长的准确度、吸光度的准确度、吸收池匹配性等进行检查或校正。

（1）波长准确度校正　新安装或修理后的仪器，为了避免其标示波长与实际波长相差太大，影响波长准确度，应在测定前校正测定波长。仪器波长的允许误差为紫外光区 ±1nm；500nm 附近 ±2nm。可用仪器固有的氘灯、低压汞灯、氧化钬玻璃、高氯酸钬溶液等校正波长准确度。

氘灯的两条谱线 656.10nm 和 486.02nm 是最常用的校正波长。校正方法：点亮氘灯，如为双光束分光光度计，用单光束能量测定方式，设定波长范围为 650 ~ 660nm，扫描速度为中速，采用间隔为 0.1nm，光谱带宽 2.0nm，量程 T 为 0 ~ 100%。记录透光率最大吸收波长，重复测三次，取平均值与 656.10nm 相减即波长准确度；三次测定值中最大值与最小值之差即波长重复性。然后同样方法测定 486.02nm 处，计算波长准确度和波长重复性，最终应以两条谱线的最大差值表示。也可用已知最大吸收波长的氧化钬玻璃校正片，只需将校正片放入样品光路中，以空气为空白，绘制吸收图谱和标准图谱核对即可。由于校正片的制作工艺和使用条件的不同，会有微小的误差，使用时应加以注意。

由于使用氘灯谱线校正的波长均在可见光区域内和校正片偶有误差，而汞灯在紫外－可见光区有多条谱线可进行校正，因此有条件最好使用低压汞灯。汞灯较强谱线有 237.83、253.65、275.28、296.73、313.16、334.15、365.02、404.66、435.83、546.07、576.96nm。方法是将汞灯置于光路中合适位置，其他操作与氘灯校正操作相同。

近年来，对于双光束分光光度计，常用高氯酸钬溶液（以 10% 高氯酸溶液为溶剂，配制含氧化钬 Ho_2O_3 4% 的溶液）校正，该溶液的吸收峰波长为 241.13、278.10、287.18、333.44、345.47、361.31、416.28、451.30、485.29、536.64 和 640.52nm。校正方法和氘灯的校正方法相同。《中国药典》分光光度计波长的允许误差为紫外光区 ±1nm，500nm 附近 ±2nm。

（2）吸光度准确度校正　《中国药典》规定，取在 120℃ 干燥至恒重的基准重铬酸钾约 60mg，精密称定，用 0.005mol/L 硫酸溶液溶解并稀释至 1000ml，在表 3 – 4 中规定波长处测定并计算其吸收系数，并与规定的吸收系数比较，应符合规定。

表 3 – 4　吸光度校正参数

	235（λ_{min}）	257（λ_{max}）	313（λ_{min}）	350（λ_{max}）
$E_{1cm}^{1\%}$ 规定值	124.5	144.0	48.6	106.6
$E_{1cm}^{1\%}$ 许可范围	123.0 ~ 126.0	142.8 ~ 146.2	47.0 ~ 50.3	105.5 ~ 108.5

（3）吸收池匹配检查　仪器所附带的同一光径的吸收池中装满蒸馏水或空白溶液于 220nm（石英吸收池）、440nm（玻璃吸收池）处，将一吸收池透光率调至 100%，测量其他吸收池的透光率值，两者差值小于 0.5% 即匹配成套。

（4）杂散光检查　杂散光是引起朗伯 – 比尔定律偏离的因素之一。检查方法：将 1cm 吸收池中装满 1.00%（g/ml）碘化钠水溶液于 220nm 处和 1cm 吸收池中装满 5.00%（g/ml）亚硝酸钠水溶液于 340nm 处测定的透光率均小于 0.8%，杂散光检查符合《中国药典》规定。

《中国药典》的校正要求是最基本的要求，仪器级别不同性能也不一样，例如杂散光、基线平直度等，一般都是高于《中国药典》要求的，所以校正标准要根据仪器本身的参数而确定。

四、仪器的维护保养

紫外 – 可见分光光度计是精密光学仪器，因此使用者应注意仪器的日常维护和对主要技术指标的简易测试方法，经常对仪器进行维护和测试，以保证仪器工作在最佳状态。

除经常做好必要的清洁卫生工作外，还要注意以下几点。

1. 使用环境　分光光度计应安装在稳固的工作台上，其工作环境应避免阳光直射、强电场、与较大功率的电器设备共电以及腐蚀性气体等。室内温度宜保持在 15 ~ 35℃，相对湿度应控制在 45% ~ 65%。

2. 光源　使用寿命有限，正常使用寿命为 2000 小时或者更长，为了延长光源使用寿命，应避免频繁开关或在不使用时长时间打开光源，如果工作间隙时间短，则可以不关灯。刚关闭的光源不能立即重新开启，必须使灯冷却后再重新开启，并预热 15 分钟。使用结束后，应及时关闭仪器，保护氘灯和钨灯。若自检时显示灯能量不足或因此导致数据不稳定，则应及时更换新灯。长时间使用分光光度计，可进行波长校正及波长精度检验，以此对光源性能进行检定。

3. 样品室　每次使用后要立即擦拭样品室内残留的液体样品，防止蒸发、腐蚀光学部件。否则有可能影响测定结果。在样品室内放置硅胶以保持仪器干燥，若硅胶的颜色由蓝色变成粉红色，应及时更换。

4. 石英窗　石英窗上的污斑必须要清除，以免影响测定。石英窗用蘸有无水乙醇的脱脂棉轻轻擦拭，切勿用力过大。

5. 吸收池　必须配套使用，即使是同一厂家相同型号的吸收池，也不应混淆其配套关系。实际工作中，为了消除误差，在测量前还必须对吸收池进行配对检验，使用吸收池过程中，也应特别注意保护两个光学面。为此，必须注意以下几点。

（1）吸收池使用完毕后，应立即用蒸馏水冲洗干净，并用擦镜纸将外表水迹擦去，以防止表面光洁度被破坏，影响吸收池的透光率。

（2）凡含有腐蚀玻璃的物质（如 F^-、$SnCl_2$、H_3PO_4 等）的溶液，不得长时间盛放在吸收池中。

（3）吸收池长期使用后可用稀盐酸清洗。吸收池若被污染不易洗净时，可用硫酸 – 硝酸（3:1，V/V）混合液稍加浸泡后，洗净，晾干，防尘保存。如污染严重不易清洁，还可用重铬酸钾清洗液洗净，并充分用水冲洗，但不能长时间浸泡，以防重铬酸钾结晶损坏吸收池的光学表面。

（4）应避免使用超声波仪清洗吸收池，以免震裂。

6. 经常开机　如果仪器不是经常使用，最好每星期开机 1 ~ 2 小时。一方面可去潮湿，避免光学元件和电子元件受潮；另一方面可避免各机械部件生锈，以保证仪器正常运转。

第三节　实用分析技术

PPT

目前，紫外 – 可见分光光度计使用比较普及，操作简单。不同的有机化合物可有不同的特征吸收光谱，朗伯 – 比尔定律的准确度和精密度也较高，因此在环境监测、化工、食品、医药等领域有着极其广泛的应用。

一、定性分析技术

多数含有共轭不饱和基团的有机化合物都有其特征的吸收光谱，可作为定性鉴别的主要依据。但吸收光谱较为简单、平坦且曲线变化不大，在种类繁多的有机化合物中，不同的化合物可能会有相似或相同的吸收光谱，因此鉴别的专属性较差。

定性鉴别一般采用对比法，通过对比样品与标准品吸收光谱的性状、吸收峰的数目、吸收峰的位置（波长）、强度及相应的吸收系数等特征进行鉴别。若两种纯化合物的吸收光谱相同，则可能是同一种化合物；若两种纯化合物的吸收光谱有明显差别时，可以肯定这两个化合物不是同一种化合物。

1. 与标准品或标准图谱对照　将样品和标准品用相同溶剂配制成相同浓度的溶液，在同一条件下分别绘制其吸收光谱，比较吸收光谱是否一致。若两者是同一物质，则两者的吸收光谱图应完全一致；如果没有标准品，可和标准光谱图（如 Sadtler 标准图谱）对照比较。为了进一步确证，可变换一种溶剂或采用不同酸碱性溶剂，再分别将标准品和样品配制成溶液，绘制吸收光谱图后再做比较。此种方法要求仪器准确度和精密度较高，且测定条件要相同。

2. 对比吸收光谱特征数据　最常用于鉴别的吸收光谱特征数据有吸收峰（λ_{max}）、吸收系数（$\varepsilon_{\lambda_{max}}$、$E^{1\%}_{1cm,\lambda_{max}}$），有时也同时用吸收谷 λ_{min} 或肩峰 λ_{sh} 和吸收峰值的特征数据作为鉴别的依据。

示例 3 – 2　布洛芬的鉴别

取本品，加 0.4% 氢氧化钠溶液配制成每 1ml 中约含 0.25mg 的溶液，在 220 ~ 350nm 波长范围内绘制其吸收光谱，应在 265nm 和 273nm 波长处有吸收峰，在 245nm 和 271nm 波长处有吸收谷，在 259nm 波长处有一肩峰。

3. 对比吸光度的比值　当物质的吸收光谱不止一个吸收峰时，可采用不同吸收峰处（或峰与谷）测得的吸光度比值进行鉴别。本法专属性强。

示例 3 – 3　维生素 B_{12} 的鉴别

取本品适量，精密称定，加水溶解并定量稀释制成每 1ml 中约含 25μg 的溶液，在 300 ~ 600nm 波长范围内绘制吸收光谱，应在 278、361 和 550nm 波长处有吸收峰，361nm 波长处的吸光度与

278nm 波长处的吸光度的比值应为 1. 70 ~ 1. 88。361nm 波长处的吸光度与 550nm 波长处的吸光度的比值应为 3. 15 ~ 3. 45。

二、纯度检查

纯化合物的吸收光谱与所含杂质的吸收光谱有差别时，可利用紫外 - 可见分光光度法检查杂质的有无或限度，又称杂质检查。杂质检查的灵敏度取决于化合物与杂质两者之间吸收系数的差异程度。

示例 3 - 4　肾上腺素酮体的检查

肾上腺素合成过程中有一中间体——肾上腺酮，当它氢化不完全时，会带入产品中，成为肾上腺素的杂质而影响疗效，因此肾上腺素中应限制混入的肾上腺酮杂质的量。《中国药典》利用盐酸溶液（9→2000）中肾上腺酮和肾上腺素吸收光谱的显著不同（图 3 - 13），对肾上腺酮杂质进行限度检查。

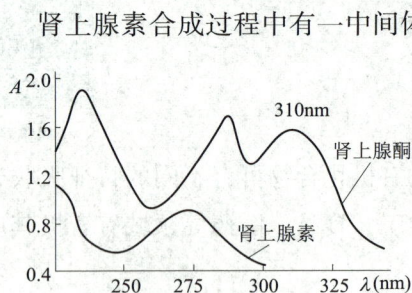

图 3 - 13　肾上腺酮和肾上腺素吸收光谱

检查方法：取本品，加盐酸溶液（9→2000）制成每 1ml 中含 2. 0mg 的溶液，置于 1cm 吸收池中，照紫外 - 可见分光光度法，在 310 波长处测定，吸光度不超过 0. 05（以肾上腺酮的 $E_{1cm}^{1\%}$ = 435 计算，含酮体不超过 0. 06% ）。

三、定量测定技术

一般来说，凡是在紫外或可见光区有较强吸收的物质，或者试样本身没有吸收，但可以通过化学方法把它转变成在该区有一定吸收强度的物质，都可以在一定条件下测定其溶液的吸光度，再依据朗伯 - 比尔定律求出其溶液的浓度。当试样中仅有单一组分或试样中共存的其他组分在测量时没有干扰或干扰很小可以忽略时，常用以下三种定量方法。

1. 吸收系数法　是根据朗伯 - 比尔定律，若 L 和吸收系数 ε 或 $E_{1cm}^{1\%}$ 已知，可根据测得的 A 求出被测物的浓度。

$$c = \frac{A}{\varepsilon L} \text{ 或 } c = \frac{A}{E_{1cm}^{1\%} L} \tag{3 - 15}$$

通常 ε 和 $E_{1cm}^{1\%}$ 可以从手册或文献中查到，定量测定时常采用 $E_{1cm}^{1\%}$ 进行计算。

示例 3 - 5　吸收系数法测定维生素 B₁₂ 的含量

已知维生素 B_{12} 在 361nm 处的 $E_{1cm}^{1\%}$ 值是 207，将配制好的维生素 B_{12} 的水溶液盛于 1cm 吸收池中，测得溶液的吸光度为 0. 612，求该溶液的浓度。

解：$c = \dfrac{A}{E_{1cm}^{1\%} \cdot L} = \dfrac{0. 612}{207 \times 1} = 0. 003 \text{（g/100ml）} = 30. 0 \text{（μg/ml）}$

用本法测定时，吸收系数通常大于 100，并注意仪器的校正和检定。另外，应注意用百分吸收系数 $E_{1cm}^{1\%}$ 计算的浓度单位为 g/100ml。

2. 对照法　又称对照品比较法或外标一点法，在相同条件下配制试样溶液和对照品溶液，在所选波长处分别测定试样溶液吸光度和对照品溶液吸光度。因同种物质、同台仪器、同一波长测定，故 ε 或 $E_{1cm}^{1\%}$、L 相同，则有

$$\frac{A_x}{A_s} = \frac{c_x}{c_s} \qquad c_x = \frac{A_x c_s}{A_s}$$

（3 – 16）

（3 – 16）式中，A_x 为试样溶液吸光度；A_s 为标准品溶液吸光度；c_x 为试样溶液浓度；c_s 为标准品溶液浓度。因 A_x、A_s 可测得，c_s 可准确配制已知，依据（3 – 16）式求出试样溶液浓度，再根据试样的称取量和稀释情况计算出试样的百分含量。对照法能消除仪器型号不同带来的误差，但需要国家有关部门提供测定所需的对照品或标准品。为了减小误差，配制的对照品溶液或标准品溶液应和试样溶液浓度相互接近。

示例 3 – 6　对照法测定维生素 B₁₂ 注射液的含量

精密吸取维生素 B_{12} 注射液 2.5ml，加蒸馏水稀释至 10ml；另精密称取维生素 B_{12} 对照品 25.00mg，加蒸馏水稀释至 1000ml；在 361nm 波长处用 1cm 吸收池，分别测得吸光度为 0.508 和 0.518，试计算维生素 B_{12} 注射液浓度。

解：据题意 $A_x = 0.508$，$A_s = 0.518$，$c_s = 25.00\mu g/ml$

$$\frac{A_x}{A_s} = \frac{c_x}{c_s} \Rightarrow c_x = \frac{A_x c_s}{A_s} = \frac{0.508 \times 25}{0.518} = 24.52 \ （\mu g/ml）$$

维生素 B_{12} 注射液浓度 $c_{注} = c_x \times \dfrac{10}{2.5} = 98.06 \ （\mu g/ml）$

3. 标准曲线法　又称校正曲线法。配制一系列不同浓度的标准溶液，以不含被测组分的空白溶液作为参比，在相同条件下测定标准溶液的吸光度，绘制吸光度（A）– 浓度（c）曲线，此曲线称为标准曲线（图 3 – 14）。在相同条件下测定试样溶液的吸光度，从标准曲线上找到与之对应的浓度，此浓度就是试样溶液的浓度。

绘制标准曲线应注意以下几点：①建立标准曲线时，首先要确定符合朗伯 – 比尔定律的浓度线性范围，只有在线性范围内进行的定量测量才准确可靠；②配制一系列不同浓度的标准溶液，浓度范围应包括试样溶液浓度的可能变化范围，《中国药典》要求至少应作六个点；③测定时，每一浓度至少应同时作两管（平行管），同一浓度平行管测定得到的吸光度值相差不大时，取其平均值；④可用最小二乘法处理，由一系列的吸光度（A）– 浓度（c）数据求出直线回归方程；⑤标准曲线应经常重复检查，在更换标准溶液、仪器修理、更换光源等情况下，应重新作标准曲线。

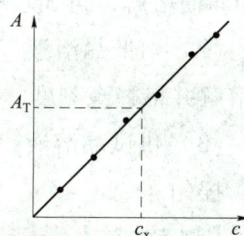

图 3 – 14　标准曲线法确定未知样品浓度

在现实工作中，对于含有两个或两个以上吸光组分的混合样品，若各组分的吸收光谱相互重叠或部分重叠，单组分测量时相互干扰，此时一般采用计算分光光度法。但计算分光光度法一般不宜用作含量测定。

实例分析 3 – 1

实例　近年来乳制品市场竞争越来越激烈，乳品企业对产品的质量也越来越重视，特别是加强了对奶牛生长环境中如水源、饲料添加剂可能带来的硝酸盐及亚硝酸盐的检测。硝酸盐及亚硝酸盐在一定条件下，会降低血液的载氧能力，导致高铁血红蛋白血症，亚硝酸盐甚至会诱发消化系统癌变。硝酸盐及亚硝酸盐是乳制品中强制性卫生检验指标。食品安全国家标准中采用分光光度法测定硝酸盐及亚硝酸盐。

问题　硝酸盐及亚硝酸盐本身在紫外 – 可见光区没有吸收，如何采用分光光度法测定？

答案解析

四、比色法

待测组分本身在紫外－可见光区没有强吸收，或在紫外光区虽有吸收，但为了避免干扰或提高灵敏度，可加入适当的试剂，使待测组分转化为有色物质或颜色加深，在选定波长下（通常是 λ_{max}）由测定有色物质的吸光度间接求得待测组分含量的方法称为比色法，有时也称显色法。加入某种试剂使待测组分变成有色物质或颜色加深或改变的反应称为显色反应；所加的试剂称为显色剂。人们常按所加入的显色剂来细分比色法，如酸性染料比色法、四氮唑比色法、碱性三硝基苯酚比色法、茚三酮比色法、磷钼酸铵比色法、亚铁盐比色法等。

一般显色反应是可逆的，要使显色反应符合定量测定准确度的要求，通常要从显色剂的种类、用量、显色时间、溶液的酸度、温度等方面通过实验研究确定最佳的显色反应条件。

示例 3－7 酸性染料比色法测定硫酸阿托品注射液的含量

【基本原理】在一定的 pH 介质中，有机碱类（B）可与氢离子结合成盐的阳离子（BH^+），一些酸性染料在此条件下解离成阴离子（In^-），二者定量结合成有色离子对（$BH^+ \cdot In^-$），经有机溶剂提取，在选定的波长处测定该有机溶剂溶液的吸光度，再计算有机碱的含量。在酸性染料比色法测定硫酸阿托品注射液的含量中，有机碱是阿托品，酸性染料是溴甲酚绿；在碱性条件下二者结合成有色离子对的三氯甲烷溶液在 420nm 波长处有最大吸收。采用对照法进行硫酸阿托品注射液含量计算。

【溶液制备】

（1）溴甲酚绿溶液 取溴甲酚绿 50mg 与邻苯二甲酸氢钾 1.021g，加入 0.2mol/L 氢氧化钠溶液 6.0ml 使溶解，再加水稀释至 100ml，摇匀，过滤取清液。

（2）对照品溶液 精密称取在 120℃ 干燥至恒重的硫酸阿托品对照品 25.00mg，置 25ml 量瓶中，加水溶解并稀释至刻度，摇匀，精密量取 5ml，置 100ml 量瓶中，加水稀释至刻度，摇匀。

（3）供试品溶液 取硫酸阿托品注射液 1ml（规格：5mg/2ml），置于 50ml 量瓶中，加水稀释至刻度，摇匀。

【测定方法】精密量取供试品溶液与对照品溶液各 2ml，分别置预先精密加入三氯甲烷 10ml 的分液漏斗中，各加溴甲酚绿溶液 2.0ml，振摇提取 2 分钟后，静置使分层，分取澄清的三氯甲烷液，在 420nm 波长处分别测定吸光度。计算结果乘以 1.027。

【数据处理结果】

已知：$c_{对} = \dfrac{25.00mg \times 5ml}{25ml \times 100ml} = 0.05mg/ml$；实测吸光度：$A_{对} = 0.510$，$A_{供} = 0.506$

$$c_{供} = \frac{A_{供} \times c_{对}}{A_{对}} = \frac{0.506 \times 0.05}{0.510} = 0.0496mg/ml$$

$$c_{注} = c_{供} \times \frac{50ml}{1ml} \times 1.027 = 0.0496mg/ml \times 50 \times 1.027 = 2.55mg/ml$$

📝 实践实训

实训四 邻二氮菲比色法测定微量铁的含量

PPT

【实训目的】

1. 掌握 吸收光谱及标准曲线的绘制。

2. 熟悉　紫外－可见分光光度计的规范操作。

3. 了解　分光光度计的维护常识。

【基本原理】

邻二氮菲是一种有机配位剂，与Fe^{2+}在pH 2～9溶液中形成稳定的橙红色配离子，显色反应为

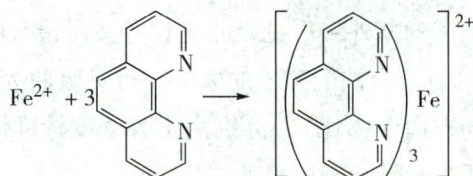

邻二氮菲合铁配离子的$lgK_{稳}=21.3$，λ_{max}为510nm，ε为$1.1\times10^4 L\cdot mol^{-1}\cdot cm^{-1}$，颜色的深度与酸度无关且稳定。此方法选择性高，干扰较少。相当于铁量40倍的Sn^{2+}、Al^{3+}、Ca^{2+}、Mg^{2+}、Zn^{2+}、SiO_3^{2-}；20倍的Cr^{3+}、Mn^{2+}、VO_3^-、PO_4^{3-}；5倍的Co^{2+}、Cu^{2+}等离子共存时均不干扰测定。比尔定律适用于水中总含铁量的测定，且灵敏度高、选择性好。

本实验通过绘制邻二氮菲合铁配离子溶液的吸收光谱，找到其最大吸收波长，在此波长处测定系列标准铁溶液及试样溶液的吸光度，绘制标准曲线，由标准曲线查得试样溶液的浓度值，计算试样中铁的含量。

本实验采用盐酸羟胺将Fe^{3+}还原为Fe^{2+}，并防止Fe^{2+}被空气氧化。采用HAc－NaAc缓冲液调节溶液pH≈5.0，使显色反应进行完全。

【实训器材】

1. 仪器　752型紫外－可见分光光度计、容量瓶、移液管、玻璃漏斗、滤纸、烧杯、铁架台、铁圈。

2. 试剂　100μg/ml标准铁溶液［准确称取0.8634g $NH_4Fe(SO_4)_2\cdot12H_2O$，置于烧杯中，加入6mol/L盐酸溶液20ml和少量蒸馏水，溶解后转移置于1L容量瓶中，加蒸馏水稀释至刻度，摇匀］、1.5g/L邻二氮菲溶液（新鲜配制，先用少量乙醇溶解，再加蒸馏水稀释至所需浓度）、100g/L盐酸羟胺溶液（新鲜配制）、HAc－NaAc缓冲液（pH≈5.0）、6mol/L盐酸溶液。

【实训内容与操作规程】

1. 标准溶液制备

（1）10μg/ml标准铁溶液　用移液管移取100μg/ml铁标准溶液10ml，置于100ml容量瓶中，加入6mol/L盐酸溶液2ml，用蒸馏水稀释至刻度，充分摇匀。

（2）系列标准铁溶液　在7只干燥洁净50ml容量瓶中，用移液管分别加入10μg/ml标准铁溶液0.00、1.00、2.00、4.00、6.00、8.00、10.00ml，再分别加入100g/L盐酸羟胺溶液1ml、1.5g/L邻二氮菲溶液2ml和HAc－NaAc缓冲液5ml，分别用蒸馏水稀释至刻度，充分摇匀。

2. 水样制备　在三只洁净的50ml容量瓶中，分别加入准确吸取经过滤澄清的河水10ml，按上述系列标准溶液制备方法配制水样三份。

3. 分光光度计操作规程　以752型紫外－可见分光光度计为例说明操作规程，其他型号参考相应说明书，具体规程如下：①接通电源，预热20分钟，仪器自检；②选择测量模式（透光率T、吸光度A、浓度c）为吸光度A；③选择测定波长；④置入参比溶液；⑤空白校正（透光率$T=100\%$或吸光度$A=$

0）；⑥零点校正（透光率 $T = 0\%$）；⑦确认空白校正（透光率 $T = 100\%$ 或吸光度 $A = 0$）；⑧吸收池匹配或校正；⑨置入样品溶液测量。

4. 邻二氮菲合铁配离子紫外－可见吸收光谱绘制 置参比液和标准溶液于分光光度计光路中每隔 1nm 扫描，直接绘制紫外－可见吸收曲线。如分光光度计无扫描功能，可每隔 10nm 测定一次标准溶液吸光度，在最大吸收处 10nm 波长范围内再每隔 1nm 或 2nm 测定一次吸光度，用坐标纸以波长为横坐标，吸光度为纵坐标，绘制铁配离子的紫外－可见吸收光谱并找出最大吸收波长。

5. 标准曲线绘制 在上述邻二氮菲合铁配离子的紫外－可见吸收光谱的最大吸收波长（约 508nm）处，以系列标准溶液中试剂溶液为空白（参比），分别测定各浓度标准溶液的吸光度并记录。以铁的浓度为横坐标，吸光度为纵坐标，用坐标纸绘制标准曲线。

6. 水样测定 在最大吸收波长（约 508nm）处，以系列标准溶液中试剂溶液为空白（参比），测定三份水样的吸光度并记录。

【实训记录与数据处理】

1. 数据处理方法

（1）标准曲线法 根据水样测得的吸光度，从标准曲线上查出水样的含铁浓度 [（3－17）式中 $c_{Fe^{2+}}$]，按（3－17）式计算河水中含铁量并计算其平均值。

$$c_{河水铁} = \frac{c_{Fe^{2+}} \ (\mu g/50ml)}{V_{河水}} \times 1000 \ (\mu g/L) \tag{3－17}$$

（2）回归方程法 用最小二乘法求出标准溶液的回归方程式。

$$A = a + b \cdot c_{Fe^{2+}} \tag{3－18}$$

根据水样测得的吸光度 A，代入（3－18）式求出水样的含铁量 $c_{样}$，再代入（3－19）式求出河水的含铁量并计算其平均值。

$$c_{河水铁} = \frac{c_{样} \ (\mu g/50ml)}{V_{河水}} \times 1000 \ (\mu g/L) \tag{3－19}$$

2. 数据及结果 结果纪录于表 3－5。

表 3－5 样品测定数据及结果

项目	1	2	3	4	5	6	7
标准铁溶液体积（V, ml）	0.00	1.00	2.00	4.00	6.00	8.00	10.00
吸光度（A）							
	1		2		3		均值
水样吸光度（A）							
水中含铁量（$\mu g/L$）							

【注意事项】

（1）配制标准系列和试样的容量瓶应编号，以防混淆。显色时，加入各种试剂的顺序不能颠倒。

（2）取吸收池时，手指拿毛玻璃面的两侧。装入样品溶液的体积以池体积的 4/5 为宜。装液时尽量避免溢出，否则要用擦镜纸擦拭。

（3）测定标准系列的吸光度时，应按浓度由稀到浓的顺序依次测定。吸收池盛放溶液前，应用待测溶液润洗 2 ~ 3 次。

（4）不测定时，应随手打开暗室盖，自动关闭光路闸门，保护光电管。

（5）测量完毕，关闭仪器电源，取下插头；取出吸收池，清洗晾干后入盒保存。清理工作台，罩上仪器防尘罩，填写仪器使用记录。清洗容量瓶和其他所用的玻璃仪器并放回原处。

【思考题】

配制溶液时，盐酸羟胺和邻二氮菲溶液加入有无先后顺序？

实训五 维生素 B_{12} 注射液的鉴别和含量测定

【实训目的】

1. 掌握 利用对比法进行定性鉴别以及吸收系数法进行定量测定的方法。

2. 熟悉 双光束紫外－可见分光光度计的规范操作。

3. 了解 分光光度计的维护常识。

【基本原理】

维生素 B_{12} 的吸收光谱上有 3 个吸收峰，其对应的最大吸收波长分别为 278、361 和 550nm。《中国药典》规定维生素 B_{12} 注射液在 361nm 与 550nm 波长处有最大吸收，在 361nm 与 550nm 波长处的吸光度比值应为 3.15 ~ 3.45。通过对比吸光度比值鉴别维生素 B_{12} 注射液。

维生素 B_{12} 注射液在 361nm 波长处的吸收峰干扰因素少，吸收最强，《中国药典》规定在此波长处测定吸光度，按 $E_{1cm}^{1\%}$ 为 207 计算维生素 B_{12} 注射液的含量。

【实训器材】

1. 仪器 TU－1901 型双光束紫外－可见分光光度计、容量瓶、移液管。

2. 试剂 维生素 B_{12} 注射液、纯化水。

【实训内容与操作规程】

1. 溶液制备 用移液管精密量取本品适量，加水定量稀释成每 1ml 中约含维生素 B_{12} 25μg 的溶液，同法配制样品两份。

2. 分光光度计操作规程 以 TU－1901 双光束紫外－可见分光光度计为例说明操作规程，其他型号参考相应说明书，具体规程如下。

（1）仪器自检 打开计算机及紫外－可见分光光度计电源开关，连接紫外工作站图标，仪器进行初始化。

（2）进入光谱扫描 点击工具条"光谱扫描"，打开光谱扫描窗口。

（3）参数设置 选择菜单"测量"中的"参数设置"项，弹出"光谱扫描参数设置"对话框，在"测量"项下设置光度模式、扫描起始波长、终点波长、扫描速度、扫描间隔、纵坐标范围；在"仪器性能"项下设置光谱带宽、响应时间以及换灯波长，点击"确定"后进入下一步操作。

（4）基线校正 两只比色皿均装入空白溶液，分别放入参比光路和样品光路，"Q"标记方向一致，单击"基线"按钮进行基线校正。

（5）光谱扫描 避光操作。取出样品池中的比色皿，用样品溶液反复冲洗 3 次；装入 4/5 高度的样品溶液，放入样品池中，点击"开始"，进行光谱扫描。

（6）读光谱 从菜单中选择"图形"中"峰值检出"，仪器自动显示最大吸收波长、最小吸收波长及相应吸光度值。确认样品溶液在361nm与550nm波长处是否有最大吸收，在361nm与550nm波长处的吸光度比值是否为3.15~3.45。

3. 测定维生素 B₁₂ 注射液含量具体规程

（1）仪器自检 同上。

（2）进入光度测量 点击工具条"光度测量"，打开光度测量窗口。

（3）参数设置 选择菜单"测量"中的"参数设置"项，弹出"光度测量参数设置"对话框，在"测量"项下设置测量波长点、光度模式、重复测量次数等；在"仪器性能"项下设置光谱带宽，点击"确定"后进入下一步操作。

（4）空白校正 两只比色皿均装入空白溶液，分别放入参比光路和样品光路，"Q"标记方向一致，单击"校零"按钮进行空白校正。

（5）样品测量 避光操作。取出样品池中的比色皿，装入样品，同法置于样品池中，点击"开始"进行吸光度测量，记录检验结果。

【实训记录与数据处理】

1. 计算公式

$$含量\ X（\%）= \frac{A \times D \times 1000}{E_{1cm}^{1\%} \times l \times 100 \times 标示量} \tag{3-20}$$

（3-20）式中，D 为样品稀释倍数；标示量为药品标示药用规格，mg/ml；A、$E_{1cm}^{1\%}$ 同前。

2. 数据及结果

（1）鉴别

检验数据：$\lambda_{max,1} = \underline{\hspace{2cm}}$ nm；$\lambda_{max,2} = \underline{\hspace{2cm}}$ nm

$A_1 = \underline{\hspace{3cm}}$；$A_2 = \underline{\hspace{3cm}}$；$\dfrac{A_1}{A_2} = \underline{\hspace{3cm}}$

（2）含量测定 结果记录于表3-6。

表3-6 样品测定数据及结果

项目	样品编号					
	1			2		
注射液取样体积 V（ml）						
测定次数	1	2	3	1	2	3
吸光度 A						
吸光度平均值 $\bar{A}$						
含量 X_i（%）						
平均含量 $\bar{X}$（%）						
相对平均偏差（%）						
《中国药典》规定值	90.0%~110.0%					
结论						

【注意事项】

（1）含量测定时供试品应取两份，要求两份原料药的相对平均偏差应在±0.5%以内，两份制剂的

相对平均偏差应在 ±1.0% 以内。

（2）两只吸收池放入样品室时，标有"Q"标记放入方向应一致。

（3）供试品溶液的吸光度以 0.3 ~ 0.7 为宜。

【思考题】

（1）含量测定要求使用的吸收池应配对，那么如何进行吸收池配对？

（2）吸收系数法进行含量测定时，有哪些具体要求？

目标检测

答案解析

一、选择题

1. 某溶液用 2cm 吸收池测量时，$T = 60\%$，若改用 1cm 吸收池，则 T 和 A 是（　　）。

    A. 77%，0.111　　　　B. 58%，0.236　　　　C. 30%，0.523　　　　D. 60%，0.222

2. 浓度为 5.1μg/ml 的 Cu^{2+} 溶液，用显色剂显色后，于波长 600nm 处用 2cm 吸收池测量，测得 $T = 50.5\%$，其百分吸收系数 $E_{1cm}^{1\%}$ 是（　　）。

    A. 291　　　　　　　B. 2.91　　　　　　　C. 186　　　　　　　D. 1860

3. 测量波长为 286nm，吸收池应选择（　　）。

    A. 玻璃吸收池　　　　　　　　　　　　B. 石英吸收池

    C. 二者都可以　　　　　　　　　　　　D. 无法选择

4. 下列说法不正确的是（　　）。

    A. 光具有波粒二象性

    B. 物质对光的吸收有选择性

    C. 溶液所呈现的颜色是其所吸收光的互补光色

    D. 紫外光谱相同则物质相同

5. 下列不是吸收光谱特征参数的是（　　）。

    A. λ_{max}　　　　　　　B. λ_{min}　　　　　　　C. 肩峰　　　　　　　D. 末端吸收

6. 下列不需要对照品或标准品的定量方法是（　　）。

    A. 对照法　　　　　B. 标准曲线法　　　　C. 吸收系数法　　　　D. 比色法

7. 下列说法正确的是（　　）。

    A. 波长准确度值小仪器性能好　　　　　B. 光度噪声值越大仪器性能越好

    C. 光谱带宽越宽仪器分辨率越高　　　　D. 杂散光越多仪器测定结果越准

8. 下列方法中，最适合用于所有紫外－可见分光光度计波长校正的是（　　）。

    A. 氘灯两个最强谱线　　　　　　　　　B. 汞灯较强谱线

    C. 钬玻璃片　　　　　　　　　　　　　D. 高氯酸钬溶液系列吸收峰

9. 邻二氮菲比色法测定河水中铁含量时加入盐酸羟胺所起的作用是（　　）。

    A. 还原剂　　　　　B. 氧化剂　　　　　C. 配位剂　　　　　D. 酸度调节剂

10. 邻二氮菲比色法测定河水中铁含量时加入乙酸钠所起的作用是（　　）。

    A. 还原剂　　　　　B. 氧化剂　　　　　C. 配位剂　　　　　D. 酸度调节剂

二、填空题

1. 单色光是指_____，复色光是指_____，吸收光谱是指_____，λ_{max} 是指_____，λ_{min} 是指_____，测量波长应选择在_____。

2. 光吸收定律数学表达式是_____，ε 是指_____，$E_{1cm}^{1\%}$ 是指_____，两者的换算关系是_____。空白溶液是指_____。

3. 常用的色散元件有_____和_____。紫外光源常用_____，发光的波长范围是_____；可见光源常用_____，发光的波长范围是_____。

4. 分光光度计使用前应进行_____和_____校正，_____和_____检查。

三、简答题

1. 试述紫外 – 可见分光光度计的主要部件及其作用。

2. 引起朗伯 – 比尔定律偏离的因素有哪些？

3. 简述绘制标准曲线的注意事项。

四、计算题

1. 已知维生素 B_{12} 的最大吸收波长为 361nm。精确称取样品 30mg，加水溶解稀释至 100ml，在波长 361nm 处测得溶液的吸光度为 0.618，另有一未知浓度的样品在同样条件下测得吸光度为 0.475，计算样品维生素 B_{12} 的浓度。

2. 取咖啡酸在 105℃ 干燥至恒重，精密称取 10.00mg，加入一定量乙醇溶解，转移至 200ml 容量瓶中，加蒸馏水至刻度，取出 5.00ml，置于 50ml 容量瓶中，加 6mol/L HCl 4ml，加蒸馏水至刻度。取此溶液置于 1cm 吸收池中，在 323nm 波长处测得吸光度为 0.463，已知其百分吸收系数为 927.9，求咖啡酸的百分含量。

书网融合……

知识回顾　　　微课　　　习题

（麻佳蕾）

学习引导

红外吸收光谱法常用来监控或评价药物的质量，如广谱驱虫药甲苯咪唑，其晶型不同会导致效价不同，其中 A、B、C 三种晶型，C 型有效，B 型无效，A 型未知，运用红外光谱法可区分三种晶型并可评价其质量。红外吸收光谱法也是《中国药典》收载的化学原料药鉴别检查主要手段；有机化合物结构确证也离不开红外光谱。什么是红外吸收光谱？其光谱图上有何种信息？如何绘制红外光谱？如何鉴别药物真伪或确证有机化合物结构？

本章主要介绍红外吸收光谱法的原理和实用技术。

学习目标

1. **掌握**　红外吸收光谱基频峰与化学键振动类型相关性；特征峰和相关峰、特征区和指纹区等常用术语；傅里叶变换红外光谱仪的组成部件；一般样品的制样技术。

2. **熟悉**　红外吸收光谱产生的条件；红外光谱的九个重要区段。

3. **了解**　红外光谱仪的性能检定及日常维护；红外光谱在化合物结构解析与药物鉴别检查方面的应用。

第一节　红外吸收光谱基础知识

PPT

红外吸收光谱法（infrared absorption spectrum，IR）简称红外光谱法，是利用物质分子对红外辐射的特征吸收进行定性、定量分析及分子结构测定的方法。该方法专属性强、快速、准确、不损坏样品，已被广泛应用于物质的定性鉴别、物相分析和定量测定，并用于研究分子间和分子内部的相互作用。

一、红外吸收光谱

1. 红外光　又称红外线，是波长介于微波与可见光之间的电磁波，波长在 $0.78 \sim 1000\,\mu m$ 之间。习惯上按照波长的不同，将红外光分为近红外、中红外和远红外三个区（表 4-1）。红外光能量的高低可用波长 λ（μm）或者波数 σ（cm^{-1}）来衡量。波数是波长的倒数，表示 1cm 之内含有多少个波长。波长与波数的换算关系为

$$\sigma = \frac{10^4}{\lambda} \tag{4-1}$$

表4-1 红外光分区

区域名称	波长 λ（μm）	波数 σ（cm⁻¹）	能级跃迁类型
近红外（泛频区）	0.78 ~ 2.5	12800 ~ 4000	O—H、N—H、C—H键倍频吸收
中红外（基本振动区）	2.5 ~ 25	4000 ~ 400	振动，伴随转动
远红外（转动区）	25 ~ 1000	400 ~ 10	转动

2. 红外光谱

（1）定义 由含氢原子团（如O—H、N—H、C—H等）伸缩振动的倍频及组合频吸收产生的光谱称为近红外光谱；由分子的纯转动能级跃迁在远红外区所产生的吸收光谱称为远红外光谱；由于物质分子内微粒的振动、转动能级跃迁在中红外光区所产生的吸收光谱，称为中红外吸收光谱，简称红外吸收光谱或红外光谱。该光谱研究最多，由此建立的红外光谱法应用也最广，本章仅介绍中红外光谱法。

（2）表示方法 与紫外吸收光谱的表示方法有所不同。一般都采用以波数 σ（cm⁻¹）或者波长 λ（μm）为横坐标，百分透光率 T（%）为纵坐标绘制曲线，即 $T-\sigma$ 或 $T-\lambda$ 曲线，如图4-1所示。红外光谱的吸收峰通常是倒峰，吸收越强烈，T（%）越小。

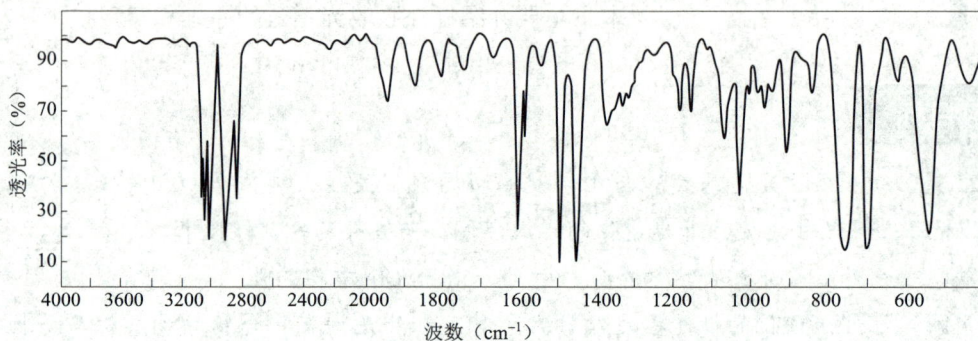

图4-1 聚苯乙烯薄膜红外光谱图

二、分子振动

双原子分子只有伸缩振动（stretching vibration）；多原子分子（或基团）有伸缩振动和弯曲振动（bending vibration）两种形式。

1. 伸缩振动 是指通过化学键相连，两个原子沿着键轴方向发生周期性的伸缩变化。用符号 ν 表示。对于多原子分子或基团（如亚甲基 CH₂），伸缩振动又可分为对称伸缩振动（符号 ν^s）和不对称伸缩振动（符号 ν^{as}）。

（1）对称伸缩振动（ν^s） 是指化学键的键角不变，键长同时伸长或缩短的振动。

（2）不对称伸缩振动（ν^{as}） 是指化学键的键角不变，键长一个伸长另一个缩短交替进行的振动。如图4-2所示。

2. 弯曲振动 是指分子或基团内各键长不变，键角发生周期性变化的振动。若以基团所含原子构成的平面作参照，又可分为面内弯曲振动（符号 β）、面外弯曲振动（符号 γ）和变形振动。

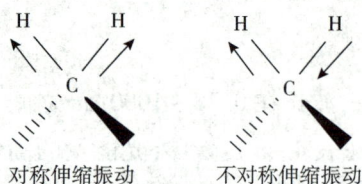

对称伸缩振动　　不对称伸缩振动

图4-2 CH₂的伸缩振动示意图

（1）**面内弯曲振动（β）** 是指在由分子或基团内几个原子所构成的平面内的弯曲振动。依据弯曲振动的方向，又分为剪式振动（符号 δ）和面内摇摆振动（符号 ρ）。

1）**剪式振动（δ）** 是指在振动过程中键角的变化类似剪刀"开"与"闭"的振动。

2）**面内摇摆振动（ρ）** 是指分子或基团作为一个整体在平面内做周期性摇摆的振动。组成 AX_2 型的分子或基团（如 CH$_2$、—NH$_2$）易发生面内弯曲振动。

（2）**面外弯曲振动（γ）** 是指在垂直于几个原子所构成的平面外进行的弯曲振动。依据各键在面外弯曲方向的不同，又分为面外摇摆振动（符号 ω）和扭曲振动（符号 τ）。

1）**面外摇摆振动（ω）** 是指两个键同时向面内（符号 $\ominus$）或面外（符号 $\oplus$）摆动的振动。

2）**面外扭曲振动（τ）** 是指两个键一个向面内一个向面外摆动的振动。

（3）**变形振动** 是指 AX_3 型基团或分子（如—CH$_3$）的弯曲振动。又可分为对称变形振动（符号 δ^s）和不对称变形振动（符号 δ^{as}）。

1）**对称变形振动（δ^s）** 是指在振动过程中三个 AX 键与分子轴线组成的夹角 a 同时缩小或增大，犹如花瓣的开合。

2）**不对称变形振动（δ^{as}）** 是指在振动过程中三个 AX 键与分子轴线组成的夹角 a 交替地缩小或增大。如图 4-3 所示。

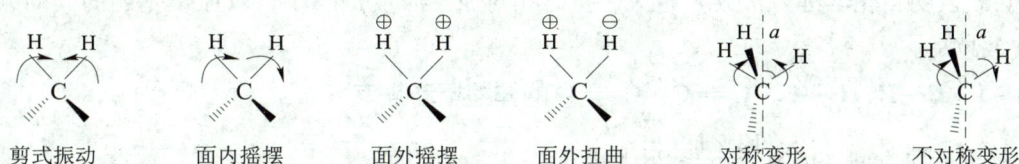

| 剪式振动 | 面内摇摆 | 面外摇摆 | 面外扭曲 | 对称变形 | 不对称变形 |

图 4-3 CH$_2$ 和—CH$_3$ 的弯曲振动示意图

3. 振动自由度 是指分子的基本振动数目或独立振动数目。研究分子的振动自由度有助于了解化合物红外光谱中吸收峰的数目。

在三维空间中一个质点的位置可用 x、y、z 三个坐标确定，称为三个运动自由度；同理，每个原子在三维空间都能向 x、y、z 三个坐标方向独立运动，因此一个原子有三个运动自由度；由 N 个原子组成的分子，总的运动自由度为 $3N$。因分子的运动由平动、转动和振动三部分组成，所以分子总的运动自由度（$3N$）也由分子的平动自由度、转动自由度和振动自由度构成。由 N 个原子组成的分子向任何方向的移动（称为平动）都可分解为沿着三个坐标方向的移动，因此，一个分子有三个平动自由度。非线性分子可以分别绕着三个坐标轴转动，即有三个转动自由度；而线性分子只有两个转动自由度，因绕其键轴的转动，没有能量的变化，所以分子的基本振动数目可以通过振动自由度来计算，即有

$$\text{分子的振动自由度}=\text{运动自由度}（3N）-\text{平动自由度}-\text{转动自由度} \tag{4-2}$$

一个非线性分子具有（$3N-6$）个振动自由度，即（$3N-6$）个基本振动形式，如水为非线性分子，其分子振动自由度为 $3\times3-6=3$，所以水分子有三个基本振动形式；线性分子具有（$3N-5$）个振动自由度，即（$3N-5$）个基本振动形式，如二氧化碳为线性分子，其分子振动自由度为 $3\times3-5=4$，所以二氧化碳分子有四个基本振动形式。

分子的平动不产生吸收光谱，转动产生远红外光谱，不在中红外光谱的研究范围内，因此红外吸收光谱只考虑分子的振动。

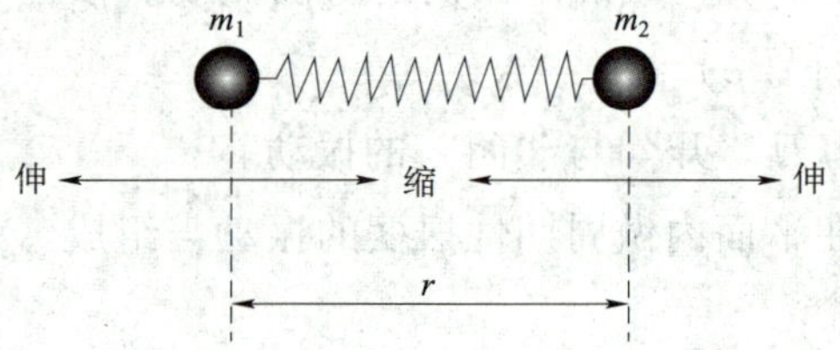

图 4-4 简谐振动示意图

4. 双原子分子振动频率 对于双原子分子的伸缩振动而言，可将其视为质量为 m_1 与 m_2 的两个小球，两原子间的化学键看成质量可以忽略不计的弹簧，则两个原子沿着其平衡位置的伸缩振动可近似看成沿键轴方向的简谐振动，如图 4-4 所示。

双原子分子的振动频率可以根据虎克（Hooke）定律来计算，即

$$\nu = \frac{1}{2\pi}\sqrt{\frac{K}{\mu}} \tag{4-3}$$

（4-3）式中，ν 为振动频率，Hz；K 为化学键力常数，N/cm；μ 为双原子折合质量，即 $\mu = \frac{m_1 \cdot m_2}{m_1 + m_2}$，$m_1$ 和 m_2 分别为化学键两端原子的质量。

若用波数 σ 代替振动频率 ν，折合相对原子质量 μ' 代替折合质量 μ，化学键基本振动频率计算式可表示为

$$\sigma\,(\mathrm{cm}^{-1}) = 1302\sqrt{\frac{K}{\mu'}} \tag{4-4}$$

（4-4）式表明：化学键力常数 K 越大，折合相对原子质量 μ' 越小，双原子基团的振动频率或振动吸收峰的波数越高。

示例 4-1　C—H、C—C、C＝C、C≡C 的伸缩振动频率

ν_{C-H}：将 $K \approx 5\mathrm{N/cm}$，$\mu' = \dfrac{12 \times 1}{12 + 1} \approx 1$ 代入（4-4）式，有

$$\sigma = 1302\sqrt{\frac{K}{\mu'}} \approx 1302\sqrt{\frac{5}{1}} \approx 2910\,\mathrm{cm}^{-1}$$

同法计算，可得

ν_{C-C}：$K \approx 5\mathrm{N/cm}$，$\mu' = \dfrac{12 \times 12}{12 + 12} = 6$，$\sigma \approx 1190\,\mathrm{cm}^{-1}$

$\nu_{C=C}$：$K \approx 10\mathrm{N/cm}$，$\mu' = 6$，$\sigma \approx 1680\,\mathrm{cm}^{-1}$

$\nu_{C≡C}$：$K \approx 15\mathrm{N/cm}$，$\mu' = 6$，$\sigma \approx 2060\,\mathrm{cm}^{-1}$

通过上述计算可知：振动形式相同，基团不同，振动频率不同；基团相同，振动形式不同，振动频率也可能不相同。

三、红外吸收光谱产生的条件

红外吸收光谱是由分子振动、转动能级跃迁而产生的，但并不是所有的振动、转动能级跃迁都能在红外光区中产生吸收。物质吸收红外光发生振动和转动能级跃迁必须满足以下两个条件。

（1）红外辐射的能量必须刚好满足振动能级跃迁所需要的能量。红外辐射光子的能量与分子振动能级跃迁所需要的能量相等，从而使分子吸收红外辐射产生振动能级的跃迁。即满足 $\Delta E_V = \Delta V \cdot h\nu = h\nu_L$，式中 ΔE_V 为振动能级差；ΔV 为振动量子数差；h 为普朗克常量；ν 为分子振动频率；ν_L 为吸收红外辐射频率。

（2）振动过程中偶极矩不为零。只有分子振动时偶极矩做周期性变化，才能产生交变的偶极场，

并与其频率相匹配的红外辐射交变场发生偶合作用，使分子吸收红外辐射的能量，从低的振动能级跃迁至高的振动能级。例如，线性分子二氧化碳应在红外光谱图上出现四个吸收峰，即波数分别为 $2350cm^{-1}(\nu^{as})$、$1340cm^{-1}(\nu^{s})$、$666cm^{-1}(\beta)$、$666cm^{-1}(\gamma)$，但实际二氧化碳的红外光谱吸收峰只有 $2350cm^{-1}$ 和 $666cm^{-1}$ 两个，如图 4-5 所示。出现这类现象的原因有两个：①CO_2分子的面内（β）和面外（γ）弯曲振动，虽然振动形式不同，但振动频率相同，吸收光的频率相同，只能观察到一个吸收峰，此现象称为简并；②在对称伸缩振动过程中，两个氧原子同时面向或背向碳原子移动，偶极矩没有变化，始终为零，所以该振动不产生相应的红外吸收，光谱图中在 $1340cm^{-1}$ 处看不到吸收峰，此称为红外非活性振动。不对称伸缩振动时，一个氧原子移向碳原子时，另一个氧原子却背向碳原子运动，使正负电荷中心不重合，产生瞬间偶极矩变化，光谱图中在 $2350\ cm^{-1}$ 处产生相应的吸收峰，此称为红外活性振动。

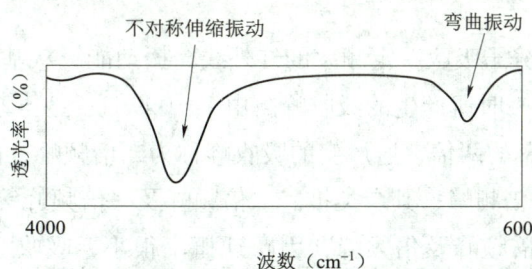

图 4-5　CO_2 的红外光谱图

即学即练 4-1

简述产生红外吸收的条件。是否所有的分子振动都能产生红外吸收？为什么？

答案解析

四、基本术语

1. 吸收峰的峰位和强度

（1）吸收峰峰位　基团或分子的红外活性振动吸收红外线而发生振动能级跃迁，在红外光谱图上产生吸收峰，吸收峰的位置（简称峰位）常用 σ_{max}（或 ν_{max}、λ_{max}）表示，即振动能级跃迁所吸收红外线的波数 σ_L（或频率 ν_L、波长 λ_L）。由于在同一个振动能级中还有许许多多的转动能级，加之仪器分辨率的限制，所以吸收峰是有一定宽度的带状吸收峰。峰位不仅与键力常数及折合质量有关，还受分子或基团内部相邻基团的诱导效应、共轭效应、原子杂化类型、氢键、空间效应以及外部溶剂、温度等诸多因素的影响，因此，处在不同环境中的同种基团的吸收峰并不是同一个值。例如，酮中羰基的伸缩振动吸收峰在 $1715cm^{-1}$ 左右，酰氯中羰基的伸缩振动吸收峰在 $1780cm^{-1}$ 附近。外部和内部因素是如何影响吸收峰峰位的，这里不做介绍。

（2）吸收峰强度　在红外分光光度法中，浓度与吸光度的关系仍遵循朗伯-比尔定律。这里讨论的吸收峰强度不是浓度与吸光度之间的关系，而是吸收峰的相对强度（简称峰强）。吸收系数大小与振动能级跃迁概率和振动过程中偶极矩变化有关。通常跃迁概率越大的振动，吸收峰越强，吸收系数越大；振动过程中偶极矩变化越大，跃迁概率也越大，吸收系数也越大。偶极矩变化和化学键的偶极矩及振动形式有关。例如，2-甲基-2-丁烯中 C═C 伸缩振动的摩尔吸收系数 $\varepsilon \approx 5$，而强极性键 C—O、C—Cl 的 ε 为 100~10000。

红外光谱上吸收峰的高、矮，可以说明吸收峰的相对强弱。吸收峰的绝对强度常按吸收系数分为五级：$\varepsilon > 100$ 为非常强峰（vs）；$\varepsilon = 20 \sim 100$ 为强峰（s）；$\varepsilon = 10 \sim 20$ 为中强峰（m）；$\varepsilon = 1 \sim 10$ 为弱峰（w）；$\varepsilon < 1$ 为非常弱峰（vw）。

2. 基频峰和泛频峰 依据吸收峰的峰位与基团振动频率之间的关系，可分为基频峰和泛频峰。

（1）基频峰 是指基团或分子吸收一定频率的红外线，振动能级从基态（$V = 0$）跃迁至第一振动激发态（$V = 1$）时所产生的吸收峰。由于 $\Delta V = 1$，所以 $\sigma_L = \sigma_{振动}$ 或 $\nu_L = \nu_{振动}$。一般来说，从基态跃迁至第一激发态相对容易，发生的概率较大，所以吸收峰较强，因而基频峰是红外光谱上最主要的一类吸收峰。由于简并现象和红外非活性振动现象的存在，基频峰数小于基本振动数。这也是并非所有振动都有吸收峰的原因。

（2）泛频峰 是指基团或分子吸收一定频率的红外线，振动能级从基态（$V = 0$）跃迁至第二（$V = 2$）、第三（$V = 3$）振动激发态…时所产生的吸收峰。由 $V = 0$ 跃迁至 $V = 2$ 时，$\sigma_L = 2\sigma_{振动}$，即所吸收的红外线频率是基团基本振动频率的两倍，所产生的吸收峰称为二倍频峰；由 $V = 0$ 跃迁至 $V = 3$ 时，$\sigma_L = 3\sigma_{振动}$，所产生的吸收峰称为三倍频峰；其余类推。二倍频峰及三倍频峰等统称倍频峰。在红外光谱中，二倍频峰经常可以观测到；三倍频峰及倍频峰，因跃迁概率很小，吸收很弱，常观测不到。除倍频峰外，还有合频峰 $\sigma_L = \sigma_1 + \sigma_2$、$\sigma_L = 2\sigma_1 + \sigma_2\cdots$、差频峰 $\sigma_L = \sigma_1 - \sigma_2$、$\sigma_L = 2\sigma_1 - \sigma_2\cdots$。倍频峰、合频峰及差频峰统称为泛频峰。泛频峰通常都较弱，一般不容易辨认，如有泛频率的存在，会使光谱变得复杂，但增加了光谱的特征性，能预示某种特定结构的存在。例如，取代苯的泛频峰出现在 2000~1667cm^{-1} 的区间，主要由苯环上碳氢面外弯曲振动的倍频峰等构成，可以用来鉴别苯环上取代基的数目和位置。

3. 特征峰和相关峰

（1）特征峰 物质的红外光谱是其分子结构的客观反映，谱图中的吸收峰都对应分子中各基团的振动。例如，分子中含有—C≡N 基，则在 2400~2100cm^{-1} 出现 C≡N 伸缩振动吸收峰（$\nu_{C\equiv N}$）；C═O 键的 $\nu_{C=O}$ 峰一般出现在 1870~1650cm^{-1}；氨基—NH$_2$ 的特征峰 ν_{N-H} 出现在 3500~3200cm^{-1} 且是双峰，δ_{N-H} 出现在 1650~1590cm^{-1}，ν_{C-N} 峰在 1340~1020cm^{-1}，γ_{N-H} 峰在 900~650cm^{-1}。由于各种基团的吸收峰均出现在一定的波数范围内，具有一定的特征，因此可用谱图中一些易辨认、有代表性的吸收峰来确认官能团的存在。能用来鉴别某一官能团存在的吸收峰称为特征吸收峰，简称特征峰或特征频率。例如前面所述的腈基峰、羰基峰等。

（2）相关峰 在多数情况下，一个官能团通常有多种振动形式，而每一种红外活性振动一般都有相应的吸收峰，有时还能观测到泛频峰。例如，—CH$_3$ 在约 2960cm^{-1} 处有 C—H 键的 ν^{as}、约 2870cm^{-1} 处有 C—H 键的 ν^s、约 1450cm^{-1} 处有 C—H 键的 δ^{as}、约 1375cm^{-1} 处有 C—H 键的 δ^s 等特征峰；羧基（—COOH）在 3400~2500cm^{-1} 间有很宽的 ν_{O-H}、1710cm^{-1} 附近强而宽的 $\nu_{C=O}$、1320~1200cm^{-1} 处中等强度的 ν_{C-O}、1450~1410cm^{-1} 处 δ_{O-H} 等特征峰，如图 4-6 所示。这些特征峰都是由—CH$_3$ 或—COOH 中各化学键的振动吸收而产生的，它们相互依存。像这样由一个官能团所产生的一组相互依存的特征峰称为相关吸收峰，简称相关峰。用一组相关峰鉴别或确认官能团的存在是红外光谱识别或解析的重要原则。在进行某官能团鉴别时，有时由于其他峰的重叠或峰强度太弱，并非相关峰都能观测到（如邻甲基苯甲酸中甲基对称与不对称伸缩振动吸收峰与羧基中羟基峰重叠），但必须找到其主要的相关峰才能确认官能团的存在。各类化合物都有其主要基团的特征峰，可查阅相关手册，这里不做介绍。

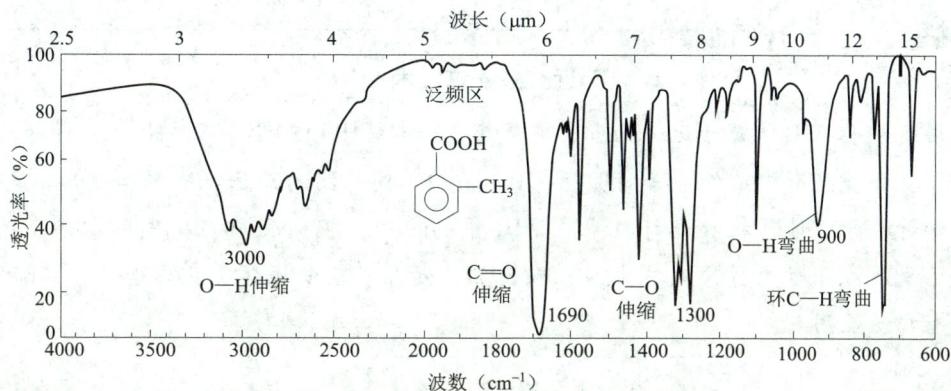

图 4 – 6　邻甲基苯甲酸 IR 及羧基相关峰

4. 特征区和指纹区　根据红外光谱与分子结构的关系，可将中红外光区分为官能团特征区和指纹区。

（1）特征区　习惯上将 $4000 \sim 1250 cm^{-1}$（$2.5 \sim 8.0 \mu m$）区间称为特征频率区，简称特征区。特征区的吸收峰较稀疏、易辨认。此区间包括含氢单键、各种叁键及双键的伸缩振动的基频峰和部分含氢单键的面内弯曲振动的基频峰。在特征区中，基频峰很少与其他的峰重叠且谱带强度较大，最易识别，是确认各类化合物中主要官能团存在的重要区间。

（2）指纹区　是指 $1250 \sim 400 cm^{-1}$（$8.0 \sim 25 \mu m$）的低频区。此区间红外线的能量较低，出现的谱带主要是各类单键 C—X（X＝C、N、O）的伸缩振动及各种基团弯曲振动的吸收峰。由于这些单键的强度相差不大，原子质量又相似，所以吸收峰出现的位置也相近，相互间影响较大；加上各种弯曲振动的能级差别小，所以在此区域吸收峰较为密集，犹如人的指纹，故称为指纹区。两个结构相近的化合物的特征区可能无差别，但只要它们的结构上存在微小的差别，指纹区就会有明显的不同。指纹区能帮助确定化合物的细微结构。如无取代的苯：6 个 C—H，$670 \sim 680 cm^{-1}$，单吸收带。单取代苯：5 个 C—H，$690 \sim 700 cm^{-1}$，$740 \sim 750 cm^{-1}$，两个吸收带。邻位双取代苯：4 个 C—H，$740 \sim 750 cm^{-1}$，单吸收带。间位双取代苯：3 个 C—H，$690 \sim 700 cm^{-1}$，$780 \sim 800 cm^{-1}$，两个吸收带；另一个 C—H，$860 cm^{-1}$ 附近，弱带，供参考。对位双取代苯：2 个 C—H，$800 \sim 850 cm^{-1}$，单吸收带。

为了便于初学者掌握基团特征峰，通常将红外光谱划分为九个重要区段，见表 4 – 2。参考表中数据，可推测化合物可能含有的官能团，属于哪类化合物。

表 4 – 2　红外光谱的九个重要区段

波数区间（cm^{-1}）	振动类型
$3750 \sim 3000$	ν_{O-H}、ν_{N-H}
$3300 \sim 3000$	$\nu_{\equiv C-H} > \nu_{=C-H} \approx \nu_{Ar-H}$（不饱和氢）
$3000 \sim 2700$	ν_{C-H}（—CH$_3$、饱和—CH$_2$ 及 C—H、—CHO）
$2400 \sim 2100$	$\nu_{C\equiv C}$、$\nu_{C\equiv N}$（炔基和腈基）
$1900 \sim 1650$	$\nu_{C=O}$（酸酐、酰氯、酯、醛、酮、羧酸、酰胺）
$1675 \sim 1500$	$\nu_{C=C}$、$\nu_{C=N}$
$1475 \sim 1300$	δ_{O-H}、δ_{C-H}（各种面内弯曲振动）
$1300 \sim 1000$	ν_{C-O}（醇、酚、醚、羧酸）
$1000 \sim 650$	$\gamma_{=C-H}$（不饱和 C—H 面外弯曲振动）

近红外光谱技术

近红外光谱（简称 NIR）源于化合物中含有氢基团如 C—H、O—H、N—H、S—H 等振动光谱的倍频及合频吸收，其强度只有中红外基峰的 1%～10%，但不同基团的峰位、峰强和峰形不同。20 世纪 90 年代，随着化学计量学、计算机和光纤技术在 NIR 中的应用，不同物质在不同的状态下直接测定 NIR 成为可能，现已发展成一种无损检测技术，在农产品、食品、生命医学、化学合成、石油化工、纺织、环境等领域均有广泛应用。

第二节　红外光谱仪

PPT

目前红外光谱仪主要有色散型红外光谱仪（infrared spectrometer）和傅里叶变换红外光谱仪（Fourier transform infrared spectrometer，FT‑IR）。色散型红外光谱仪分辨率低、灵敏度低、扫描速率慢，已经逐渐被傅里叶变换红外光谱仪所取代。傅里叶变换红外光谱仪具有分辨率高、灵敏度高、扫描速率快、杂散光干扰小、试样不受因红外聚焦而产生的热效应影响等优点，应用日趋广泛，目前已经有 GC‑FTIR、HPLC‑FTIR 等联用仪器。

一、仪器的主要部件

傅里叶变换红外光谱仪或称干涉型红外光谱仪，由光源、迈克尔孙（Michelson）干涉仪、吸收池、检测器和记录系统五个基本部分组成（图 4‑7）。

1. 光源　也称辐射源，常用的有能斯特灯（Nernst glower）或硅碳棒（globar），均能发射足够强的连续红外辐射。

（1）硅碳棒　是由碳化硅经高温烧结而成的，两端绕以金属导线通电，工作温度为 1200～1500℃。最大发射波数为 5500～5000cm^{-1}，它在低波数区域发光较强，使用波数可低到 200cm^{-1}。其优点是坚固、寿命长、操作方便、价格便宜，但使用前必须用变压器调压。

图 4‑7　FT‑IR 仪

（2）能斯特灯　是由耐高温的氧化锆、氧化钇和氧化钍等稀土元素混合烧结而成的，有空心和实心两种，两端绕以铂丝作导线，室温下是非导体，加热到 700℃以上时变为导体，工作温度为 1800℃左右。其优点是发出的光强度高、最大发射波数为 7100cm^{-1}、稳定性较好，缺点是机械强度差、价格较贵。

2. Michelson 干涉仪　由固定镜（M$_1$）、动镜（M$_2$）和光束分裂器（BS）构成，如图 4‑8 所示。M$_1$、M$_2$ 为两块互相垂直的平面反射镜，M$_1$ 固定不动，称为定镜，M$_2$ 可以沿图示的方向做往返微小移动，称为动镜。在 M$_1$、M$_2$ 之间放置一个呈 45°角的半透膜光束分裂器 BS，它能把光源 S 投来的光分为强度相等的光束 Ⅰ 和 Ⅱ。两光束分别投射到动镜和定镜，然后反射回来汇合形成相干涉光信号（图中每光束都应是一束光线，为了表述往返才绘成分开的光路光束）。因动镜移动可以改变光程差。当光程差是波长的整数倍时，为相长干涉，亮度最大；当光程差是半波长的奇数倍时，为相消干涉，亮度最小。因此，当动镜 M_2 匀速向 BS 移动时，连续改变两光束的光程差即可得到复合红外光的干涉光。

3. 吸收池 由于玻璃和石英对中红外光有强烈的吸收，所以常用能透过中红外光的 KBr、NaCl、CsI、KRS-5（TlI 58% + TlBr 42%）等岩盐材料制成吸收池的窗片。KBr 和 NaCl 岩盐窗片在实际使用和保存过程中需注意保持干燥，在吸收池内放置硅胶或分子筛等干燥剂，以免盐窗吸潮模糊。

试样状态不同，试样吸收池也不同。固体试样常与纯 KBr 混匀压片，装在样品片架上直接测定。气体样品和液体样品的测定，常用的吸收池分为气体池和液体池。

4. 检测器 由于 FT-IR 仪的全程扫描时间小于 1 秒，真空热电偶的响应时间不能满足此要求，所以一般多用热电型检测器如硫酸三甘肽（TGS）检测器和光电导型检测器如汞镉碲（MCT）检测器，响应时间约为 1 微秒。

图 4-8 Michelson 干涉仪工作原理示意图

（1）TGS 检测器 是用硫酸三甘肽 $(NH_2CH_2COOH)_3H_2SO_4$ 的单晶薄片作为检测元件。TGS 是热释电晶体，在一定温度以下能产生很大的极化效应。温度升高，极化降低；温度降低，极化增强。将 TGS 薄片正面真空镀铬（半透明），背面镀金，形成两电极并构成回路。当红外光照射到薄片上时，引起温度升高，TGS 极化度改变，表面电荷减少，相当于"释放"了部分电荷，经放大，转变成电压或电流的方式进行测量。其特点是响应速度快，噪声影响小，能实现高速扫描，故被用于 FT-IR 仪。目前使用最广的晶体材料是氘化的 TGS（简称 DTGS）。

（2）MCT 检测器 是用宽频带的半导体碲化镉和半金属化合物碲化汞混合而成的晶体作为检测元件。MCT 检测器灵敏度至少是 TGS 的 10 倍，响应速度快，适于快速扫描测量和 HPLC-FTIR 联机检测，但需在液氮温度下工作。

5. 记录系统 红外光谱仪一般都有自动记录仪记录谱图。现代的仪器都配有计算机和数据处理工作站，计算机可进行傅里叶转换计算，将带有光谱信号的时域干涉图转换成以波数为横坐标的红外光谱图。

二、仪器的工作原理

FT-IR 仪的工作原理如图 4-9 所示。由光源发出的红外光，通过 Michelson 干涉仪产生干涉光，透过样品后，经检测器得到带有样品选择性吸收信息，即吸收强度与时间的干涉光谱图。用计算机进行快速的 Fourier 余弦函数变换，得到强度与频率的红外光谱图。

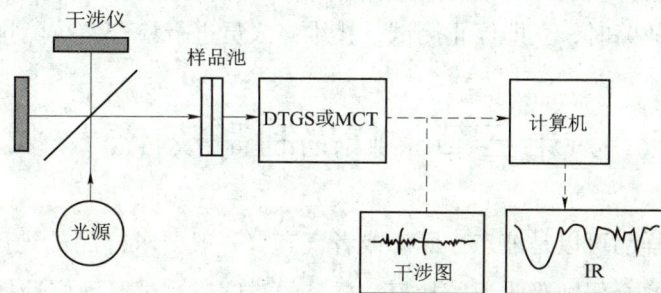

图 4-9 FT-IR 仪工作原理示意图

傅里叶变换技术的应用，提高了红外光谱仪的扫描速度和分辨率。

三、仪器的性能检定

FT－IR 性能指标主要包括波数准确度与波数重复性、分辨率、透射比重复性、100%线的平直度、噪声等。仪器性能影响红外光谱图中的峰位、峰强和峰形，通常 FT－IR 仪在使用超过一年或仪器搬动、维修后都需要进行性能检定。

1. 波数准确度与波数重复性　波数准确度是指仪器对某吸收峰测得波数与该吸收峰参考值之差。波数重复性是指多次重复测量同一样品的同一吸收峰波数的最大值与最小值之差。常用聚苯乙烯薄膜（厚度约为 0.04mm）校正仪器，扫描范围为 $4000 \sim 400 cm^{-1}$，分辨率 $4.0 cm^{-1}$，常规扫描速度，绘制聚苯乙烯红外光谱图，用 3027、2851、1601、1028、$907 cm^{-1}$ 处的吸收峰与参考值比较，FT－IR 仪在 $3000 cm^{-1}$ 附近的波数误差应不大于 $\pm 5 cm^{-1}$，在 $1000 cm^{-1}$ 附近的波数误差应不大于 $\pm 1 cm^{-1}$；在 $3000 cm^{-1}$ 附近的波数重复性，一般不大于 $2.5 cm^{-1}$，在 $1000 cm^{-1}$ 附近的波数重复性，一般不大于 $0.5 cm^{-1}$。

2. 分辨率　用聚苯乙烯膜校正时，仪器的分辨率要求在 $3110 \sim 2850 cm^{-1}$ 范围内应能清晰地分辨出 7 个峰，峰 $2851 cm^{-1}$ 与谷 $2870 cm^{-1}$ 之间的分辨深度不小于18%透光率，峰 $1583 cm^{-1}$ 与谷 $1589 cm^{-1}$ 之间的分辨深度不小于12%透光率。仪器的标称分辨率，除另有规定外，应不低于 $2 cm^{-1}$。

四、仪器的维护保养

1. 放置环境要求　使用工作温度 15～35℃，湿度 <60%，最佳试验温度 22～27℃。仪器应置于洁净、干燥区域，避免脏污、多尘、潮湿的环境，远离电磁干扰及震动、腐蚀性气体及热源。

2. 干燥　应观察湿度指示卡的颜色变化，当颜色由蓝色变为粉色时，说明分子筛干燥剂已经失效，应及时更换。也可以在仪器样品仓内放置硅胶干燥剂，协助保持仪器干燥。在潮湿的环境下，要每天开机不低于 4 小时，驱赶可能进入仪器内部的水分。若仪器长期不用，至少每两周更换一次干燥剂，并且每周至少开启主机一次。

3. 搬动　需要用光学台内的海绵固定镜子，防止搬动过程中损坏仪器。

4. 清洁

（1）红外光谱仪光学台的反射镜和聚焦镜，如有灰尘，可用洗耳球或者氮气吹掉，不允许使用溶剂冲洗或者擦镜纸等物品擦拭。

（2）压片模具使用后应立即清洗，置于红外灯下照射干燥，然后放入干燥器内保存，以免锈蚀。

5. 意外情况处置　在测试过程中发生停电时，按操作规程顺序关掉仪器，保留样品。待恢复正常后，重新测试。仪器发生故障时，立即停止测试，找维修人员进行检查。故障排除后，恢复测试。

第三节　样品制备技术

PPT

红外吸收光谱分析的样品可以是液态、固态或者气态。一般要求样品的纯度大于98%且不含水分，因为水本身有红外吸收，并会侵蚀吸收池的盐窗。样品的浓度或测试厚度应选择适当，以使光谱中大多数吸收峰的透光率处于 10%～80%。不同的样品，制备方法不同。

一、液态样品制备技术

1. 液体池法　一般适用于易挥发、沸点低、黏度小和充分除去水分的样品的定量分析。将供试品溶于适宜的溶剂中，制成 1% ~10% 浓度的溶液，注入适宜厚度的液体池。常用的溶剂有四氯化碳、三氯甲烷、环己烷等。液体池由盐片、间隔片、垫圈以及前后框等黏合在一起，不能随意拆开清洗。测量时，用注射器将样品或样品溶液直接注入密封的液体池中即可（图 4 - 10）。

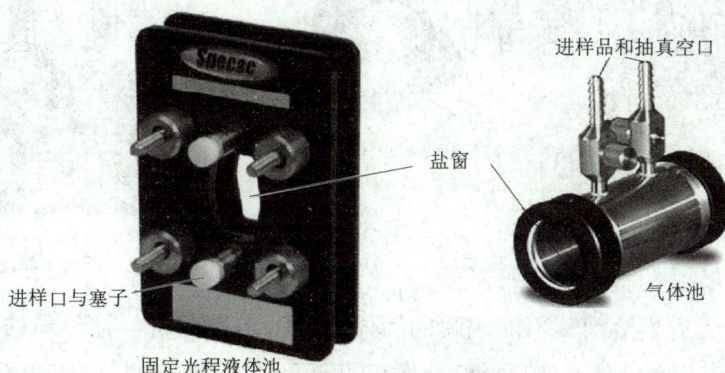

图 4 - 10　液体池和气体池

2. 涂片法　适用于挥发性小、沸点较高、黏度较大的液体样品，可用不锈钢刮刀取少量样品直接均匀地涂在空白的溴化钾窗片上，用红外灯除去溶剂后测定。由于涂膜的厚度难以掌握，故涂片法一般只用于定性分析。

3. 液膜法　适用于沸点较高、黏度较低、吸收很强的液体样品，可以将液体夹于两块盐片之间，通过毛细作用吸附住液层形成薄薄的液膜，放入光路中测定即可。液膜法制样简便，在液体样品定性分析中广泛应用。

二、气态样品制备技术

气体样品、低沸点液体样品和一些饱和蒸气压较大的样品，可在气体池（图 4 - 10）中进行测定，它的两端黏有红外透光的 NaCl 或者 KBr 窗片，光路长度为 10cm。通常先将气体吸收池抽真空，再充入适当压力（约 50mmHg）气体样品或用注射器注入液体样品，待完全汽化后测定。为避免某些气体吸附在气体池上干扰测定，可以用干燥氮气吹扫或在一定温度下减压除去。有些气体如 SO_2、NO_2 能和碱金属卤化物窗片起反应，要改用其他窗片。

三、固态样品制备技术

1. KBr 压片法　是固态样品红外光谱分析中最常用的制样方法，凡是易于粉碎的固体样品都可以采用此法。在红外灯下，取样品 1 ~1.5mg，在玛瑙研钵中磨细后加 200 ~300 mg（与样品的比例约为 200：1）已干燥磨细的光谱纯 KBr 粉末，充分混合并研磨均匀直至粒度小于 2μm。将研磨好的混合物均匀地放入压片模具（图 4 - 11）中，在手动压片机（图 4 - 12）上加压至 $0.8×10^6$ KPa（约 8T/cm²），保持压力 2 分钟，撤去压力并放气后取出制成的供试品片，目视检测，应呈透明状，其中样品分布应均匀，并无明显的颗粒状。放入光路中测定即可。易吸水、潮解的样品不宜用此方法。　ⓔ微课

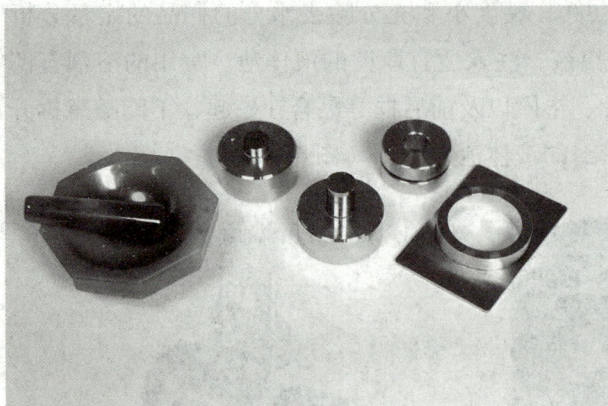

图4-11　压片模具　　　　　　　　　　图4-12　压片机

2. 糊膏法　适用于无适当溶剂又不能成膜的固体样品的定性分析。把干燥的固体样品约5mg置于玛瑙研钵中充分研细，滴几滴液体石蜡后继续研磨，直至呈均匀的糯糊状，取适量糊状物夹于两个窗片或空白溴化钾片（每片约150mg）之间，作为供试片。另以溴化钾约300mg制成空白片作为背景补偿。制备时应注意尽量使糊状样品在窗片间分布均匀。鉴定羟基峰、氨基峰时，采用糊膏法制样品是一种非常有效的方法。但由于石蜡为高碳数饱和烷烃，该法不适用于研究饱和烷烃。

3. 薄膜法　熔点较低的固体样品可以采用熔融成膜的方法制样。选择适当的溶剂溶解样品，将能形成薄膜的样品溶液铺展于玻璃片、适宜的盐片或者空白溴化钾片上，待溶剂挥发后，形成均匀的、厚度为10～100μm薄膜，即可测定。若为高分子聚合物，可先制成适宜厚度的高分子薄膜，直接置于光路中测定。此法既不受溶剂的影响，也没有分散介质的影响。

第四节　实用分析技术

PPT

红外光谱作为物质鉴别和化学结构分析的有效手段，有其独特的优势：专属性强，除部分光学异构体及长链烷烃同系物外，几乎没有两个化合物的红外光谱图相同；体现整体性，可提供整个化合物的结构信息；应用范围广，适用于固体、液体和气体样品等。符合物质鉴别的仪器化、专属性及简单快捷的发展方向。

一、定性分析技术

在《中国药典》中，化学原料药的鉴别绝大多数都采用此方法，通常采用标准图谱对比法，在与标准图谱一致的测定条件下绘制样品的红外光谱，与标准图谱比较，要求两图谱完全一致。标准图谱收集在与《中国药典》配套出版的《药品红外光谱集》。少数采用对照品比较法，即将被鉴别的药品与其对照品在相同的条件下绘制红外光谱，比较两图谱应完全一致。有时红外光谱也用于具有多晶现象药品的晶型检查。

示例 4 - 2　头孢拉定红外光谱的鉴别

取头孢拉定适量，加甲醇适量使溶解，于室温下挥发至干，取残渣照红外分光光度法绘制红外光谱，本品的红外光谱应与《药品红外光谱集》中图谱（光谱集722图）一致。

示例 4 - 3　甲苯咪唑 A 晶型红外光谱的检查

取甲苯咪唑与含 A 晶型为 10% 的甲苯咪唑对照品各约 25mg，分别加液体石蜡 0.3ml，研磨均匀，制成厚度约 0.15mm 的石蜡糊片，同时制作相同厚度的空白液体石蜡糊片作参比，调节待测样品与对照品在 803cm⁻¹ 波数处的透光率为 90%~95%，分别记录 620~803cm⁻¹ 波数范围内的红外吸收光谱图。在约 620cm⁻¹ 和 803cm⁻¹ 波数处的最小吸收峰间连接一基线，再在约 640cm⁻¹ 和 662cm⁻¹ 波数处的最大吸收峰之顶处作垂线与基线相交，用基线吸光度法求出相应吸收峰的吸光度值，供试品在约 640cm⁻¹ 与 662cm⁻¹ 波数处吸光度之比，不得大于含 A 晶型为 10% 的甲苯咪唑对照品在该波数处的吸光度之比。

实例分析 4 - 1

实例　随着高分子材料的快速发展，塑料包装在医用包装中的应用越来越广泛，人们对日常中接触的医药、食品包装材料的安全性愈发关注。为提高包装材料的安全性，国家药典委员会于2019年公布了关于包装材料红外光谱测定法、密度测定法、气体透过量测定法和水蒸气透过量测定法等 4 个国家药包材标准草案，将红外分光光度法用于药品包装材料的鉴别。药品包装材料的红外光谱检测方法有透射和衰减全反射（attenuated total reflectance，ATR）等。

问题　请结合所学知识，解释为什么可以采用红外光谱测定法检测药包材？透射和衰减全反射如何实现药包材检测？

答案解析

二、结构解析

红外光谱可提供物质分子中官能团、化学键及空间立体结构信息，通过解析红外光谱可适度推测未知化合物的结构，如再加以其他理化性质和鉴别手段的佐证，就更能确证化合物的分子结构。解析程序一般经过以下几步。

1. 灰分试验　通过了解样品来源和灰分试验判断样品是无机物还是有机物。

2. 计算分子的不饱和度　根据元素分析和分子量数据写出分子式，按（4 - 5）式计算有机物的 U 值。

$$U = \frac{2n_4 + n_3 - n_1 + 2}{2} \tag{4-5}$$

（4 - 5）式中，n_4、n_3、n_1 分别为分子中四价、三价、一价元素的数目；U 为不饱和度，表示有机分子中碳原子的饱和程度，即分子结构中距离达到饱和时所缺一价元素的"对"数。根据 U 值，初步推断化合物的类型。规律如下：①$U=0$，链状饱和化合物；②$U=1$，结构中含一个双键或脂环；③$U=2$，结构中含一个叁键或两个双键；④$U \geqslant 4$，结构中可能含有苯环。

3. "四先四后"解析光谱图　先特征区，后指纹区；先最强峰，后次强峰；先粗查，后细找；先否定，后肯定。确定有机物可能含有的结构单元，如羧基、叁键、甲基、胺基或苯环等，推测可能的结构。

4. 佐证　依据化合物的理化性质和其他方法的信息，确证化合物的结构。

示例4－4 $C_6H_{15}N$ 红外光谱图解析

某化合物的分子式为 $C_6H_{15}N$，红外光谱图如图4－13所示，试推测该化合物的结构。

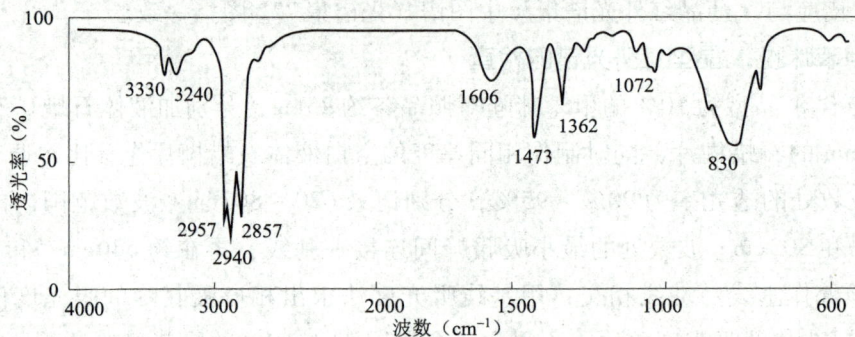

图4－13 $C_6H_{15}N$ 红外光谱图

解：（1）计算不饱和度 $U = \dfrac{2n_4 + n_3 - n_1 + 2}{2} = \dfrac{2 \times 6 + 1 - 15 + 2}{2} = 0$

因 $U=0$，故推测化合物可能为饱和烃结构。

（2）各峰归属 见表4－3。

表4－3 各峰归属

σ（cm^{-1}）	振动归属	结构单元	不饱和度	化学式单元
3330	ν_{N-H}			
3240		—NH_2		NH_2
1606	δ_{NH}			
830	γ_{NH}			
2957	$\nu^{as}_{CH_3}$	—CH_3	0	CH_3
1362	δ_{CH_3}			
2940	$\nu^{as}_{CH_2}$			
2857	$\nu^{s}_{CH_2}$	—CH_2		CH_2
1473	δ_{CH_2}			
1072	ν_{C-N}	C—N		C—NH_2

（3）结论 综合上述信息，该化合物是正己胺，结构式为 $CH_3CH_2CH_2CH_2CH_2CH_2NH_2$。

示例4－5 C_8H_8O 红外光谱图解析

某化合物的分子式为 C_8H_8O，红外谱图如4－14所示，试推测该化合物的结构。

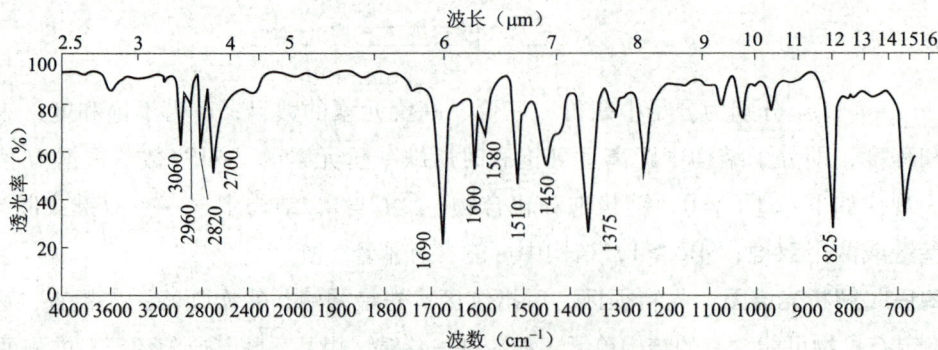

图4－14 C_8H_8O 红外光谱图

解：（1）计算不饱和度　$U = \dfrac{2n_4 + n_3 - n_1 + 2}{2} = \dfrac{2 \times 8 + 0 - 8 + 2}{2} = 5$

因 $U = 5 > 4$，故推测化合物可能含苯环结构。

（2）各峰归属　见表 4-4。

表 4-4　各峰归属

σ（cm^{-1}）	振动归属	结构单元	不饱和度	化学式单元
2820	$\nu_{O=C-H}$（费米共振）	—CHO	1	CHO
2700				
1690	$\nu_{C=O}$			CO
3060	ν_{Ar-H}		4	C_6H_4
1600	$\nu_{C=C}$（芳环）			
1580				
1510				
825	γ_{Ar-H}（取代）			
2960	ν_{CH_3}	—CH₃	0	CH₃
1450	$\delta_{CH_3}^{as}$			
1375	$\delta_{CH_3}^{s}$			

（3）结论　综合上述信息，该化合物是对甲基苯甲醛，结构式为 　。

📱 **知识链接**

拉曼光谱与红外光谱

拉曼（Raman）光谱是分子振动的散射光谱，红外光谱是分子振动吸收光谱，二者光谱范围相同但机制不同。红外光谱是基于分子振动时偶极矩的变化，而拉曼光谱产生于分子诱导偶极矩变化。分子的非对称性振动和极性基团的振动，如 C＝O、C—X（X 为卤素）产生很强的红外吸收；对称性振动和非极性但易于极化基团的振动，如 N—N、S—S、C＝C 等不产生红外吸收，但产生拉曼吸收；不能极化但偶极矩变化的振动不产生拉曼吸收但有红外吸收，所以拉曼光谱和红外光谱是相互补充，二者相结合能更好地解析化合物的结构。

实践实训

实训六　布洛芬红外光谱的测定

PPT

【实训目的】

1. **掌握**　KBr 压片法制样技术。
2. **熟悉**　红外光谱仪的规范操作；红外光谱图的识别。
3. **了解**　红外光谱仪、压片机和压片模具的维护常识。

【基本原理】

　　采用 KBr 压片法制备样品，绘制光谱图。根据红外光谱图确认布洛芬所含苯环、羧基、甲基等官能团结构和相应吸收峰峰位、强度；比对标准图谱，验证布洛芬的化学结构，鉴别布洛芬。

【实训器材】

1. **仪器**　FTIR－650 型红外光谱仪（或其他品牌红外光谱仪）、压片机、模具、红外灯、玛瑙研钵、镊子、药匙、电子天平、干燥器、烘箱。
2. **试剂**　布洛芬（药用）、溴化钾（光谱纯）、无水乙醇。

【实训内容与操作规程】

1. 制样

　　（1）样品制备　取干燥的布洛芬样品，用电子天平称量 1～1.5mg，放入玛瑙研钵，取干燥的 KBr 粉末，用电子天平称量 200～300mg，放入玛瑙研钵。在红外灯下混合均匀，并沿同一方向充分研磨至肉眼观测无颗粒，样品粒度通常以 2～5μm 为宜。

　　（2）模具组装　将柱芯套于短柱之上，碗口朝上，将研磨好的样品转移到模腔中，尽量铺平至完全覆盖住底模柱头，长柱缓慢插入柱芯，轻轻旋转顶模使粉末分布均匀。

　　（3）压片　将模具置于压片机工作台中心，顺时针转动压片机手轮，压实；顺时针转动放油阀手轮，关闭油路。下压手动压把，打压到压力指示 20MPa，持续 1 分钟。随后逆时针打开放油阀，待压力表指示回零，注意双手慢慢减压，防止压力骤变导致压片破裂。松开手轮，反方向转动底模和顶模，提拉顶模，然后取出柱芯；压片厚度应为 0.3～0.5mm，呈半透明状，分布均匀，无明显颗粒状。将含样品的柱芯镶嵌到支架上进行测试。

　　2. 测定　打开仪器开关，预热 15 分钟，打开计算机，双击打开软件图标，光学台状态显示绿色，代表正常。测试之前需要进行实验参数设置，在"采集"菜单项的下拉菜单中单击"采集设置"，在"工作台"选项卡中检查干涉图的最大值、最小值是否在可接受范围内，根据样品的实验要求设置实验参数，"扫描次数" 16，"分辨率" $4cm^{-1}$，"背景光谱管理"选择采集样品前采集背景。

　　点击"采样品"，系统提示"请准备背景采集"，此时光路为空，自动采集空气背景。背景采集结束之后，弹出对话框"请准备样品采集"，将样品插入样品室，按提示单击"确定"，开始采集样品。将绘制的红外吸收光谱与标准图谱对照进行鉴别。

　　3. 清洁　测试完成后可用镊子将压片敲掉，先用软纸轻轻擦掉残留的固体，再用相溶的溶剂清洗（如样品易溶于水，则用水清洗；如样品易溶于有机溶剂，则用无水乙醇或甲苯清洗），肉眼观察已无固体残留物后再用蒸馏水冲洗三次。将清洁后的模具（顶模、底模、柱芯）放在红外灯下照射干燥 1 小时，然后放入干燥器内保存。

【实训记录与数据处理】

1. 图谱比对 将绘制的布洛芬红外吸收光谱图与《药品红外光谱集》标准图谱（图 4 – 15）比对。

中文名：布洛芬
英文名：lbuprofen
分子式：$C_{13}H_{18}O_2$
试样制备：KBr压片法

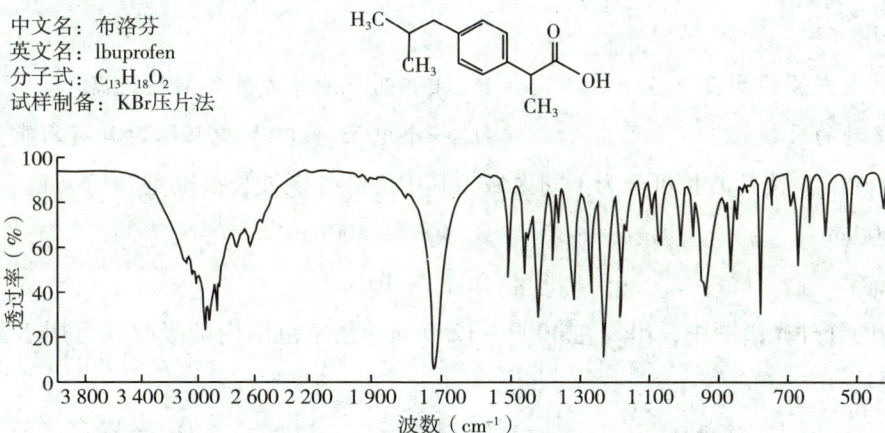

图 4 – 15 布洛芬标准红外光谱图

2. 图谱识别 结果记录于表 4 – 5，指出布洛芬红外光谱图中苯环、羧基、甲基等主要官能团的特征吸收峰。

表 4 – 5 样品测定数据及结果

σ（cm^{-1}）
振动归属

【注意事项】

（1）仪器室应保持干燥，最好配除湿机。
（2）使用压片模具时压力不能过大，以免损坏模具。
（3）溴化钾应预先研细，在 120℃ 干燥 4 小时后，在干燥器中保存备用。
（4）样品室打开后，一定要随时关上。经常更换红外光谱仪中干燥剂变色硅胶，以保证其充分有效。

【思考题】

（1）用压片法制样时，为什么要求将固体试样研磨到颗粒粒度为 2～5μm？
（2）用压片法制样时，为什么要求 KBr 粉末干燥？

目标检测

答案解析

一、选择题

1. 下列分子中，不能产生红外吸收的是（　　）。

　A. CO　　　　　　B. H_2O　　　　　　C. SO_2　　　　　　D. O_2

2. 红外光谱图中吸收带的波长位置与谱带的吸收强度，可以用来（　　　）。

    A. 鉴定未知物的结构组成或确定其化学基团，也可进行定量分析

    B. 确定配位数

    C. 研究化学位移

    D. 研究溶剂效应

3. 波数（σ）是指（　　　）。

    A. 每厘米距离内光波的数目　　　　　　　B. 相邻两个波峰或波谷间的距离

    C. 每秒钟内振动的次数　　　　　　　　　D. 一个电子通过1V电压降时具有的能量

4. 电磁辐射（电磁波）按其波长可分为不同区域，其中中红外区波长范围是（　　　）。

    A. $12800 \sim 4000 cm^{-1}$　　　　　　　　B. $4000 \sim 400 cm^{-1}$

    C. $200 \sim 33\ cm^{-1}$　　　　　　　　　　D. $33 \sim 10 cm^{-1}$

5. 在有机化合物的红外光谱图中，出现在 $4000 \sim 1250 cm^{-1}$ 频率范围内的吸收峰可用于鉴定官能团，这一段频率范围是（　　　）。

    A. 指纹区　　　　　B. 特征区　　　　　C. 基频区　　　　　D. 合频区

6. 红外光谱中，伸缩振动频率最大的基团是（　　　）。

    A. C＝C　　　　　B. C＝O　　　　　C. O—H　　　　　D. C—H

7. 红外吸收光谱的产生是由于（　　　）。

    A. 分子外层电子振动 – 转动能级跃迁　　　B. 原子外层电子振动 – 转动能级跃迁

    C. 分子振动 – 转动能级跃迁　　　　　　　D. 分子外层价电子能级跃迁

8. 在红外光谱中，固体样品一般采用的制样方法是（　　　）。

    A. 直接研磨压片测定　　　　　　　　　　B. 配成水溶液测定

    C. 与KBr混合研磨压片测定　　　　　　　D. 配成有机溶液测定

9. FT – IR 的检测器是（　　　）。

    A. 真空热电偶　　　　B. DTGS　　　　　C. 光电管　　　　　D. 检流计

10. 红外光谱仪的样品池窗片由（　　　）制成。

    A. 玻璃　　　　　　B. 石英　　　　　　C. 溴化钾岩盐　　　　D. 花岗岩

二、判断题

1. 红外光谱是分子振动和转动光谱。　　　　　　　　　　　　　　　　　　　　（　　）

2. 红外光谱仪和紫外 – 可见分光光度计组成结构相似，但部件材料功能有差别。　（　　）

3. 红外非活性振动是指振动过程中偶极矩变化为零的振动。　　　　　　　　　　（　　）

4. 红外活性振动不产生红外吸收。　　　　　　　　　　　　　　　　　　　　　（　　）

5. 同类原子组成的化学键力常数越大，基本振动频率越小。　　　　　　　　　　（　　）

三、简答题

1. 傅里叶变换红外光谱仪的主要部件有哪些？各部件的作用是什么？

2. 红外光谱和紫外光谱有哪些不同？

3. 红外光谱解析的"四先四后"指什么？

4. 压片模具该如何清洁、保存？

四、光谱解析

化合物 C_7H_7Br 红外光谱图如图 4 – 16 所示，试推断其结构。

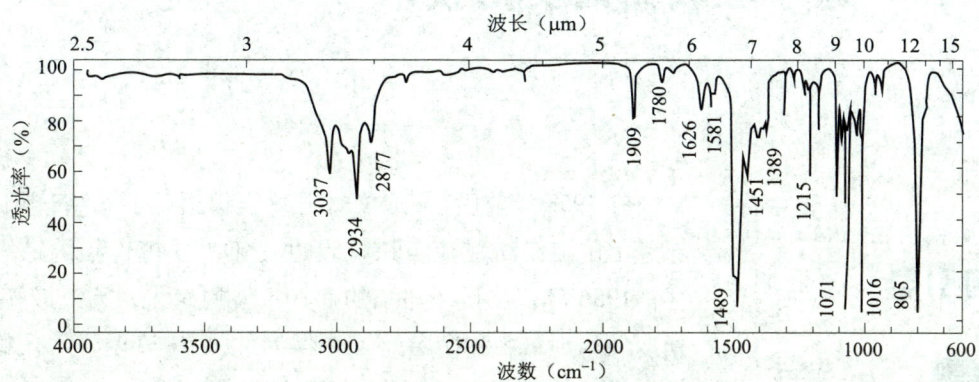

图 4 – 16 　C_7H_7Br 红外光谱图

书网融合……

知识回顾　　　　微课　　　　习题

（薛　琼）

第五章　原子吸收光谱实用技术

学习引导

在 1953 年前后，日本熊本县水俣镇出现了一件奇怪的事件——该镇上的猫纷纷跳海自杀，没过几年水俣镇连猫的踪影也找不见了。1956 年，出现了与猫的症状相似的病人，因为最初病因不明，所以便用地域名称命名为"水俣病"。后来查明，水俣镇一家氮肥公司排放的工业废水中含有汞，这些废水排入海湾后经过某些生物的转化，形成甲基汞。甲基汞在海底淤泥和鱼虾贝类中富集，又经过食物链使人中毒。水俣病是环境污染中有毒微量元素造成的最严重的公害病之一。

那么这些微量的汞该如何检测呢？如果含有其他的微量金属又该如何检测？

本章主要介绍原子吸收光谱法应用于金属元素的测定。

学习目标

1. **掌握**　原子吸收光谱基本原理；原子吸收光谱仪结构部件及工作原理。
2. **熟悉**　原子吸收测量条件的选择方法和定量方法。
3. **了解**　原子吸收光谱法在食品及药物质量控制中的应用。

第一节　原子吸收光谱基础知识

PPT

原子吸收现象早在 1802 年就被发现了，但 1955 年后才作为一种实用分析技术被运用。20 世纪 60 年代中期，随着商品化原子吸收分光光度计的出现，原子吸收光谱分析技术得到了迅速发展与广泛应用。

一、原子能级与原子吸收光谱

原子在正常状态时，核外电子按一定规律处于离核较近的原子轨道上，这时能量最低、最稳定，称为基态；当原子受外界能量（如热能、光能等）作用时，最外层价电子吸收一定的能量而被激发到一个能量更高的轨道上处于另一种状态，称为激发态。处于基态的气态原子接受一定频率的光的照射，吸收能量从基态跃迁到激发态，从而产生原子吸收光谱。原子吸收光谱一般位于电磁辐射的真空紫外、紫外区和可见光区。由于原子能级是量子化的，因此，原子对光的吸收是选择性吸收，所吸收光子的能量必须等于基态和激发态两能级之间的能量差。原子吸收和分子的紫外－可见光吸收在形式上并无差异，但两者吸收机制存在本质的区别。紫外－可见光吸收的本质是分子吸收，除了分子外层电子能级跃迁外，同时还有振动能级和转动能级的跃迁吸收，所以是一种宽带吸收，带宽通常在 $10^{-1} \sim 10^{-2}$ nm 甚至更宽，使用连续光源。原子吸收只是原子外层电子能级跃迁的吸收，是一种窄带吸收，又称谱线吸收。吸收宽度仅有 10^{-3} nm 数量级，只能使用窄谱带光源，也称锐线光源。在原子吸收跃迁过程中，从基态到第一激发态的跃迁是最容易发生的，这时所产生的吸收谱线称为元素的共振吸收线，简称共振线。因不同元素具有不同的原子结构和外层电子的排布，因而不同的元素具有不同的共振线，各具特征，也称为元素的特征谱线，也是最灵敏的谱线。例如，钾、钠、铅、锂、钙元素的特征谱线分别为 766.5、589.0、283.3、670.7、422.7nm。

基于元素原子特征谱线进行定性和定量分析的方法称为原子吸收光谱法（atomic absorption spectrometry，AAS）。在原子吸收光谱法中，分析时选用的谱线称为分析线或吸收线，一般都选用共振线。

实例分析 5-1

实例　无机微量金属元素在人体内参与生命活动过程和其他营养素（如蛋白质、碳水化合物、某些维生素）的合成与代谢，一定浓度水平的微量金属元素是维持生物体正常功能所必需的，缺乏或过量都会引起不良的生理后果。因此，微量金属元素的检测结果是辅助医疗诊断的重要资料。例如，血液或头发微量元素检查是医院临床诊断常规化验项目，主要测定锌、钙、镁、铁、铜等的含量。

问题　血液或头发中含有多种微量金属元素，如何分别测定其含量？是否可以选择配位滴定法来完成？

答案解析

二、原子吸光度与原子浓度的关系

基态原子蒸气对该元素的共振线的吸收遵循光吸收定律。1955 年，澳大利亚物理学家瓦尔什（Walsh）从理论上证明，在温度不太高的稳定条件下，在特征谱线处的吸收系数与单位体积原子蒸气中处于基态的原子数目成正比。在通常的温度（2000~3000K）下，原子蒸气中处于激发态的原子数很少，仅占基态原子数的 1%，甚至更少，可以忽略不计，蒸气中的原子总数可以近似认为是蒸气中处于基态的原子数，所以特征谱线处的吸收系数与单位体积蒸气中总的原子数成正比。又因为在一定条件下蒸气中原子的总浓度和被测样品中该元素的浓度也成正比，所以被测样品中待测元素的浓度与其在特征谱线处的吸光度成正比，即

$$A = Kc \qquad (5-1)$$

（5-1）式中，K 为比例常数；c 为待测元素的溶液浓度；A 为吸光度。这就是原子吸收光谱法中定量分析的基本关系式。

知识链接

原子光谱法

原子光谱法包括原子发射光谱法（atomic emission spectrometry，AES）、原子吸收光谱法（atomic absorption spectrometry，AAS）、原子荧光光谱法（atomic fluorescence spectrometry，AFS）和原子质谱法（atomic mass spectrometry，AMS）。AES、AAS、AFS 是利用原子在气体状态下发射或吸收特定辐射所产

生的光谱对元素进行定性、定量的分析方法。AMS 是用原子发射光谱法的激发光源作为离子源，然后用质谱法进行测定的方法。原子光谱法灵敏度高、检出限低、选择性好，可直接测定周期表中绝大多数金属，也可用于测定非金属元素。目前在药检部门应用最多的是 AAS；应用和发展前景最好的是 AMS。

第二节　原子吸收分光光度计

原子吸收分光光度计（atomic absorption spectrometer）通常由光源、原子化器、分光系统、检测系统、记录处理系统和背景校正系统等几大部分组成（图5-1）。

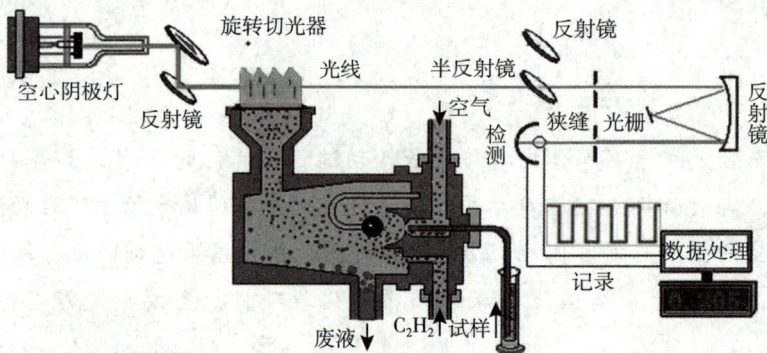

图 5-1　原子吸收分光光度计结构示意图

一、仪器的主要部件

1. 光源　功能是发射被测元素基态原子所吸收的特征谱线。对光源的要求是锐线光源、辐射强度大、稳定性好、背景干扰小。目前常用的光源有空心阴极灯和无极放电灯等。

（1）空心阴极灯　是一种特殊的辉光放电管，如图5-2所示。玻璃灯管内封有由能发射被测元素特征谱线材料制成的空腔形阴极和一个钨制阳极，并充有低压惰性气体（如氖、氩等），管前端有一石英玻璃窗。

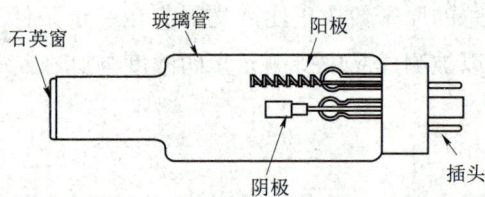

图 5-2　空心阴极灯结构示意图

空心阴极灯的发光机制：在阴、阳两极间加有 300～500V 电压的电场作用下，电子由阴极高速射向阳极，使充入的惰性气体电离，正离子以高速射向阴极内壁引起阴极溅射出原子，溅射出的原子与其他粒子相互碰撞而激发；激发态的原子不稳定，很快回到基态，发射出其共振谱线。空心阴极灯的发光强度与灯电流有关，灯电流越大，发光强度越大，但寿命会越短；灯电流过低，发光强度弱且稳定性差。

空心阴极灯的制造厂商一般都规定了最佳工作电流和最大电流，使用时不得超过最大电流，否则可能导致阴极材料大量溅射、寿命缩短或阴极熔化。在采用较高电流操作时，待测元素的标准曲线可能发生严重弯曲，并由于阴极灯的自吸效应而降低灵敏度。实际操作中，可首选仪器厂商推荐的电流强度，若不能满足分析要求，可采用不同的灯电流（原子化器等参数应保持一致）对同一溶液进行分析，确定吸收值大且信号稳定的最佳工作电流。

空心阴极灯有单元素空心阴极灯、多元素空心阴极灯和高强度空心阴极灯等多种类型。

（2）无极放电灯　结构简单，如图5－3所示。在一个数厘米长、直径5~12mm、抽成真空的石英玻璃管内，装入数毫克被测元素的卤化物，并充入压强为几百帕的惰性气体。再将石英玻璃管放入绕有高频线圈的陶瓷套筒，并装入一个绝缘外套，构成无极放电灯。在高频电场作用下激发出被测元素的特征谱线。灯内没有电极且低压放电，故称为无极放电灯。

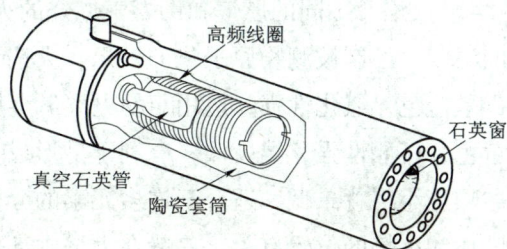

图5－3　无极放电灯结构示意图

已有商品化无极放电灯的元素有锑、砷、铋、镉、铅、锗、铊、锌和磷等。磷无极放电灯是目前用原子吸收光谱法测定磷的唯一实用光源。

原子分光光度计受发射光源的限制，测定不同的元素时需更换不同类型的元素灯，近年来随着连续光源技术特别是SIMAAC（simultaneous multielement atomic absorption spetrometer with a continuum source）的发展，上述缺点正逐渐被克服。

2. 原子化器（atomizer）　是将待测元素转化为基态原子的仪器部件。原子化器通常有火焰型、电热型、氢化物发生型和冷蒸气型四种。

（1）火焰型原子化器　通过化学火焰的燃烧提供能量，使被测元素原子化。目前普通使用的是由雾化器、预混合室、燃烧器、火焰等构成的预混合型火焰原子化器（图5－4）。

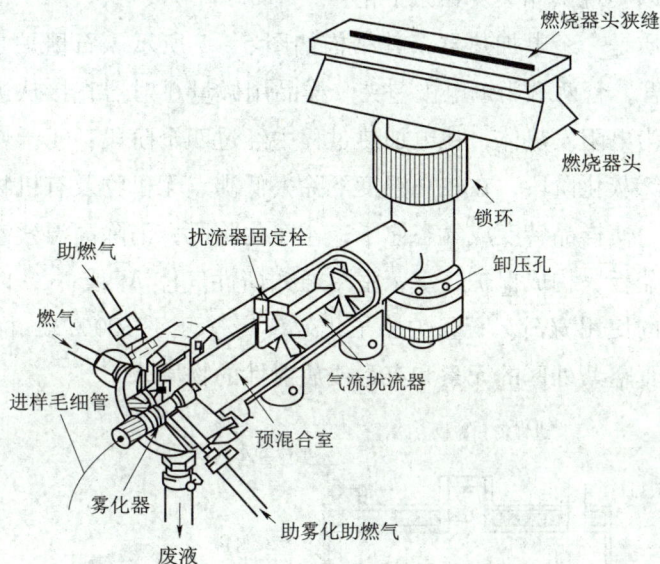

图5－4　预混合型火焰原子化器结构示意图

1）雾化器　作用是将样品溶液雾化。雾滴越小，火焰中生成的基态原子就越多。目前多采用如图5-4所示的同轴型气动喷雾雾化器，喷出直径为微米级的气溶胶。

2）预混合室　作用是使气溶胶更小、更均匀，并与燃气、助燃气混合均匀进入燃烧器。预混室内扰流器对较大液滴有阻挡作用，使其沿室壁流入废液管排出，还有使气体混合均匀、火焰稳定、噪声降低等作用。

3）燃烧器　作用是通过助燃气（如空气、氧化亚氮等）和燃气（如氢气、乙炔等）的燃烧而产生火焰，使进入火焰的样品气溶胶蒸发、脱溶剂、灰化和原子化。燃烧器是狭缝型，且能旋转一定角度、上下可调节，以便选择合适的火焰部位进行测量。

4）火焰　不同的燃气和助燃气燃烧的火焰温度不同，改变燃气和助燃气的种类及比例可以控制火焰的温度，控制被测物原子化的效果。火焰一般分为三种类型：①贫燃火焰，助燃气流量大、燃气流量小，呈蓝色，氧化性强，适用于易电离碱金属等元素分析；②富燃火焰，助燃气流量小、燃气流量大，呈黄色，还原性强，温度低，有利于易形成难电离氧化物元素的原子化；③化学计量火焰，温度高、稳定、噪声小、背景低，适合于许多元素的分析。助燃气和燃气流量比例与两者化学计量关系相近。火焰温度还和火焰的位置有关，一般在火焰中部偏下温度最高。混合气体供气速率和其燃烧速率相当时有助于火焰的稳定性。常用的几种火焰的燃烧特性和适用范围见表5-1。

表5-1　常用的几种火焰的燃烧特性和适用范围

燃气	助燃气	最高燃烧速率（cm/s）	最高火焰温度（K）	适用对象
乙炔	空气	158	2600	贵金属、碱及碱土金属等30多种
乙炔	氧化亚氮	160	3200	铝、硼、钛、钒、锆、稀土等70多种
氢气	空气	310	2300	砷、硒、锌等

火焰原子化器操作简单，火焰稳定，重现性好，精密度高，应用范围广；但原子化效率低，通常只能液体进样。

（2）电热型原子化器　又称无火焰原子化器，以石墨炉应用最广，它是利用电能加热，盛放试样的石墨容器使之达到高温以实现试样蒸发和原子化。

石墨炉原子化器的本质是一个电加热器，其结构如图5-5所示。石墨炉是外径6mm、内径4mm、长度为30mm左右的石墨管，管两端用铜电极包夹。样品用微量注射器直接从进样孔注入石墨管中，通过铜电极供电，石墨管作为电阻发热体，在电加热过程中经过四个阶段：①干燥阶段，用略高于溶剂沸点的温度蒸发除去溶剂；②灰化阶段，在较高温度下除去低沸点无机物及有机物，减少基体干扰；③原子化阶段，需要快速升温，使样品转变成气态原子；④净化阶段，消除高温残渣，此时温度最高。铜电极周围用水箱冷却。盖上盖板，构成保护气室，室内通入惰性气体Ar或N_2，以保护原子化的原子不再被氧化，同时延长石墨管的使用寿命。石墨炉原子化效率高（几乎100%），样品用量少且不受样品形态限制，可测定共振线在真空紫外区的元素和有毒或放射性的物质。

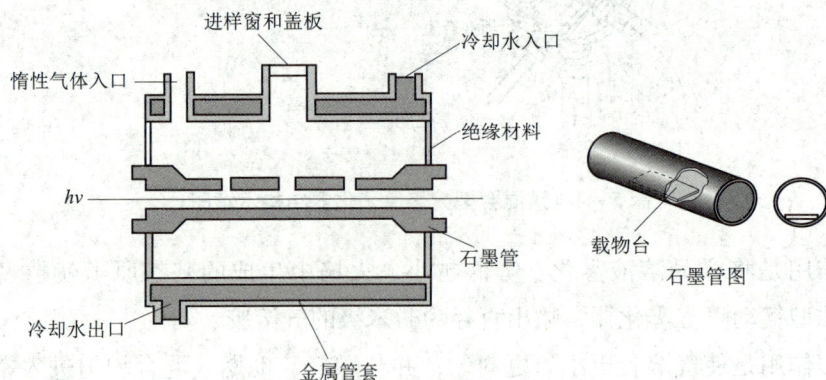

图5-5　管式石墨炉原子化器结构示意图

（3）氢化物发生型原子化器　是利用某些元素易形成低沸点氢化物的性质而设计的氢化物发生原子化器，可以减少或避免因高温导致的背景干扰与化学干扰。As、Sb、Bi、Ge、Sn、Pb、Se等元素在存在还原剂（除另有规定外，通常采用硼氢化钠）的酸性介质中，易生成低沸点的易受热分解的氢化物，再依次由载气导入由石英管与加热器组成的原子吸收池中，在石英管中氢化物因受热而分解，并形成基态原子。

（4）冷蒸气型原子化器　由冷蒸气发生器和石英吸收池组成，专门用于汞的测定。测定时，在汞蒸气发生器中，汞离子被还原成汞，然后将汞蒸气直接导入石英吸收池中。

不同的原子化器有各自的特点及适用范围。如火焰原子化器不适合测定高温难熔元素和吸收波长小于220nm锐线光的元素（如As、Se、Zn、Pb）；石墨炉原子化器的优点是体积小，可保证在光路上有大量"游离"原子（喷雾器/燃烧器的原子化效率是10%，而石墨炉则可达约90%），且所用试样少（通常为2~5μl）。由于其效率高，各元素的绝对灵敏度可达$10^{-9} \sim 10^{-12}$g，可分析70多种金属和类金属元素，缺点是仪器运行成本高，为提高灵敏度需加入适宜的基体改进剂，操作要求较高；氢化物发生原子化器可将被测元素从大量溶剂中分离出来，其检测限要比火焰法低1~3个数量级，选择性好，基体干扰少；冷蒸气发生原子化器专门用于汞的测定。

3. 分光系统　原子吸收分光光度计的分光系统和紫外-可见分光光度计的单色器组成一样，由色散元件（如光栅）、反射镜和狭缝等组成，封于防潮、防尘的金属暗箱内，其主要作用是将被测元素的共振线与邻近谱线分开。原子吸收的分析线和光源发射的谱线都比较简单，因此，对分光系统的分辨率要求不高。为了防止来自原子化器的所有辐射不加选择地都进入检测器，分光系统常配置在原子化器的后面。

4. 检测系统　检测器的作用是将分光系统输出的光信号转变为电信号。检测系统主要由检测器、放大器、对数变换器、指示仪表组成。检测器多为光电倍增管，工作波长范围在190~900nm。要求检测器的输出信号灵敏度高、噪声低、漂移小及稳定性好。

5. 记录处理系统　此系统将检测结果输出并对结果进行数据处理与显示，常配备计算机和相应数据处理软件。

6. 背景校正系统　背景干扰属于光谱干扰的范畴，是原子吸收测定中的常见干扰因素，形成背景干扰的主要原因是热发射、分子吸收与光散射，表现为吸光度增大，使测定结果偏高。有些干扰可以通过适当的样品前处理或优化原子化过程的条件得以消除或减少，但许多干扰仍难以避免，需要通过改进仪器设计予以克服。

背景校正系统是用于校正背景及其他原因引起的对测定吸收干扰的装置。目前已有氘灯校正法、塞曼效应校正法、自吸收校正法和非吸收线校正法等方法，也产生了相应方法的校正装置。这里只介绍氘灯校正方法和校正装置的结构。

氘灯背景校正法是用一连续光源（氘灯）与锐线光源（被测元素空心阴极灯）的谱线交替通过原子化器进入检测器。当氘灯发出的连续光谱通过原子化器时，因原子吸收而减弱的光强相对于总入射光强度来说可以忽略不计，检测只获得背景吸收（A_B），而锐线光源谱线通过原子化器时产生的吸收是背景吸收与被测元素产生的吸收之和（$A_总$），两者之差（$A_总 - A_B$），即校正背景后的被测元素的吸光度值。

氘灯背景校正装置结构如图5-6所示，在垂直于锐线光源（空心阴极灯）和原子化器之间增加了氘灯光源与切光器。由于氘灯的光谱区在180~370nm，所以仅适用于紫外光区的背景校正；可见光区的背景校正应采用卤钨灯作为校正光源。

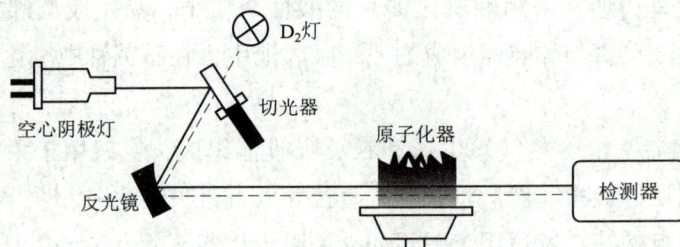

图 5-6　氘灯背景校正装置结构示意图

即学即练 5-1

原子吸收分光光度计由光源、（　　　）、单色器、检测器等主要部件组成。

A. 原子化器　　　B. 光电管　　　C. 辐射管　　　D. 电感耦合等离子体

二、仪器的类型与工作原理 📱微课

目前，商品化的原子吸收分光光度计类型较多。按光束可分为单光束和双光束两种；按波道数可分为单波道数和多波道数两种。单波道数的仪器一次只能分析测试一种元素；多波道数仪器可一次同时测定多种元素。目前应用比较广泛的是单波道单光束型和单波道双光束型。

1. 单波道单光束型　其光路和测定时的分析线都只有一条，组成结构如图 5-7 所示。工作原理是由被测元素空心阴极灯发射的谱线经过原子化的蒸气吸收后，到达分光系统（单色器）色散出分析谱线，再经检测器检测和记录处理。这类仪器结构简单，但会因光源不稳定而引起基线漂移。测量过程中要校正基线。

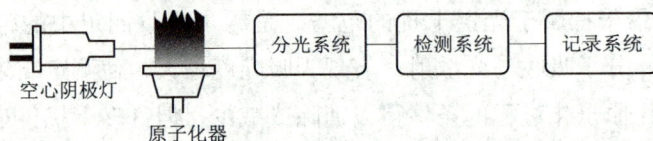

图 5-7　单波道单光束型原子吸收分光光度计结构示意图

2. 单波道双光束型　有两条光束（两条光路），但测定时分析线只有一条，组成结构如图 5-8 所示。工作原理是光源发出的光波被切光器分成两束光，一束测量光通过原子化器，一束参比光不经过原子化器。两束光交替地进入同一分光系统，然后进行检测，检测器输出的信号是两光束的信号差。由于

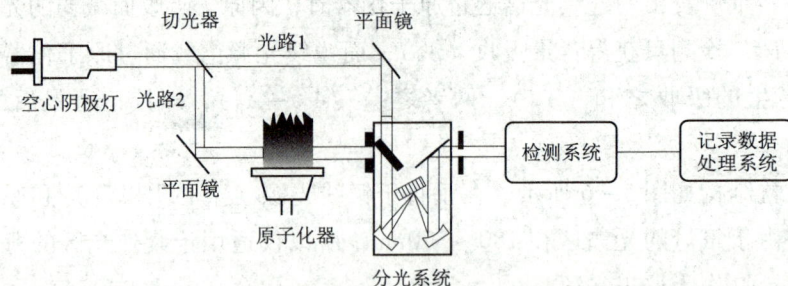

图 5-8　单波道双光束型原子吸收分光光度计结构示意图

两束光来自同一光源，可以通过参比光束的作用，克服光源不稳定造成基线漂移的影响，测定精密度和准确度都优于单波道单光束型，但结构复杂，价格较贵。

三、仪器的维护保养

1. 燃烧头清洁 如果燃烧器头的细缝被碳化物或盐等堵塞，开始堵塞不严重时，火焰变得不规则；进一步堵塞火焰将分叉，呈锯齿形。在火焰出现上述状态前，应该立即熄灭火焰，冷却后用塑料片或硬卡片擦去细缝内壁的锈斑和沉积物。清洗后再次点火，出现闪烁的橙色火焰，此时，喷雾纯水，直到不再闪烁为止。如果依然有此现象，从雾化室内取下燃烧器头，用纯水清洗内部；必要时使用稀酸或合适的洗涤剂浸泡过夜，然后用毛刷刷洗内壁，最后用纯化水冲洗干净。清洁时不可使用金属刷子，否则，会刷坏燃烧器头。

2. 雾化器清洁 如果测定中数据漂移或吸收灵敏度减小，有可能是雾化器毛细管堵塞而引起的。雾化器清洗的步骤如下：①当火焰完全熄灭后，插入清洁丝到毛细管中清洁内壁；②拔出清洁丝后，喷雾蒸馏水；③使用标准样品溶液或类似的样品检查吸收的灵敏度和稳定性；④如果通过上述3个步骤仍然没有改善，说明污物可能附着在雾化器尖端的毛细管和塑料管套之间。此时，进行下列步骤的操作：①在火焰完全熄灭后，拧松雾化器的锁定螺丝，向上拉出雾化器固定板，除去插入雾化器的喷雾接头，然后从雾化室取下雾化器，将雾化器尖端浸入盐酸（1：1）中（此时要确保雾化器只有管套部分而没有金属部分浸入盐酸中），然后，浸到相同高度的蒸馏水中，完全除去盐酸；②安装雾化器，然后喷雾纯水，使用标准样品溶液检查吸收灵敏度和稳定性。清洁过程中不要移动撞击球和使用超声波清洁装置清洁雾化器，否则毛细管和主体之间的连接可能会损坏。

3. 石墨炉清洗 石墨炉和主机样品室两边的石英窗沾污时，会出现挡光的情况，可用药用棉签蘸上中性洗涤剂清洗，然后用去离子水冲洗干净。石墨炉不加热，并显示电阻太大，如果石墨管损坏，则需要更换石墨管。否则用乙醇清洗石墨锥内部，除去碳化物的沉积使石墨锥与石墨管更好地接触。另外，至少每周清洗一次石墨炉炉头。

4. 气路气密性检查 检查气体配管、气体软管（标准装备）和仪器的气体控制部分是否漏气，最好每月定期检查一次。检查从气体钢瓶和压缩机到气体软管（标准配备）所有的配管的连接是否合适。关闭电源开关，打开气体钢瓶和压缩机的主阀，等待约5秒，然后关闭主阀，约30分钟后，检查安装在主阀和仪器之间配管上的压力表，燃气的压力降不能大于0.01 MPa，助燃气的压力降不能大于0.02MPa。如果其中之一的压力降超过上述数值，即可认为有漏气现象。如果气体泄漏，用肥皂水或漏气检测溶液检查气体配管和气体软管的各连接处，找出漏气的部位。如果漏气发生在连接部位，重新连接这些部位；如果漏气发生在气体软管上，应该立即更换气体软管。

5. 点火器清洁 如果仪器使用过度，点火器电极上积灰或堵塞，会造成点火困难或火焰在仪器内燃烧，造成火灾。每个月应清洁一次。

6. 氘灯更换 背景校正氘灯平均使用寿命是500小时，光强度不足，应及时更换。在更换灯之前，关闭电源并等待灯已经充分冷却，拿新灯要戴手套，不能把指印留在灯上，否则留下的污斑会影响光的透射。一旦污染，可用乙醇等檫去。当取下或装上氘灯室盖时，注意不要损坏氘灯的凸端，否则会引起氘灯真空管损坏。

PPT

第三节 实用分析技术

运用原子吸收光谱法测量的元素含量通常都很低，特别是生物样品中微量元素，如取样或样品预处理不当，测量时条件选择不当，往往会引起很大误差，造成测量结果不准确或错误。因此，对样品预处理、测量条件和定量方法都有具体的要求。

一、样品预处理

1. 试剂与贮备液要求 取样要有代表性，要防止污染，主要污染源是水、容器、试剂和大气，要避免被测元素的损失和错加。取样量应根据被测元素的性质、含量、分析方法及要求的分析精度决定。标准样品的组成应尽可能与被测样品接近。对用来配制被测元素标准溶液用量较大的试剂，例如溶解样品的酸碱、光谱缓冲剂、电离抑制剂、萃取溶剂、配制标准的基体等，必须是高纯度的（如优级纯），且不能含有被测元素。对于被测元素，因被测元素在标准溶液中含量较少，用量也小，分析纯的被测元素试剂就能满足实际测试工作要求。作为标准溶液的贮备液，浓度应较大，以免反复多次配制。浓度大于 $1000\mu g/ml$ 的标准溶液一般可以作为贮备液贮存在耐腐蚀的塑料容器中，浓度低于 $10\mu g/ml$ 的工作溶液应注意稀释溶剂及试剂对其污染的影响，浓度低于 $1\mu g/ml$ 的标准溶液应在使用当天配制，不宜贮存。无机贮备液宜放在聚乙烯容器中，并维持一定酸度；有机贮备液在贮存过程中应避免与塑料、胶木瓶塞等直接接触。当样品溶液中总含盐分量大于 0.1% 时，在标准溶液中也应加入等量的同一盐分。

2. 样品要求 对于未知样品，在测定时必须做预处理。无机固体样品要用合适的溶剂和方法溶解，尽可能完全地将被测元素转入溶液中，并控制溶液中总盐量在合适的范围内；无机溶液样品浓度过高，可用蒸馏水稀释到合适的浓度。有机固体样品要先用干法（如氧瓶燃烧法、炽灼）或湿法消化有机物，再将消化后的残留物溶解在合适的溶剂中；有机溶液样品可用甲基异丁酮或石油醚稀释至接近水的黏度。被测元素是易挥发性元素（如 Hg、As、Pd 等），则不宜用干法灰化。如果采用石墨炉原子化器，则可直接分析固体样品，采用程序升温，分别控制样品干燥、灰化和原子化过程，使易挥发或易热解的基体在原子化之前除去。

📖 知识链接

原子吸收光谱法中的常见污染源

原子吸收光谱法灵敏度很高，极易受实验室各种用品的污染，常见的污染源如下。

1. **水** 应用去离子水或用石英蒸馏器蒸馏的超纯水。钠、钾、镁、硅、铁等元素最易污染实验室用水。贮藏水的容器一般用聚乙烯塑料等材料制成。玻璃瓶久贮会将瓶中微量污染元素溶解在水中。

2. **试剂** 制备样品用的酸类、溶剂及有机萃取剂等亦为主要污染来源之一，应采用高纯试剂。

3. **实验室容量器皿** 烧杯、量瓶、移液管等尽可能使用耐腐蚀塑料器皿，而不用玻璃器皿。因为玻璃器皿易吸附或吸收其他金属离子，在使用过程中缓缓释出。自动进样器应尽量不用能直接接触样品的金属附件及金属针头。样品前处理应避免受到所用通风橱中积尘、锈蚀物或粉尘、气流等的影响。大气中尘埃的污染对石墨炉的高灵敏度检测有很大的影响。样品处理过程及处理完后分析时应尽可能防止外界尘埃落入，产生干扰。

二、测量条件选择

1. 分析线　每种元素都有若干条吸收谱线，选用哪条谱线作为分析线，应根据样品的组成、性质和分析检出限来确定。一般选择元素的共振线作为分析线，这样可获得较高的灵敏度。最适宜的分析线由实验决定：首先扫描空心阴极灯的发射光谱，了解可用的谱线，然后喷入试液，观察这些谱线的吸收情况，应选择不受干扰而且吸光度适宜的谱线作为分析线。最强的吸收线最适宜痕量元素的测定。

2. 空心阴极灯电流　空心阴极灯的发射光谱特性取决于工作电流。灯电流过小，则光谱输出不稳定且强度小；灯电流过大，发射谱线变宽，会使灵敏度下降，灯寿命缩短。一般以保证有足够强度且稳定的光谱输出的前提条件下，尽量使用较低的工作电流为原则，通常用额定电流的 40% ~ 60% 为宜。最佳的灯电流要通过实验来选择。

3. 狭缝宽度　分光系统（单色器）中狭缝宽度影响光谱通过的带宽和检测器接受的光强度。由于原子吸收光谱的谱线重叠概率较小，测量时可以使用较宽的狭缝，增强光强，减小检测器噪声，提高信噪比，改善检测限。合适的狭缝宽度也可由实验来确定：将试液喷入火焰中，调节狭缝宽度，测定不同宽度时的吸光度，达到一定宽度后，吸光度趋于稳定，进一步增宽，吸光度减小，不引起吸光度减小的最大狭缝宽度就是最合适的狭缝宽度。

4. 原子化条件

（1）火焰原子化条件　在火焰原子化法中，火焰类型与燃气混合物流量是影响原子化效率的主要因素。对于分析线在 200nm 以下的元素如硒、磷等，不宜使用乙炔火焰，宜用氢火焰，避免乙炔气的紫外吸收。对于易电离的碱金属和碱土金属元素，不宜采用高温火焰；反之，对于易形成难电离氧化物的硼、铝、锆、稀土等元素，则应采用高温火焰。火焰的氧化还原能力明显影响原子化效率和基态原子在火焰中的空间分布，因此调节燃气和助燃气的流量以及燃烧器高度，使来自光源的光通过基态原子浓度最大的火焰区，从而获得最高的灵敏度。

（2）石墨炉原子化条件　在石墨炉原子化法中，要选择合适的干燥、灰化、原子化和净化温度。干燥是一个低温除去溶剂的过程，其温度应稍低于溶剂沸点。热解、灰化是为了破坏和蒸发除去样品基体，在保证被测元素没有明显损失的情况下，将被测样品加热至尽可能高的温度。原子化温度应选择达到最大吸收信号时的最低温度。净化是消除高温残渣，温度应尽可能的高。各阶段加热的时间和温度，依样品的不同而不同，可通过实验来确定。采用程序升温的方式来完成整个原子化过程。常用的保护气是氩气，气体流速在 1 ~ 5L/min 范围内。

5. 进样量

（1）火焰原子化法进样量　喷雾进样量过小，吸收信号弱，不便测量；喷雾进样量过大，残留物记忆效应大。在保持燃气和助燃气配比、总气体流量一定的条件下，测定的吸光度会随喷雾进样量的变化而变化，最大吸光度时的喷雾量就是合适的进样量。

（2）石墨炉原子化法进样量　在石墨炉原子化器中，进样量多少取决于石墨管内容积的大小，一般固体进样量为 0.1 ~ 10mg，液体进样量为 1 ~ 50µl。

三、原子吸收干扰与消除

原子吸收光谱的谱线虽然很少，但在原子化过程中影响原子吸光度的因素依然存在，干扰主要来自光谱干扰、电离干扰、化学干扰、基体干扰和背景干扰。

1. 光谱干扰 是指原子光谱对分析线的干扰，常见以下两种。

（1）分析线谱带过宽 在所选的分析线谱带内，除了被测元素所吸收的谱线外，还有其他的一些不被待测元素吸收的谱线，它们同时到达检测器，造成吸光度偏低，测定结果偏低。

（2）吸收线重叠 其他共存元素的吸收线与被测元素吸收线相距很近，甚至重叠，以致同时对光源发射的谱线产生吸收，造成吸光度增大，测定结果偏高。

消除光谱干扰的方法是减小分析线谱带宽度和另选被测元素的其他吸收线，或用化学方法分离干扰元素。

2. 电离干扰 是由于被测元素在原子化过程中发生电离，使参与吸收的基态原子数量减少而造成吸光度下降。消除电离干扰最有效的方法是在标准和分析样品溶液中都加入过量的易电离元素。由于易电离元素的电离能比被测元素的电离能更低，在相同的条件下更易电离，故而可提供大量的自由电子，抑制被测元素原子的电离。例如，用原子吸收法测定 K 元素时加入 4mmol/L 的 Cs 溶液抑制 K 的电离。

3. 化学干扰 是指在溶液或原子化过程中被测元素和其他组分之间发生化学反应而影响被测元素化合物的离解和原子化。被测元素在原子化过程中形成稳定的氧化物、碳化物或氮化物，原子化效率变低，造成测定灵敏度降低。

消除化学干扰常用的有效方法是加入释放剂、保护剂和缓冲剂。释放剂能与干扰组分形成更稳定或更难挥发的化合物，从而使被测元素从与干扰组分形成的化合物中释放出来。例如，加入镧或锶可与磷酸根结合而将钙释放出来。保护剂能与被测元素形成稳定的化合物，阻止其与干扰组分结合，且在原子化过程中易分解和原子化。例如，加入乙二胺四乙酸（EDTA）与被测元素钙、镁形成络合物，抑制磷酸根的干扰。当然，也可采用提高原子化温度、化学分离及标准加入法等方法消除或减小化学干扰，具体方法应视具体的分析情况而定。

4. 基体干扰 也称物理干扰，是指样品在转移、蒸发和原子化过程中物理特性发生变化而引起的吸光度下降的现象。例如，溶剂蒸发的速度、取样管的长度、取样量的多少、基态原子在吸收区停留时间的长短等。基体的干扰是非选择性干扰，对样品中各元素的影响基本相似。配制与被测样品相似组成的标准样品是消除基体干扰最常用的方法；此外，标准加入法或加入基体改良剂也是行之有效的方法。

5. 背景干扰 是一种非原子性吸收干扰，主要有以下两种。

（1）分子吸收 在原子化过程中，如 $NaCl$、KCl、H_2SO_4、$NaNO_3$ 等盐或酸的分子对分析线吸收。在波长小于 250nm 时，硫酸和磷酸等分子有很强的吸收，而硝酸和盐酸的吸收则较小，因此，原子吸收光谱法中常用硝酸或盐酸或两者混合液预处理被测样品。

（2）光散射和折射 在原子化过程中产生的固体颗粒与光子发生碰撞从而导致光的散射和折射，造成假吸收现象。波长越短，基体浓度越大，影响越大。

四、定量测定技术

1. 标准曲线法 这是最常用的分析方法。在仪器推荐的浓度线性范围内，制备含待测元素不同浓度的对照品溶液至少 5 份和空白溶液，分别加入制备样品溶液所用的相应试剂，在与样品测定完全相同的条件下，先将空白溶液和对照品溶液按照浓度由低到高的顺序测定吸光度；每个溶液至少测定三次，取其吸光度的平均值，用线性回归法建立 $A - c$ 线性方程或绘制标准曲线，标准曲线的相关系数一般应不低于 0.99。在与对照品溶液配制方法相同的情况下，配制待测样品溶液且待测元素浓度在标准曲线浓度范围内，测定样品三次吸光度，计算其平均值，代入 $A-c$ 线性方程求得浓度，或从标准曲线上找出其对应的浓度。

样品溶液测定完后，应使用与样品溶液浓度接近的对照品溶液进行回校。标准曲线一般采用线性回归，应取符合线性范围的浓度（也可采用非线性拟合方法回归）。样品的测定读数宜在曲线范围中间或稍高处。

2. 标准加入法　当待测样品的基体干扰较大、配制与待测样品组成一致的标准溶液有困难时，可采用标准加入法。具体做法：分取至少四份相同体积的待测样品溶液，一份不加入待测元素标准溶液，其余分别加入不同体积待测元素的标准溶液，全部稀释至相同的体积，使加入的标准溶液浓度为 0、c_s、$2c_s$、$3c_s$、…，然后分别测定它们的吸光度值。以加入的标准溶液浓度为横坐标，对应吸光度值为纵坐标绘制标准曲线，再将该曲线外推至与浓度轴相交。交点至坐标原点的距离 c_x 就是待测元素经稀释后的浓度。这个方法称为作图外推法，如图 5-9 所示。

标准加入法仅适用于上述标准曲线法的工作曲线呈线性并通过原点的情况。标准加入法应该进行试剂空白的扣除，而且必须用试剂空白的标准加入法进行扣除，而不能用校准曲线法的试剂空白值来扣除。标准加入法的特点是可以消除基体效应的干扰，但不能消除背景干扰。因此，使用标准加入法时，要考虑消除背景干扰的问题。

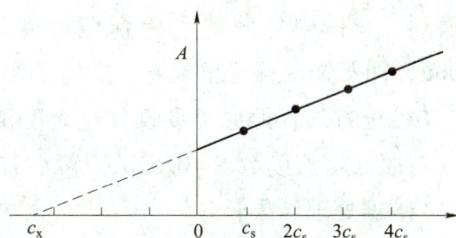

图 5-9　标准加入法图解

3. 内标法　在标准溶液和待测样品溶液中分别加入第二元素作为内标元素。测定待测元素和内标元素的吸光度比值，并以吸光度之比对待测元素的含量或浓度绘制工作曲线。内标元素要求与待测元素在基体或原子化器中表现的物理、化学性质相同或相似，且试样中不应含有这种内标元素。该方法只适用于双通道原子吸收分光光度计。

五、应用示例

原子吸收光谱法主要用于金属元素的测定，在地质、冶金、机械、化工、环境保护、农业、生物医药等领域都有广泛的应用，是有发展前景的现代分析技术之一。其在医药领域主要应用于生物体内微量金属元素的测定、药品中重金属限度检查和金属元素制剂中金属元素的含量测定。例如，头发中钙、铅、汞和血液中锌、镁等元素的含量测定；西洋参、丹参、白芍等药材中汞、铅、镉、铜、砷的限度检查；复方乳酸钠葡萄糖注射液中氯化钠、氯化钾的含量测定；维生素 C 中铜、铁的限度检查和葡萄糖酸锌中镉的限度检查；枸橼酸锌片、葡萄糖酸锌片溶出度和碳酸锂缓释片的释放度检查等。

知识链接

原子吸收分光光度法的应用

中草药在我国的使用已经有几千年的历史。近年来，随着中药国际化的步伐加快，国内外中医药市场相继发生了多起中药材重金属含量超标事件，引起了人们广泛的关注。为了保证中药的安全性及有效性，《中国药典》不断规范中药中重金属检测方法，进一步加强和明确了中药材及饮片的检测标准和限量要求。《中国药典》（2020 年版）公布重金属及有害元素检测的品种有人参、三七、山茱萸、山楂、丹参、冬虫夏草、水蛭、甘草、白芍、白芷、当归、西洋参、牡蛎、阿胶、昆布、金银花、珍珠、栀子、枸杞子、桃仁、海螵蛸、海藻、黄芪、黄精、葛根、蛤壳、蜂胶、酸枣仁。《中国药典》已将原子吸收分光光度法收载为重金属检测的经典方法。另外，电感耦合等离子体质谱法（ICP-MS）因其具有快速进行多元素同时测定、质谱干扰少、检出限低以及可测定同位素比值等优势，正迅速成为多种类型样品中元素分析的首选技术。

1. 限度检查示例

示例 5-1 碱式碳酸铋中铅盐限度的检查

【基本原理】原子吸收分光光度法用于碱式碳酸铋中铅盐限度检查时，取等量的碱式碳酸铋药品两份，一份制备成样品溶液，另一份加入限度量的铅标准溶液，制备成对照品溶液。按标准曲线的操作方法，分别测定样品溶液的读数 b 和对照品溶液的读数 a。a 值代表杂质限量和碱式碳酸铋含量之和，b 值代表碱式碳酸铋含量，$(a-b)$ 代表杂质铅盐限量，$b<(a-b)$ 即小于杂质铅盐限量，符合规定，药品合格。分析线选用283.3nm。

【样品溶液和对照品溶液制备】取碱式碳酸铋3.0g两份，分别置于50ml容量瓶中，各加硝酸10ml溶解后，一份中加蒸馏水稀释至刻度，摇匀，作为样品溶液；另一份加入标准铅溶液（10μg/ml）6.0ml，加蒸馏水稀释至刻度，摇匀，作为对照品溶液。

【检查方法】照原子吸收分光光度法中标准曲线操作方法操作，在283.3nm波长处分别测定吸光度。对照品溶液读数 $a=0.518$，样品溶液的读数 $b=0.223$。

【数据处理结果】

因为 $a-b=0.518-0.223=0.295$，$b=0.223<0.295$

所以符合规定，碱式碳酸铋铅盐限度合格。

2. 含量测定示例

示例 5-2 口服补液盐散 II 总钠含量的测定

【基本原理】口服补液盐散 II 中有氯化钠、氯化钾、葡萄糖、枸橼酸钠四种电解质，是一种电解质补充药。加入氯化锶释放剂，有利于枸橼酸钠中钠的释放和测量。选择钠的共振线589.0nm作为分析线，依据标准曲线法测定钠元素的量。

【钠标准溶液制备】精密称取经105℃干燥至恒重的氯化钠对照品0.1002g，置于200ml容量瓶中，用蒸馏水溶解并稀释至刻度，摇匀；精密量取3ml置于100ml容量瓶中，用蒸馏水稀释至刻度，摇匀。再精密量取6、7、8、9、10ml，分别置于5个100ml容量瓶中，各加入2%氯化锶溶液5.0ml，用蒸馏水稀释至刻度，摇匀，即得。

【样品溶液制备】精密称取口服补液盐散 II 3.712g，置于100ml容量瓶中，用蒸馏水溶解并稀释至刻度，摇匀；精密量取2ml，置于100ml容量瓶中，用蒸馏水稀释至刻度，摇匀。再精密量取2ml，置于250ml容量瓶中，加入2%氯化锶溶液12.5ml，用蒸馏水稀释至刻度，摇匀，即得。

【测定方法】照原子吸收分光光度法中标准曲线操作方法操作，在589.0nm波长处分别测定标准溶液和样品溶液吸光度。

【数据处理结果】

（1）实测数据 见表5-2。

表5-2 样品测定数据

项目	对照品溶液					样品溶液
c_{Na}（μg/ml）	0.3546	0.4137	0.4728	0.5319	0.5910	
A	0.462	0.542	0.615	0.686	0.772	0.528

（2）绘制标准曲线　用坐标纸作标准曲线，如图 5-10 所示，从曲线上找到 0.528 对应的样品溶液中 $c_{Na} \approx 0.407 \mu g/ml$；或者线性回归得方程 $A = 1.2927 c_{Na} + 0.0042$，将样品溶液的吸光度 0.528 代入方程得 $c_{Na} = 0.405 \mu g/ml$。

（3）结果　口服补液盐散Ⅱ总钠含量计算如下。

$$Na（\%） = \frac{0.405 \mu g/ml \times 250ml \times 100ml \times 100ml}{2ml \times 2ml \times 10^6 \mu g/g \times 3.712g} \times 100\% = 6.8\%$$

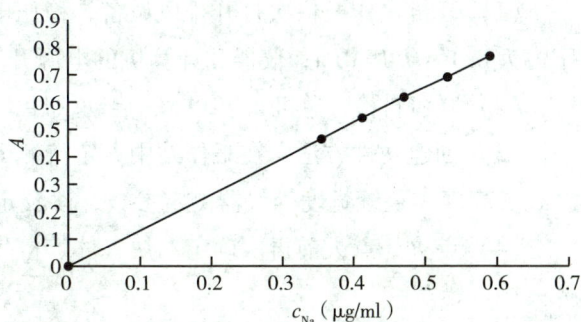

图 5-10　钠的标准曲线

实践实训

实训七　复方乳酸钠葡萄糖注射液中氯化钾的含量测定

PPT

【实训目的】

1. **掌握**　原子吸收光谱法中标准曲线法测定药物中金属含量的原理与方法。

2. **熟悉**　火焰原子吸收分光光度计的规范操作。

3. **了解**　火焰原子吸收分光光度计的维护常识。

【基本原理】

复方乳酸钠葡萄糖注射液为电解质、热能补充液。每 1000ml 中含有乳酸钠 3.10g、氯化钠 6.00g、氯化钾 0.30g、氯化钙（$CaCl_2 \cdot 2H_2O$）0.20g、无水葡萄糖 50.0g 和注射用水适量。因该药含钾量极低，采用原子吸收光谱法的标准曲线法能准确测定含钾量。分析线是 767nm。

【实训器材】

1. **仪器**　岛津 AA-6800 型原子吸收分光光度计（其他光谱仪也可）、钾元素空心阴极灯、电子天平、烘箱、容量瓶、移液管。

2. **试剂**　乙炔气、压缩空气、去离子水、氯化钾、乳酸钠、氯化钙（$CaCl_2 \cdot 2H_2O$）、无水葡萄糖、均为 AR 级。

【实训内容与操作规程】

1. 钾标准溶液与样品溶液制备

（1）对照品溶液　取经 105℃ 干燥 2 小时的氯化钾适量，精密称定，加水溶解并定量稀释制成每 1ml 中约含 15μg 的溶液，作为对照品溶液。

（2）样品溶液　精密量取本品 10ml，置 100ml 量瓶中，用水稀释至刻度，摇匀，精密量取 10ml，置 100ml 量瓶中，用水稀释至刻度，摇匀，作为样品溶液。样品配制三份。

（3）钾标准溶液　精密量取对照品溶液 15、17.5、20、22.5 与 25ml，分别置 100ml 量瓶中，各精密加混合溶液［取乳酸钠 0.31g、氯化钠 0.60g、氯化钙（$CaCl_2 \cdot 2H_2O$）0.02g 及无水葡萄糖 5.00g，置 100ml 量瓶中，加水溶解并稀释至刻度］1.0ml，用水稀释至刻度，摇匀，即得。

2. 原子吸收分光光度计操作规程　以岛津 AA-6800 型原子吸收分光光度计为例说明操作规程，其他型号参考相应说明书，具体规程如下。

（1）开机操作　依次打开排风设备、稳压电源、空压机，调节压力为 0.35~0.40MPa；乙炔气瓶的压力为 0.1~0.15MPa；仪器和计算机的电源开关。

（2）联机自检　单机"WizAA"启动软件，设定"待测元素"，点击"连接"，仪器开始执行初始化。

（3）创建文件方法　在工作站中设定待测元素空心阴极灯的灯电流、燃气和助燃气的类型及流量、燃烧头高度、狭缝宽度等仪器测定参数，以及定量方式、标准溶液的浓度和单位等定量参数。

（4）点火　点火前再次确定乙炔气体、空气、排风机已打开，同时按住 AA 主机上的黑白按钮，等待火焰点燃。

（5）测量　把进样管放入去离子水，单击"自动调零"，仪器开始校零。待基线归零并稳定后，将空白溶液引入进样管，单击"空白"，将标准溶液按浓度由低到高的顺序依次引入进样管中。待吸光度读数稳定后，单击"开始"进行测试，仪器会自动绘制标准曲线，并给出相应的标准方程和相关系数。

（6）关机　样品测试完毕后，将进样管放入去离子水，清洗进样管路及燃烧头约 10 分钟；然后单击"仪器"菜单下的"余气燃烧"，将管路中的剩余气体燃尽。依次关闭乙炔气体、空压机、排风机、仪器工作站、仪器电源。

3. 测定　按"2. 原子吸收分光光度计操作规程"或仪器使用说明书中操作步骤，在 767nm 波长处，分别测定氯化钾标准溶液和样品溶液的吸光度，平行测三次并记录。

【实训记录与数据处理】

1. 计算公式　以标准溶液的浓度为横坐标，三次实测吸光度平均值为纵坐标绘制标准曲线（过原点）或线性回归得线性方程。根据样品溶液的吸光度从标准曲线上查出或用线性方程计算相应的浓度，计算公式为

$$KCl(\%) = \frac{c_{KCl}(\mu g/ml) \times 100 \times 1000(ml)}{10^6 \mu g/g \times 0.30(g)} \times 100\%$$

2. 数据及结果　结果记录于表 5-3、5-4。

表 5-3　标准曲线数据及结果

项目		标准系列编号				
		1	2	3	4	5
A	1					
	2					
	3					
$\bar{A}$						
c_{KCl}（μg/ml）						
标准曲线	回归方程					
	相关系数					

表 5-4　样品测定数据及结果

项目		样品编号		
		1	2	3
A	1			
	2			
	3			
$\bar{A}$				

续表

项目	样品编号		
	1	2	3
c_{KCl}（μg/ml）			
KCl%			
KCl%平均值			
相对平均偏差（%）			
《中国药典》规定值	95.0% ~ 110.0%		
结论			

【注意事项】

（1）使用前元素灯应预热一段时间，一般在 20 ~ 30 分钟以上，待发光强度稳定后再使用。

（2）雾化器和燃烧头的清洁度影响试液雾化效果，测定时要求试液澄清，需随时用去离子水清洗雾化器。火焰分析结束时，必须吸喷去离子水至少 2 分钟以清洗雾化器系统。

（3）应使用石英蒸馏水器或超纯水器制备的水。钠、钾、镁、硅、铁等元素最易污染实验用水。一般用聚乙烯等材料制成的容器贮存水。玻璃瓶长期贮水会将瓶中的微量元素溶解在水中，造成污染。

（4）仪器应安装在干燥、清洁环境内，不用时罩好防尘罩。

（5）计算结果按有效数字和数值的修约及其运算标准操作规范修约，使其与标准中规定限度的有效数位一致。若数值符合各品种项下规定，则判定为符合规定；若不符合各品种项下规定，则判定为不符合规定。

【思考题】

测试同一份溶液，开始测量时结果不够稳定，*RSD* 值较大，仪器运行一段时间后，*RSD* 值会小很多，这是什么原因造成的？

实训八　原子吸收分光光度法测定茶叶中铅的含量

【实训目的】

1. 掌握　火焰原子吸收分光光度计的规范操作。

2. 熟悉　样品的预处理、标准曲线的绘制、数据的处理。

3. 了解　火焰原子吸收分光光度计的维护常识。

【基本原理】

试样消解后，铅离子在一定 pH 条件下与二乙基二硫代氨基甲酸钠（DDTC）形成络合物，经 4 - 甲 - 2 - 戊酮（MIBK）萃取分离，导入原子吸收分光光度计中，经火焰原子化，在 283.3nm 处测定吸光度。在一定浓度范围内，铅的吸光度值与铅含量成正比，与标准系列比较定量。

【实训器材】

1. 仪器　TAS - 990 型原子吸收分光光度计、铅空心阴极灯、电子天平、锥形瓶、分液漏斗、容量瓶、吸量管、带塞刻度管。

2. 试剂　铅标准储备溶液（1000mg/L）、硝酸溶液（5∶95）、硝酸溶液（1∶9）、高氯酸、盐酸溶液（1∶11）、硫酸铵溶液（300g/L）、枸橼酸铵（250g/L）、溴百里酚蓝水溶液（1g/L）、二乙基二硫代氨基甲酸钠（DDTC）溶液（50g/L）、氨水溶液（1∶1）、4 - 甲基 - 2 - 戊酮（MIBK）、水（超纯水）。

【实训内容与操作规程】

1. 仪器工作条件 燃烧头高度 6mm，狭缝 0.5nm，空气流速 8L/min，乙炔流速 1.2L/min；空心阴极灯工作参数：波长 283.3mm，灯电流 10mA。

2. 溶液制备

（1）铅标准使用液（10.0mg/L） 准确吸取铅标准储备液（1000mg/L）1.00ml 于 100ml 容量瓶中，加硝酸溶液（5：95）至刻度，混匀。

（2）样品溶液 称取固体试样 0.2~3g（精确至 0.001g）于带刻度消化管中，加入 10ml 硝酸和 0.5ml 高氯酸，在可调式电热炉上消解（参考条件：120℃/0.5~1h；升至 180℃/2~4h、升至 200~220℃）。若消化液呈棕褐色，再加少量硝酸，消解至冒白烟，消化液呈无色透明或略带黄色，取出消化管，冷却后用水定容至 10ml，混匀备用。同时做试剂空白试验。亦可采用锥形瓶，于可调式电热板上，按上述操作方法进行湿法消解。平行配制三份。

3. 原子吸收分光光度计操作规程 以普析通用 TAS-990 型原子吸收分光光度计（火焰法）为例说明操作规程，其他型号参考相应说明书，具体规程如下。

（1）依次打开电脑、仪器主机的电源。

（2）用鼠标双击 "AAwin" 图标，仪器进行自检，初始化后进入 "选灯" 界面，在此界面下可选择待测元素的工作灯，用鼠标双击所选择的工作灯号，即可针对灯号选择不同的工作灯。

（3）点击 "下一步"，出现 "设置元素测量参数" 窗口，调整元素参数后，进入 "设置波长" 窗口。

（4）选择特征谱线，单击 "寻峰"，仪器开始寻峰，完成后点击 "关闭"，再单击 "完成"，即可进入主操作界面。

（5）单击 "参数"，进入测量参数设置界面，设置测量次数、测量方式、计算方式等。

（6）点击 "样品"，进入 "样品设置" 操作，按照样品设置向导，分步完成样品设置。

（7）选择菜单选项中的 "仪器" 项下 "燃烧器参数"，完成其参数设置。

（8）打开空压机（压力调节到 0.25MPa 左右），打开乙炔气（压力调节到 0.06~0.07MPa 之间），然后用鼠标单击 "点火"，仪器将自动点燃火焰。

（9）点击 "能量"，进行自动能量平衡。

（10）点击 "测量"，进入测量界面；吸入标准空白溶液，等数据稳定后点击 "校零"；依次吸入不同梯度的标准样品，点击 "开始"；标准系列测量完成后，标准曲线即可在操作界面的左上角显示，用鼠标右键点击该区域，即可显示该曲线的方程系数、相关性等参数（注：测量每个样品时均需要进行校零工作；测量时需要观察菜单下的吸光度值，待其比较稳定后方可开始测量）；做好标准曲线后，放置未知样品，用空白溶液校零，点击 "开始"，即可对未知浓度的样品进行定量测定，各项测试结果可在操作界面下方的表格中显示。

（11）测量完成后，首先关闭乙炔气，然后关闭空气压缩机的工作开关（注：空压机一定要放水，以避免气管中存有积水，影响下次的测量结果）。

（12）点击工具栏中的 "保存" 或 "打印"，依照提示保存测量数据或打印测试结果。

（13）依次关闭仪器主机、电脑、空压机等设备。

4. 测定

（1）标准曲线的制作 分别吸取铅标准使用液 0、0.250、0.500、1.00、1.50 和 2.00ml（相当 0、2.50、5.00、10.0、15.0 和 20.0μg 铅）于 125ml 分液漏斗中，补加水至 60ml。加 2ml 枸橼酸铵溶

液，溴百里酚蓝水溶液 3 ~ 5 滴，用氨水溶液调 pH 至溶液由黄变蓝，加硫酸铵溶液 10ml，DDTC 溶液 10ml，摇匀。放置 5 分钟左右，加入 10ml MIBK，剧烈振摇提取 1 分钟，静置分层后，弃去水层，将 MIBK 层放入 10ml 带塞刻度管中，得到标准系列溶液。

　　按"3. 原子吸收分光光度计操作规程"或仪器使用说明书中操作步骤，将标准系列溶液按质量由低到高的顺序分别导入火焰原子化器，原子化后测其吸光度值，以铅的质量为横坐标，吸光度值为纵坐标，制作标准曲线。

　　（2）试样溶液的测定　将试样消化液及试剂空白溶液分别置于 125ml 分液漏斗中，补加水至 60ml。按上述标准系列溶液操作方法制备试样溶液和空白溶液。

　　按"3. 原子吸收分光光度计操作规程"或仪器使用说明书中操作步骤，将试样溶液和空白溶液分别导入火焰原子化器，原子化后测其吸光度值，平行测三次并记录，与标准系列比较定量。

【实训记录与数据处理】

　　1. 计算公式　以铅的质量为横坐标，三次实测吸光度平均值为纵坐标，绘制标准曲线（过原点）或线性回归得线性方程。根据样品溶液的吸光度从标准曲线上查出或用线性方程计算相应的质量，计算公式为

$$X = \frac{m_1 - m_0}{m_2}$$

式中，X 为试样中铅的含量，mg/kg；m_1 为试样溶液中铅的质量，μg；m_2 为试样取样量，g；m_0 为空白溶液中铅的质量，μg。

　　2. 数据及结果　结果记录于表 5 - 5、表 5 - 6。

表 5 - 5　标准曲线数据及结果

项目		标准系列编号					
		1	2	3	4	5	6
A	1						
	2						
	3						
$\overline{A}$							
m_{pb}（μg）							
标准曲线	回归方程						
	相关系数						

表 5 - 6　样品测定数据及结果

项目		样品编号			
		1	2	3	样品空白
取样量 m_2（g）					
A	1				
	2				
	3				
$\overline{A}$					
$m_{1,查}$（μg）					$m_{0,查}$（μg）
含量 X_i（mg/kg）					—
平均含量 $\overline{X}$（mg/kg）					
相对平均偏差（%）					

【注意事项】

（1）样品溶液不能有气泡，如果进样管内有气泡，可用手指弹动进样管，排出气泡，即可继续吸入样品，也可用注射器吸走气泡。

（2）所有玻璃器皿均需硝酸（1∶5）浸泡过夜，用自来水反复冲洗，最后用水冲洗干净。

（3）当铅含量≥10.0 mg/kg时，计算结果保留三位有效数字；当铅含量＜10.0 mg/kg时，计算结果保留两位有效数字。

（4）在重复性条件下获得的两次独立测定结果的绝对差值不得超过算术平均值的20%。

【思考题】

在实验中用到的容量瓶、吸量管等容器为什么要用塑料的，而避免使用玻璃材料的呢？

目标检测

答案解析

一、选择题

1. 下列说法正确的是（　　）。
   A. 分析线一定是共振线
   B. 原子吸收光谱的谱线较多
   C. 共振线是基态气态原子跃迁至第一激发态的吸收谱线
   D. 基态原子蒸气对特征谱线的吸收不遵循光吸收定律

2. 原子吸收光谱是（　　）。
   A. 分子的振动、转动能级跃迁时对光的选择吸收产生的
   B. 基态原子吸收特征辐射跃迁到激发态后又回到基态时所产生的
   C. 分子的电子吸收特征辐射后跃迁到激发态所产生的
   D. 基态原子吸收特征辐射后跃迁到激发态所产生的

3. 下列不属于火焰原子化器组成部件的是（　　）。
   A. 雾化器　　　　B. 预混合室　　　　C. 燃烧器　　　　D. 石墨管

4. 下列说法正确的是（　　）。
   A. 石墨炉原子化器是非火焰原子化器　　　B. 燃烧器是不可以调节高度的
   C. 贫燃火焰的助燃比小于化学计量火焰　　　D. 乙炔焰的温度低于氢火焰

5. 在石墨炉原子化过程中温度最高的是（　　）。
   A. 干燥　　　　B. 灰化　　　　C. 原子化　　　　D. 净化

6. 石墨炉原子化过程常用的保护气是（　　）。
   A. 氩气　　　　B. 空气　　　　C. 乙炔气　　　　D. 氧化亚氮

7. 原子化器的主要作用是（　　）。
   A. 将试样中待测元素转化为基态原子　　　B. 将试样中待测元素转化为激发态原子
   C. 将试样中待测元素转化为中性分子　　　D. 将试样中待测元素转化为离子

8. 火焰原子化器产生富燃火焰是因为（　　）。
   A. 助燃气相对燃气流量过大　　　B. 助燃气相对燃气流量过小
   C. 助燃气和燃气之比符合燃烧反应计量关系　　　D. 助雾化气流量过大

9. 下列可有效消除基体干扰的方法是（　　　）。

　　A. 背景校正　　　　　B. 标准加入法　　　　C. 加入释放剂　　　　D. 减小分析线带宽

10. 下列叙述正确的是（　　　）。

　　A. 空心阴极灯的工作电流一般为额定电源的 80% ~ 90%

　　B. 石墨炉原子化器通入保护气的目的是让原子化的原子不再被氧化和延长其使用寿命

　　C. 原子吸收光谱仪分光系统安装在原子化器之前

　　D. 燃烧器高度是固定的

二、填空题

1. 影响原子吸收的干扰有_____、_____、_____、_____。

2. 原子吸收光谱法的测量条件选择应从分析线_____、_____、_____、_____和进样量这五个方面进行选择。标准曲线法和标准加入法的理论依据是_____。

3. 火焰原子化器的火焰分为_____、_____、_____；稳定性最好的火焰是_____。

4. 原子化系统的作用是将试样中_____，原子化的方法有_____和_____。石墨炉原子化一般经过_____、_____、_____、_____四个过程。

三、简答题

1. 紫外 – 可见分光光度计和原子吸收分光光度计组成部件有何不同?

2. 用氘灯法校正背景干扰的原理是什么?

四、计算题

1. 测定血浆中 Li 的浓度，将两份均为 0.500ml 的血浆分别加入 5.00ml 水中，然后向第二份溶液加入 0.0500mol/L 的 LiCl 标准溶液 20.0μl。在原子吸收分光光度计上测得读数分别为 0.230 和 0.680，求此血浆中 Li 的浓度（以 μg/ml Li 表示）。

2. 用原子吸收光谱法测定水样中 Co 的浓度。分别吸取水样 10.0ml 于 50ml 容量瓶中，然后向各容量瓶中加入不同体积的 6.00μg/ml Co 标准溶液，并稀释至刻度，在同样条件下测定吸光度，由表 5 – 7 数据用作图法求得水样中 Co 的浓度。

表 5 – 7　实验测量数据

样品序号	水样体积（ml）	Co 标液体积（ml）	稀释最后体积（ml）	吸光度
1	0	0	50.0	0.042
2	10.0	0	50.0	0.201
3	10.0	10.0	50.0	0.291
4	10.0	20.0	50.0	0.379
5	10.0	30.0	50.0	0.468
6	10.0	40.0	50.0	0.555

书网融合……

知识回顾　　　微课　　　习题

（韩红兵）

荧光增白剂是一种荧光染料，起亮白增艳的作用，广泛应用于洗涤剂、纸张、纺织品等日用品中。在纸张生产过程中常加入荧光增白剂来改善纸张外观品质，提高白度，但食品接触材料及制品（如食品包装用纸）中非法添加荧光增白剂，会带来食品安全隐患。我国规定此类产品不得含有可迁移性荧光物质。那么什么是荧光？荧光是如何产生的？哪些物质具有荧光？荧光物质如何检测？

本章主要介绍荧光分析原理、仪器组成及荧光分析技术。

学习目标

1. **掌握**　荧光分析法中激发光谱、荧光光谱、荧光效率等基本概念；荧光强度与浓度的关系；定量分析方法等。
2. **熟悉**　影响荧光强度的因素；荧光分光光度计的工作原理与主要部件。
3. **了解**　荧光分光光度计的校正、维护；荧光分光光度法在药品和食品检验领域的应用。

第一节　荧光分析法基础知识

PPT

一、分子荧光产生机制

物质分子在外界能量（如电能、光能、化学能、热能）作用下，从基态跃迁到激发态，在返回基态时又以光能的形式释放能量的现象称为分子发光，通过测量其分子发射出光的特性、强度对物质定性、定量分析的方法称为分子发光分析法（molecule fluorescence analysis）。

因外界能量作用形式不同，分子发光又有多种形式，也产生相应的分子发光分析法。若在化学反应中，产物分子吸收反应过程释放的化学能而被激发发光称为化学发光；有酶类物质参加的生物体内的化学发光称为生物发光；物质的分子因吸收光能而被激发发光称为光致发光。物质分子受到紫外或可见光照射激发后，发射出比入射光波长更长的紫外 – 可见光称为荧光（fluorescence），能发射出荧光的物质称为荧光物，依据物质分子荧光光谱建立的分子发光分析法称为荧光分析法（fluorometry）。

荧光分析法因其仪器设备简单、操作方便、灵敏度高、特异性强等优点，目前被广泛应用于药品分析、医学检验、环境监测、食品检测等领域。

1. 分子激发态　物质分子中存在着一系列紧密相隔的电子能级，而每个电子能级中又包含一系列的振动能级和转动能级。大多数分子含有偶数个电子，在基态时，这些成对的电子自旋方向相反地填充在能量最低的轨道中。当基态分子中的一个电子吸收光辐射后，被激发跃迁至较高的电子能级且其自旋方向不变，此时，分子所处的激发态称为激发单重态；如果电子在跃迁过程中还伴随着自旋方向的改变，此时，分子所处的激发态称为激发三重态。激发单重态与相应的三重态的区别在于电子自旋方向的不同且激发三重态的能量稍低一些。如图 6-1 所示。

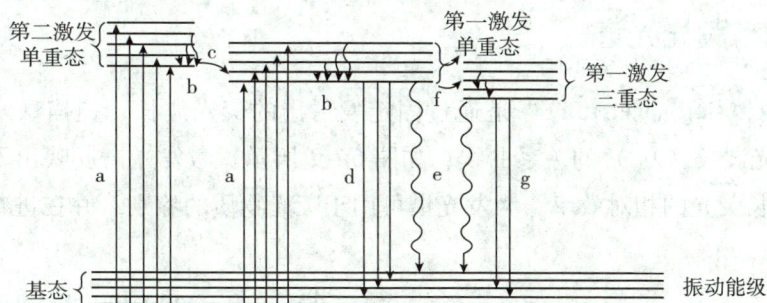

图 6-1　荧光和磷光产生示意图

a. 吸收；b. 振动弛豫；c. 内转换；d. 荧光；e. 外转换；f. 系间窜跃；g. 磷光

2. 分子荧光的产生　物质分子吸收紫外光或可见光后，从基态最低振动能级跃迁到第一电子激发态或更高电子激发态的不同振动能级，变成激发态分子，激发态分子不稳定，可以通过以下几种途径释放能量返回基态。

（1）振动弛豫　在溶液中，处于激发态的分子与溶剂分子碰撞，将部分振动能量传递给溶剂分子，其电子在 $10^{-13} \sim 10^{-11}$ 秒的时间内快速返回同一电子激发态的最低振动能级上，这一过程称为振动弛豫。由于能量不能以光能的形式释放，所以，振动弛豫属于无辐射跃迁。

（2）内转换　当两个电子激发态之间的能量相差较小，且振动能级有重叠时，激发态分子将部分能量转变为热能，从较高电子能级降至较低的电子能级。因能量不是以光能的形式释放，而是以热能的形式释放，所以内转换也属于无辐射跃迁。

（3）荧光发射　处于激发单重态最低振动能级的分子，如以光辐射形式放出能量，回到基态各振动能级，此过程称为荧光发射，这时的发射光称为荧光。

（4）外转换　处于激发态的分子与溶剂分子或其他溶质分子相互碰撞，发生在第一激发单重态或激发三重态的最低振动能级向基态的能量转移。外转换可降低荧光强度。

（5）系间窜跃　处于激发单重态的分子由于电子自旋方向的改变，跃迁回到同一激发态的三重态的过程称为系间窜跃，系间窜跃也是无辐射跃迁。对于大多数物质，系间窜跃是禁阻的。如果较低单重态振动能级与较高的三重态振动能级重叠或分子中有重原子（如 I、Br 等）存在，系间窜跃则较为常见。

（6）磷光发射　分子经系间窜跃后，再通过振动弛豫降至激发三重态的最低振动能级，然后以光辐射形式放出能量返回基态各振动能级，此过程称为磷光发射，这时发出的光称为磷光（phosphorescence）。由于激发三重态能量比激发单重态最低振动能级能量低，故磷光辐射的能量比荧光更小，所以，磷光的波长比荧光更长。

3. 荧光寿命　当除去激发光源后，分子的荧光强度降低到激发时最大荧光强度的 $1/e$ 时所需的时间称为荧光寿命。利用不同化合物荧光寿命的差别，可以进行荧光混合物的分析。

若某种化合物激发时能同时发射荧光和磷光，则该化合物吸收光谱、荧光发射光谱、磷光发射光谱最大波长的顺序如何？为什么？

二、激发光谱与荧光光谱

1. 激发光谱（excitation spectrum） 是通过固定发射出的荧光波长，扫描激发光波长而获得的荧光强度（F）与激发光波长（λ_{ex}）的关系曲线，如图 6-2 所示。激发光谱反映出不同激发波长的辐射引起物质发射某一波长荧光的相对效率。激发光谱可用于荧光物质的鉴别，并在进行荧光测定时可供选择合适的激发光波长。

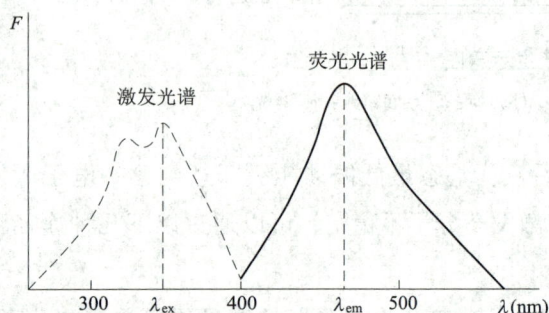

图 6-2 硫酸奎宁的激发光谱与荧光光谱

2. 发射光谱（emission spectrum） 又称荧光光谱（fluorescence spectrum），是通过固定激发光的波长和强度，扫描发射出的光波长所获得的荧光强度（F）与荧光波长（λ_{em}）的关系曲线，如图 6-2 所示。如发射出的光是磷光，则称为磷光光谱。发射光谱反映了在相同的激发条件下，不同荧光（或磷光）波长处分子的相对发光强度。发射光谱也可用于荧光物质的鉴别，并在进行荧光测定时选择合适的测定波长。

3. 荧光光谱与激发光谱的关系

（1）荧光光谱形状与激发光波长无关 由于荧光发射是激发态的分子由第一激发单重态的最低振动能级跃迁回基态各振动能级所产生的，所以不管激发光的能量多大，能把电子激发到哪种激发态，都将经过迅速的振动弛豫及内部转移跃迁至第一激发单重态的最低能级，然后发射荧光。因此荧光光谱只有一个发射带（特殊情况除外），且发射光谱的形状与激发光的波长无关。

（2）荧光的波长比激发光的波长长 由于分子吸收激发光被激发至较高激发态后，先经无辐射跃迁（振动弛豫、内转换）损失掉一部分能量，到达第一电子激发态的最低振动能级，再由此发出荧光；因此，荧光发射能量比激发光能量低，荧光的波长比激发光的波长长。如铅原子吸收 283.31nm 的光，而发射 405.78nm 的荧光。

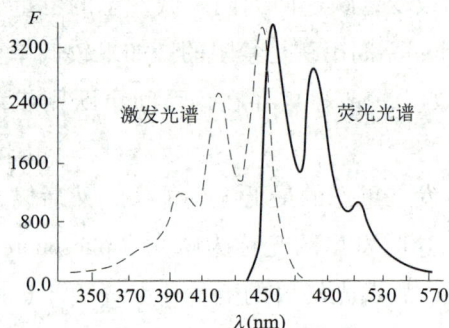

图 6-3 芘的苯溶液的激发光谱和荧光光谱

（3）荧光发射光谱与激发光谱成镜像关系 物质的分子只有对光有吸收，才会被激发，所以，从理论上说，荧光化合物的激发光谱形状应与其荧光光谱的形状完全相同。然而实际上并非如此，由于存在着测量仪器的因素或测量环境的某些影响，使得绝大多数情况下，激发光谱与荧光光谱两者的形状有所差别。只有在校正仪器因素和环境因素后，两者的形状才相同。如果把某种物质的荧光光谱和它的激发光谱相比较，便会发现两者之间存在着"镜像对称"关系，例如，芘的苯溶液的吸收光谱和荧光光谱（图6-3）。

三、影响荧光强度的因素

实验研究表明，影响荧光强度的主要因素是分子结构、荧光效率和荧光物质浓度。

1. 荧光效率（fluorescence efficiency）　是指激发态分子发射荧光的光子数与基态分子吸收激发光的光子数之比，常用 φ 表示，即

$$\varphi = \frac{发射荧光的光子数}{吸收激发光的光子数} \tag{6-1}$$

如果一段时间内所有的激发态分子都将以发射荧光的方式回到基态，这一体系的荧光效率就是 1；但事实上任何物质的 φ 不可能大于 1，而在 $0 \sim 1$ 之间。例如，蒽在乙醇中 $\varphi = 0.30$；菲在乙醇中 $\varphi = 0.10$。荧光效率愈大，荧光强度愈大，无辐射的跃迁概率就愈小；当荧光效率等于零时就意味着不能发射荧光。

2. 分子结构　物质分子能产生荧光必须具备两个条件：①物质分子有强的紫外或可见光的吸收；②有一定的荧光效率。研究表明，具有大 π 键共轭体系结构分子（如维生素 A、乙烯基蒽）、有供电子取代基的芳香族化合物（如 8 - 羟基喹啉、苯胺）和刚性平面结构的分子（如蒽、酚酞、荧光素）有利于荧光发射，且 π 键共轭体系越长，供电子能力越强，刚性共平面越好，荧光越强。

3. 荧光物质浓度　实验结果表明，荧光强度 F 正比于被荧光物吸收的光强度。再依据比尔定律和数学关系的推导，当荧光物质浓度很小（$\varepsilon cL \leqslant 0.05$）时，荧光强度 F 与荧光物质的浓度有如下关系，即

$$F = 2.303\varphi \cdot I_0 \cdot \varepsilon \cdot L \cdot c \tag{6-2}$$

（6-2）式中，I_0 为激发光强度；ε 为摩尔吸收系数；c 为荧光物质的物质的量浓度；L 为液层厚度。对于给定的物质来说，当激发光的强度和液层厚度一定时，ε、φ、I_0、L 均为定值，即

$$F = K \cdot c \tag{6-3}$$

（6-3）式中，K 为常数。由（6-3）式可见，在实验条件（如温度、激发光的波长、强度和液层厚度等）固定和低浓度情况下，荧光物质的荧光强度与其溶液的浓度呈线性关系。这是荧光分析定量的理论基础。如荧光物质浓度较高，荧光分子间相互碰撞会引起自熄灭，反而会造成荧光强度的降低或消失。

此外，还有如温度、溶剂、pH、荧光熄灭剂等环境因素，通过影响荧光效率或荧光物质的结构从而影响荧光物质发光强度。

第二节　荧光分光光度计

PPT

一、仪器的主要部件 微课

荧光分光光度计（或称荧光光谱仪）和紫外 - 可见分光光度计的构造基本相同，主要由激发光源、激发单色器、发射单色器、样品池、检测器等部件构成，但光源与其他部件不在一条直线上，而是 90°直角，以避免激发光源发射的辐射对原子荧光检测信号的影响。如图 6 - 4 所示。

1. 激发光源　荧光分光光度计最常用的激发光源是氙灯，其在 200 ~ 700nm 波长范围内能连续辐射，且在 300 ~ 400nm 波长范围光谱强度几乎相等。高压汞灯和激光也可作为激发光源。高压汞灯产生强的线状光谱而不是连续光谱，不能用于对激发光波长进行扫描的仪器上。激光光源的单色性好，强度大，也是一种极为有用的辐射光源。

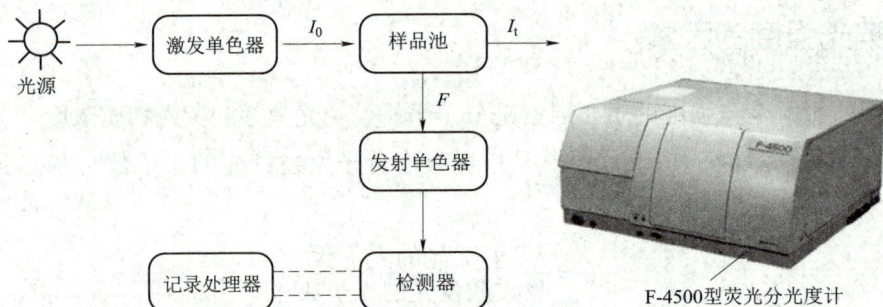

F-4500型荧光分光度计

图6-4 荧光分光光度计结构示意图和实物图

2. 样品池 荧光分析的样品池由不含荧光性杂质、不吸收紫外光的石英材料制成，形状为方形或矩形。荧光样品池是四面透光，不同于紫外吸收池两对面透光，这样有利于激发光和荧光的双向透过。如需配对使用，可在样品池中放入硫酸奎宁溶液（1×10^{-6} g/ml），设置激发波长350nm，发射波长450nm，仪器显示数值调至90%，若$\Delta F \leqslant 0.5\%$即可配对使用。

3. 单色器 荧光分光光度计均采用两个单色器：激发单色器和发射单色器。激发单色器位于光源和样品池之间，可让选定波长的激发光照射到样品池，发射单色器位于样品池和检测器之间，可滤去不需要的光，只让选定波长的荧光照射到检测器。为了避免透射光的干扰，发射单色器与激发单色器放置方向垂直。

4. 检测器 荧光的强度通常比较弱，一般用光电倍增管作检测器，放置位置与激发光入射方向成直角，可以使背景信号为零，微弱的荧光信号就能被检测到，也是其灵敏度高于一般分光光度法的原因之一。一般荧光分析的灵敏度比紫外分析高2~4个数量级。

二、仪器的工作原理

由光源发出的光束经激发单色器色散后，得到单色性较好的所需要波长的激发光，照射到盛有荧光物质的样品池上，产生荧光，荧光将向四面八方发射。为了消除透射光和散射光的干扰，提高检测灵敏度，通常在与激发光成90°的方向上测量荧光。荧光再经发射单色器滤去激发光所产生的反射光、溶剂的杂散光和溶液的杂质荧光，让被测组分的一定波长的荧光通过，到达检测器被检测，检测信号输送入记录处理器而显示。

三、仪器的校正

1. 灵敏度校正 荧光分光光度计的灵敏度受许多因素影响，如激发光源的光强度、单色器性能、放大系统、光电倍增管的灵敏度、所用测定波长、溶剂的散射、杂质荧光等，即使是同一台仪器在不同的时间操作，测定的结果也不尽相同。因此，在每次测定时，在选定波长及狭缝宽度的条件下，先用一种稳定的荧光物质（如硫酸奎宁、荧光素），配制成浓度一致的标准溶液进行校正，将每次所测得的荧光强度调节到相同值（如$F = 50\%$或100%）。紫外-可见光范围内最常用的是1μg/ml硫酸奎宁标准溶液。如果被测物质所产生的荧光很稳定，自身也可作为标准溶液。

2. 波长校正 荧光分光光度计在使用较长时间后，或者在重要部件更换或有所变动，必须用汞灯的标准谱线对单色器波长刻度重新校正，这在测定要求较高的工作中尤为重要。

3. 光谱校正　荧光分光光度计测得的激发光谱或荧光光谱往往是表观的，有一定误差，主要原因是光源的强度随波长而变和检测器对不同波长光的响应程度不同。因此，不用参比溶液校正，单光束荧光分光光度计测定的激发光谱或荧光光谱误差较大，尤其是在检测器灵敏度曲线的陡坡处，误差最为显著。具体的校正方法：先用仪器上附有的校正装置将每一个波长的光源强度调整到一致，然后根据表观光谱上每一个波长的强度除以检测器对每一个波长的响应强度进行校正。目前使用的荧光分光光度计大多采用双光束光路，故可用参比光束抵消光学误差。

四、仪器的维护保养

1. 高压氙灯　高压氙灯的灯管为石英管，内充高压氙气，无论何时都处于高压状态，不要被硬物碰撞，防止爆裂。更换氙灯前，必须关闭电源至灯完全冷却。此外要防油污染，安装时要穿戴线手套操作，防止手上的油脂污染灯管；一旦灯管被污染可用乙醇溶液轻轻擦拭，否则如油污之类的物质受热焦化后会导致高压氙灯失效，甚至爆炸。

2. 光栅与狭缝　荧光分光光度计上的光栅不可随意拆卸，不要用手接触光栅的表面，更不能用嘴去吹上面的灰尘。单色器等处的狭缝不要随意拆卸；手动开启、关闭狭缝要用力平稳；狭缝上有灰尘时，可用吸耳球、软毛刷清理。

3. 样品池　样品池为石英制品，要保持光学窗面的透明度，防止被硬物划痕；样品池使用后要立即弃去样品溶液，先后用自来水、弱碱洗涤剂、纯水清洗；严重污染的样品池可用体积分数为50%的稀硝酸浸泡，或用有机溶剂如三氯甲烷、四氢呋喃溶液除去有机污染物。如果暂时不使用，可把样品池洗涤干净后浸泡于纯水之中，若长时间不用，把干净样品池置于有机玻璃盒中保存。

4. 检测器　光电倍增管检测器要防尘、防潮，在断电情况下用吸耳球或软毛刷除尘，吹风机除湿；光电倍增管要避免强光照射，否则导致疲劳、性能变差。

第三节　实用分析技术

PPT

荧光分光光度法比紫外-可见分光光度法灵敏度度更高、选择性更好，应用也极其广泛，尤其对生物大分子的检测效果更好，还可作为液相色谱的检测器。

一、定性分析技术

分子荧光光谱法可测荧光物质的激发光谱和发射光谱两个特征光谱，因此，它对物质的定性鉴别可靠性更强。荧光定性分析常采用直接比较法，即将试样与已知物质并列于紫外光之下，根据它们所发出的荧光的性质、颜色和强度，来鉴定它们是否含有同一荧光物质。这种鉴定法不限于固体试样，也可用于液体试样，也可将已知物质在数种不同溶剂中配成不同浓度和不同酸度的溶液而加以比较。进行定性分析时，通常要有纯品作对照，不但要比较激发光谱的一致性，还要比较发射光谱的一致性。但实际上由于能产生荧光的化合物占被分析物的数量是相当有限的，并且许多化合物几乎在同一波长产生光致发光，所以荧光法很少用作定性分析。

实例 硒是人体必需的微量元素，能提高人的免疫力，并具有抗癌、抗氧化、抗辐射的作用。人体补硒的最佳途径是食用农副产品，但过量摄入对人体也会产生毒副作用，持续摄取含硒高的食品和水可发生硒中毒。急性硒中毒的临床表现有呕吐、腹痛、呼蒜气、流涎、头发和指甲脱落、皮疹、周围神经炎，严重时可发生呼吸紊乱、呼吸衰竭。《食品安全国家标准》中规定，食品中硒的测定可以采用荧光分光光度法。

问题 1. 硒是微量元素，本身不产生荧光，如何检测食品中硒的含量？
  2. 荧光法测硒的含量，激发波长和发射波长分别是多少？

答案解析

二、定量测定技术

荧光是物质在吸收光能而被激发之后发射出来的，因此溶液的荧光强度与该溶液中荧光物质吸收光能的程度以及荧光效率有关。溶液中荧光物质被入射光激发后，可以在溶液的各个方向观测荧光强度。但由于激发光的一部分被透过，因此在透射光的方向观察荧光是不适宜的。一般是在与激发光束垂直的方向观测。

1. 标准曲线法 用已知量的标准物质按样品相同方法处理后，配成一系列不同浓度的标准溶液，在一定的仪器条件下测定这些溶液的荧光强度（F），作 $F-c$ 标准曲线。然后在同样的仪器条件下，测定试样溶液的荧光强度，从标准曲线上查出它们的浓度。

2. 标准对照法 如果荧光物质的标准曲线过零点，就可以选择其线性范围内某一浓度的标准溶液，用标准对照法测定。首先配制与被测组分浓度相近的标准溶液测定其荧光强度，然后在相同条件下测定样品溶液的荧光强度，分别扣除空白，依据荧光强度和稀溶液浓度的线性关系，求出被测样品中荧光物质的含量。计算关系式为

$$\frac{F_s - F_0}{F_x - F_0} = \frac{c_s}{c_x} \Rightarrow c_x = \frac{F_x - F_0}{F_s - F_0} \times c_s \qquad (6-4)$$

（6-4）式中，F_s 为标准溶液荧光强度；F_x 为样品溶液荧光强度；F_0 为空白溶液荧光强度；c_s 为标准溶液浓度；c_x 为样品溶液浓度。

若多组分的荧光光谱不重叠，可选用不同的发射波长分别测定各组分的荧光强度，采用单组分定量方法定量。若两组分的荧光光谱峰相近，甚至重叠，而激发光谱有差别，可选用不同的激发波长来进行测定。

三、应用示例

1. 无机物荧光分析 无机物中除铀盐外，能产生荧光的无机物较少，对其进行分析通常是将待测元素与荧光试剂反应，生成具有荧光特性的配合物，进行间接测定。目前利用该法可进行荧光分析的无机元素已近 70 种。常见的有铬、铝、铍、硒、锗、镉等及部分稀土元素。有些元素虽不能与有机试剂形成能产生荧光的配合物，但它可使荧光物质的荧光熄灭，因此可利用荧光熄灭法测定。

示例 6 - 1 荧光分析法测定茶叶中硒的含量

【基本原理】将试样用混合酸消化，使硒化合物转化为无机硒 Se^{4+}，在酸性条件下 Se^{4+} 与 2,3 - 二

氨基萘（2,3 - Diaminonaphthalene，DAN）反应生成 4,5 - 苯并苤硒脑（4,5 - Benzo piaselenol），然后用环己烷萃取后上机测定。4,5 - 苯并苤硒脑在激发波长为 376nm 的激发光作用下，发射波长为 520nm 的荧光，测定其荧光强度，与标准系列比较定量。

【样品溶液制备】准确称取 0.5~3g（精确至 0.001g）固体试样，或准确吸取液体试样 1.00~5.00ml，置于锥形瓶中，加 10ml 硝酸 - 高氯酸混合酸（9:1）及几粒玻璃珠，盖上表面皿冷消化过夜。次日于电热板上加热，并及时补加硝酸。当溶液变为清亮无色并伴有白烟产生时，再继续加热至剩余体积 2ml 左右，切不可蒸干，冷却后再加 5ml 盐酸溶液（6mol/L），继续加热至溶液变为清亮无色并伴有白烟出现，再继续加热至剩余体积 2ml 左右，冷却。同时做试剂空白。将消化后的试样溶液以及空白溶液加盐酸溶液（1:9）至 5ml 后，加入 20ml EDTA 混合液，用氨水溶液（1:1）及盐酸溶液（1:9）调至淡红橙色（pH 1.5~2.0）。以下步骤在暗室操作：加 DAN 试剂（1g/L）3ml，混匀后，置沸水浴中加热 5 分钟，取出冷却后，加环己烷 3ml，振摇 4 分钟，将全部溶液移入分液漏斗，待分层后弃去水层，小心将环己烷层由分液漏斗上口倾入带盖试管中，勿使环己烷中混入水滴，环己烷中反应产物为 4,5 - 苯并苤硒脑，待测。

【标准曲线制作】准确吸取 1.00ml 硒标准溶液（1000mg/L）于 10ml 容量瓶中，加 1% 盐酸溶液定容至刻度，混匀，即得硒标准中间液（100mg/L）；准确吸取硒标准中间液（100mg/L）0.50ml，用 1% 盐酸溶液定容至 1000ml，混匀，即得硒标准使用液（50.0μg/L）；准确吸取硒标准使用液（50.0μg/L）0、0.200、1.00、2.00、4.00ml，相当于含有硒的质量 0、0.0100、0.0500、0.100、0.200μg 硒，加盐酸溶液（1:9）至 5ml 后，自样品溶液制备中"加入 20ml EDTA 混合液"起，按照样品制备步骤同时进行。

【测定方法】以试剂空白溶液为参比，分别测定各标准溶液和样品溶液的荧光强度各三次，取其平均值。以硒标准系列溶液浓度为横坐标，荧光强度为纵坐标制作标准曲线。查标准曲线得样品溶液中硒的浓液。

【数据处理结果】按（6-5）式计算茶叶中含硒量。

$$X = \frac{c \times V}{m \times 1000} \tag{6-5}$$

（6-5）式中，X 为试样中硒含量，mg/kg；c 为测定用样液中硒的浓渡，μg/L；V 为样液总体积，ml；m 为试样质量。

2. 有机物荧光分析　芳香族及具有芳香结构的物质，在紫外光照射下能产生荧光。因此，荧光分析法可直接用于这类有机物的测定，如多环胺类、萘酚类、嘌呤类、吲哚类、多环芳烃类、具有芳环或芳杂环结构的氨基酸及蛋白质等，有 200 多种。脂肪族有机化合物中，本身能产生荧光的并不多，但可利用它们与某种有机溶剂作用后生成能产生荧光的物质，通过测量荧光化合物的荧光强度来进行定量分析。具有高共轭体系的脂肪族有机化合物，如维生素 A、维生素 B_2 及胡萝卜素等本身能产生荧光，可以直接测定。

示例 6-2　荧光分析法测定牛奶中噻菌灵的含量

【基本原理】噻菌灵是一种低毒内吸性杀菌剂，根据 GB 2763—2019《食品安全国家标准 食品中农药最大残留限量》的规定，在牛奶中的农药最大残留限量是 0.2mg/kg，这是牛奶品质的一项重要的农残检测指标。测定方法是用氢氧化钾皂化试样中的脂肪，乙酸乙酯提取噻菌灵，再用盐酸溶液抽提乙酸乙酯提取液中噻菌灵，荧光分光光度法测定，其最大激发波长和发射波长分别为 307nm 和 359nm，外标法定量。

【样品溶液制备】将所取回的样品，充分混匀，分取约 250ml 作为试样。称取试样 10g（精确至 0.1g）于锥形瓶中，加入 7ml 氢氧化钾溶液，接上冷凝管，在沸腾的水浴上回流皂化 40 分钟，取下，充分冷却。将皂化液移入分液漏斗中，用 10m 水洗涤锥形瓶，洗液并入同一分液漏斗。加入 15ml 乙酸乙酯，轻摇 0.5 分钟，静止分层。将水层转入另一分液漏斗，用 15ml 乙酸乙酯再提取一次，剧烈振摇 1 分钟，静止分层。合并乙酸乙酯提取液。用 20ml 氢氧化钾溶液洗涤乙酸乙酯提取液，剧烈振摇 1 分钟，分层后，弃去水层。再加入 20 ml 氢氧化钾溶液轻摇洗涤一次，弃去水层。用 5ml 盐酸溶液提取乙酸乙酯层两次。合并盐酸提取液于 10 ml 容量瓶中，并用盐酸溶液定容。

【标准溶液制备】准确称取适量的噻菌灵标准品，用盐酸溶液配成浓度为 0.100mg/ml 的标准贮备液。分别吸取 0.2、0.5、1.0、5.0 和 10.0ml 标准贮备溶液至一组 10ml 容量瓶中，用盐酸溶液定容，于荧光分光光度计上测定各荧光强度，以荧光强度对噻菌灵浓度绘制标准曲线。

【试剂空白溶液制备】除不加试样外，均按上述测定步骤进行。

【测定方法】取定容后的样液，于荧光分光光度计上测定样液的荧光强度。从标准曲线上查得样液中噻菌灵浓度。

【数据处理与结果】按（6-6）式计算牛奶中噻菌灵的残留含量。

$$X = \frac{c \times V}{m} \qquad\qquad (6-6)$$

（6-6）式中，X 为试样中噻菌灵含量，mg/kg；c 从标准曲线上查得的样液中噻菌灵的浓度，μg/ml；V 为定容后样液的体积，ml；m 为试样的重量，g。

知识链接

荧光分析新技术

近年来荧光分析研究发展迅速，导数光谱、多维光谱、偏振光谱、磁效应、时间分辨技术、恒能量、可变角荧光法等荧光分析技术在提高分析选择性方面具有很大的优越性，在医药临床、环境监测、石油勘探等领域得到广泛应用。荧光分析既可以作为一种仪器的检测器，也可以作为一个独立的主体与其他附件相连接，形成一种新的检测系统，例如荧光检测器与 HPLC 联用、荧光检测器与离子色谱联用、荧光检测器与毛细管电泳联用等提高了检测的灵敏度和选择性，激光光源、显微放大系统、光纤荧光传感器等在荧光分析中的引入，大大改善了荧光分析仪器的性能，应用范围越来越广泛。部分高校和科研单位在荧光分光光度计应用技术上的研究也取得了诸多进展，如荧光总发光光谱技术、荧光探针、光纤荧光传感器、激光诱导时间分辨发光技术、荧光薄层扫描技术、动力学荧光法等。

实践实训

实训九　荧光分析法测定利血平片的含量

PPT

【实训目的】

1. **掌握**　标准对照法定量分析的原理。
2. **熟悉**　荧光分光光度计的结构及规范操作。
3. **了解**　荧光分光光度计的维护常识。

【基本原理】

利血平（结构式如图6-5所示）无荧光性，但其在中等强度的氧化剂（如五氧化二钒）作用下，可氧化成3，4-二去氢利血平。3，4-二去氢利血平的三氯甲烷溶液在400nm波长光的激发下，在500nm处有较强的荧光。片剂辅料淀粉、蔗糖、滑石粉等在此都无荧光现象，不会干扰其荧光测定。因此利用荧光分析法的标准对照法可测定利血平片中利血平的含量。

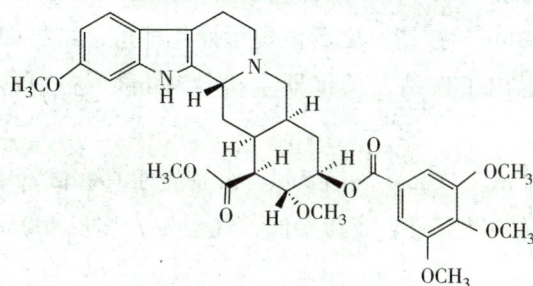

图6-5　利血平结构式

【实训器材】

1. 仪器　F-4500型荧光分光光度计、棕色容量瓶、垂熔玻璃漏斗、移液管、电子天平。

2. 试剂　利血平对照品、利血平片；乙醇、三氯甲烷、五氧化二钒、磷酸，均为分析纯。

【实训内容与操作规程】

1. 溶液制备

（1）五氧化二钒试液　取五氧化二钒适量，加磷酸激烈振摇2小时后得其饱和溶液，用垂熔玻璃漏斗滤过，取滤液1份加水3份，混匀，即得。

（2）对照品溶液　精密称取利血平对照品10mg，置100ml棕色容量瓶中，加三氯甲烷10ml溶解后，再用乙醇稀释至刻度，摇匀，精密量取2ml，置100ml棕色容量瓶中，用乙醇稀释至刻度，摇匀，即得。

（3）样品溶液　取利血平20片（0.25mg/片），如为糖衣片应除去包衣，精密称定，研细，精密称取适量（约相当于利血平0.5mg），置100ml棕色容量瓶中，加热水10ml，摇匀后，加三氯甲烷10ml，振摇，用乙醇定量稀释至刻度，摇匀，滤过，精密量取续滤液，用乙醇定量稀释成每1ml中约含利血平2μg的溶液，即得。

（4）空白溶液　取三氯甲烷10ml，置100ml棕色容量瓶中，用乙醇稀释至刻度，摇匀，精密量取2ml，置100ml棕色容量瓶中，用乙醇稀释至刻度，摇匀，即得。

2. 荧光分光光度计操作规程　以F-4500型荧光分光光度计为例说明操作规程，其他型号参考相应说明书，具体规程如下。

（1）开启仪器　插上电源插头，打开"Power"，点击"Xe Lamp"打开氙灯，再打开"Main"。预热20分钟。

（2）编辑分析方法　打开电脑，双击桌面"FL Solution"图标，进入主窗口；点右侧"Method"按钮，打开"Analysis Method"对话框（对话框中包含的内容有General、Quantitation、Instrument、Monitor、Report）。①General：Measurement项选"Photometry"，左下方"Use sample table"前方的复选框选中。②Quantitation：Quantitation项的下拉框中选"Wavelength"，Calibration项后选"1st"，表示标

准曲线为一次函数。③Instrument：Data mode 项中选"Fluorescence"，Wavelength 项选"Both WL Fixed"，下面的 EX 与 EM 分别表示激发光与发射光的波长；右侧上面的三个选项中分别输入激发光与发射光的狭缝宽度和相应的电压值，用于调节灵敏度。④Monitor 项下采用默认值，Report 项下编辑报告打印相关内容。⑤参数设好之后，如果要保存该方法，回到 General 项下，点击右侧的"Save"或"Save as"。在设定仪器参数之前，如果要调出已保存过的仪器方法则可按"Load"按钮。设定完所有参数之后，点击确定。⑥点击右侧"Sample"按钮，编辑要测定的样品表和样品注释。

（3）测定　点击右侧"Measure"按钮，之后按提示操作即可，结果即在测定数据窗口中自动显示。

（4）关机　取出样品池，退出工作站，关仪器主机"Main"与"Power"开关，关电脑及相关电源。登记使用情况。

3. 测定　精密量取对照品溶液与样品溶液各 5ml，分别置于具塞试管中，加五氧化二钒试液 2.0ml，激烈振摇后，在 30℃放置 1 小时，以空白溶液为参比，在激发光波长 400nm、发射光波长 500nm 处测定荧光强度。

【实训记录与数据处理】

1. 计算公式　按（6-7）式计算利血平片中利血平的含量。

$$X（\%）=\frac{c_s \times \dfrac{F_x - F_0}{F_s - F_0} \times D \times V \times \overline{W}}{m \times 标示量} \times 100\% \tag{6-7}$$

（6-7）式中，c_s 为对照品溶液浓度；F_x 为样品溶液荧光读数；F_s 为对照品溶液荧光读数；F_0 为空白溶液荧光读数；D 为溶液稀释倍数；V 为样品初溶体积，$\overline{W}$ 为平均片重；m 为供试品取样量。

2. 数据及结果　结果记录于表 6-1、表 6-2。

表 6-1　对照品测定数据及结果

项目	对照品编号					
	1			2		
称取量（g）						
c_s						
$\overline{c_s}$						
	测定次数					
	1	2	3	1	2	3
F_s						
$\overline{F_s}$						
F_0						

表 6-2　样品测定数据及结果

项目	样品编号					
	1			2		
$\overline{W}$						
取样量（g）						
	测定次数					
	1	2	3	1	2	3
F_x						

续表

项目	样品编号	
	1	2
$\overline{F_x}$		
含量 X_1（%）		
平均含量（%）		
相对平均偏差（%）		
《中国药典》规定值	90.0% ~ 110.0%	
结论		

【注意事项】

（1）溶剂及所用玻璃器皿，应高度纯净，操作中防止污染。

（2）仪器所用的石英样品池应不含荧光性杂质，不可与其他仪器混用，使用前后注意清洗，保持洁净。

（3）温度对荧光有较大的影响，测定时应控制温度一致。

（4）使用样品池的过程中，只能手持对角线的棱角。

【思考题】

（1）荧光分析时为什么要用标准溶液校正仪器的灵敏度？

（2）荧光分光光度计的样品池为什么四面透光？如何使用？

目标检测

答案解析

一、选择题

（一）单选题

1. 荧光光谱属于（　　）。

　A. 吸收光谱　　　　　B. 发射光谱　　　　　C. 质谱　　　　　D. 红外光谱

2. 荧光是指某些物质经入射光照射后，吸收入射光的能量，从而辐射出比入射光（　　）。

　A. 波长长的光线　　　B. 波长短的光线　　　C. 能量大的光线　　　D. 频率高的光线

3. 为了使荧光强度和荧光物质溶液的浓度成正比，必须使（　　）。

　A. 激发光足够强　　　　　　　　　　B. 吸收系数足够大

　C. 仪器的灵敏度足够高　　　　　　　D. 试液的浓度足够稀

4. 在荧光分析中，所用吸收池是四面透光的，原因是（　　）。

　A. 为了方便　　　　　　　　　　　　B. 防止位置放错

　C. 和入射光平行方向测荧光　　　　　D. 和入射光垂直方向测荧光

5. 下列说法不正确的是（　　）。

　A. 荧光分光光度计有两个单色器　　　B. 荧光效率越大，荧光强度越强

　C. 荧光寿命与其强度降低速度有关　　D. 磷光是经系间窜跃产生的，所以是无辐射跃迁

（二）多选题

1. 下列跃迁方式中，属于无辐射跃迁的是（　　）。

A. 振动弛豫   B. 磷光发射   C. 内转换   D. 系间窜跃

2. 下列属于荧光分光光度计的部件有（　　　）。

A. 干涉仪   B. 样品池   C. 单色器   D. 光源

3. 下列说法正确的是（　　　）。

A. 荧光发射波长一般大于激发波长   B. 荧光发射波长永远小于激发波长

C. 荧光光谱形状与激发波长无关   D. 荧光光谱形状与激发波长有关

4. 荧光物质的荧光强度与该物质的浓度呈线性关系的条件是（　　　）。

A. 单色光   B. $\varepsilon c L \leq 0.05$

C. 入射光强度 I_0 一定   D. 样品池厚度一定

5. 下列说法正确的是（　　　）。

A. 分子中 π 键共轭体系越长，荧光效率越高   B. 分子的荧光效率都小于 1.0

C. 荧光强度和荧光物吸收的光强度成正比   D. 运用荧光光谱法定量时需进行灵敏度校正

二、填空题

1. 荧光光谱的形状与激发光谱的形状，常形成＿＿＿＿＿＿。激发光谱的波长与＿＿＿＿＿＿光谱形状极为相似，所不同的只是＿＿＿＿＿＿。

2. 荧光分光光度计中光源与检测器成＿＿＿＿＿＿角度，这是因为＿＿＿＿＿＿。

3. 荧光分光光度计主要由＿＿＿＿＿＿、＿＿＿＿＿＿、＿＿＿＿＿＿、＿＿＿＿＿＿、＿＿＿＿＿＿等部件构成。

三、计算题

1. 用荧光法测定食品中的维生素 B_2 时，依次取 0.00、2.00、4.00、6.00、8.00ml 2.00mg/ml 的维生素 B_2 标准溶液配成 10.00ml，分别测得荧光强度（表 6-3）。准确称取 2.00g 样品，制成 50.00ml 待测液，从中取出 10.00ml 待测液的荧光强度为 46。

表 6-3   实验数据

$V_{标}$ (ml)	0.00	2.00	4.00	6.00	8.00
荧光强度	0.00	14.0	31.0	45.0	61.0

（1）绘制 $F-c$ 标准曲线。

（2）求样品中维生素 B_2 的含量（mg/g）。

2. 取地高辛片一片，用 80% 的乙醇溶解成 100ml 溶液，经微膜滤过后，取续滤液在激发光波长 360nm 与发射光波长 485nm 处测定荧光强度读数为 45.6，溶剂空白的读数为 1.4；对照品溶液（2.50μg/ml）的荧光强度读数为 43.4，试计算此片中地高辛的质量。

书网融合……

知识回顾   微课   习题

（赵玉文）

第七章　经典色谱实用技术

1971 年 10 月，我国科学家屠呦呦科研组在中医药典籍的启发下，经过第 191 次实验，获得对鼠疟原虫 100% 抑制率的青蒿提取物，并最终采用乙醚低温提取法从中分离出抗疟有效单体青蒿素，之后又合成出疗效更强的双氢青蒿素。青蒿素的发现，挽救了全球数百万人的生命，屠呦呦因此被授予 2015 年诺贝尔生理学或医学奖。我们要继承发扬屠呦呦科研组坚韧不拔、敢于开拓、不断创新的科学精神。

被屠呦呦称为传统中医献给人类礼物的青蒿素还有哪些提取方法？如何从中药里提取和分离活性成分，让中医药帮助我们去征服威胁生命的重大疾病呢？

本章主要介绍色谱分离原理、经典柱色谱及薄层色谱分离技术。

学习目标

1. **掌握**　吸附柱色谱和吸附薄层色谱分离原理；薄层色谱常用分离参数和系统适用性指标。
2. **熟悉**　吸附柱色谱和吸附薄层色谱的色谱条件选择；经典柱色谱、薄层色谱的操作技术。
3. **了解**　色谱的分类；凝胶柱色谱、纸色谱分离原理及操作技术；柱色谱、薄层色谱、纸色谱在药品、食品领域的应用。

第一节　色谱法基础知识

PPT

色谱法创始于 20 世纪初。1903 年，俄国植物学家茨维特（Tsweet）在从事植物色素的研究时，将碳酸钙填充于竖立的玻璃管中，植物叶子的石油醚浸取液从玻璃管顶端注入，然后用石油醚由上而下淋洗，如图 7 - 1 所示。随着连续洗脱，植物色素逐渐在玻璃管中形成一圈圈连续色带，就像一束白光通过棱镜时被色散成七色光的光谱现象，茨维特把这种现象称为"色谱"，相应的分离方法命名为"色谱法（chromatography）"。后来色谱法不仅用于有色物质的分离，而且更多地用于分离无色物质，虽然色谱的"色"已失去了原有的含义，但"色谱"一词仍被沿用至今。现代色谱法已经发展成为分析领域中最重要的分离分析方法。

在色谱法中，常将装有填充物的细长管（如玻璃管、不锈钢管）称为色谱柱（chromatographic col-

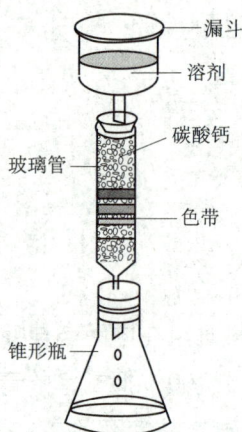

图 7-1 茨维特实验装置图

（标注：漏斗、溶剂、碳酸钙、玻璃管、色带、锥形瓶）

umn）；色谱柱内起分离作用并保持固定的填充物（如碳酸钙）称为固定相（stationary phase），流经固定相孔隙及表面的溶剂（如石油醚）称为流动相（mobile phase）。如今，固定相可以是固体，也可以是液体（将液体涂在固态的载体或管壁上）；流动相可以是气体，也可以是液体或超临界流体。

实际上，色谱法是一种物理或物理化学分离分析方法。它是利用混合物中各组分在流动相和固定相之间相互作用力（如溶解能力、吸附力、极性、亲和力等）的强弱不同，使各组分在色谱柱中分别以不同的速度移动而实现分离的定性与定量分析方法。

一、色谱法的分类

色谱法可从不同角度进行分类。

1. 按两相所处状态分类　可以分为液相色谱法（liquid chromatography，LC）、气相色谱法（gas chromatography，GC）和超临界流体色谱法（super critical fluid chromatography，SFC）。

（1）液相色谱法　是流动相为液体的色谱法。按固定相的状态，液相色谱法又可分为液 - 固色谱法（LSC）和液 - 液色谱法（LLS）。

（2）气相色谱法　是流动相为气体的色谱法。按固定相的状态，气相色谱法又可分为气 - 固色谱法（GSC）和气 - 液色谱法（GLC）。

（3）超临界流体色谱　是流动相为超临界流体的色谱法。超临界流体既不是气体也不是液体，其物理性质介于二者之间。

2. 按色谱分离原理分类　可分为吸附色谱法（adsorption chromatography，AC）、分配色谱法（distribution chromatography，DC）、离子交换色谱法（ion exchange chromatography，IEC）、分子排阻色谱法（molecular exclusion chromatography，MEC）等类型。

3. 按操作形式分类　可分为柱色谱法（column chromatography）和平面色谱法（plane chromatography）。

（1）柱色谱法　是将固定相装于柱管（如玻璃柱或不锈钢柱）内，色谱分离过程在柱管内完成的色谱法。

（2）平面色谱法　是色谱过程在固定相构成的平面状层内进行的色谱法。包括薄层色谱法（thin - layer chromatography，TLC）、纸色谱法（paper chromatography，PC）和薄膜色谱法（thin - film chromatography）。

二、色谱分离过程

实现色谱分离的基本条件是必须具备相对运动的两相，其中一相固定不动作为固定相，另一相携带样品向前移动作为流动相。色谱过程就是物质在相对运动的两相间达到吸附或分配平衡的过程。如图 7-2 所示，混合组分 A 和 B 由于结构和理化性质的不同，在两相间不断进行吸附、解吸附、再吸附、再解吸附或分配，再分配等作用，经过多次反复，各组分间的吸附或分配的微小差别被多次（可高达 10^6 次）放大，产生不同的迁移速度，其中组分 A 迁移速度快，先流出色谱柱而形成色谱峰 A，组分 B 迁移速度慢，后流出色谱柱而形成色谱峰 B，从而混合物得以分离。

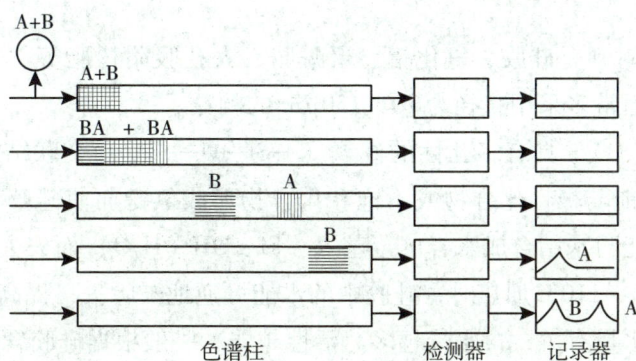

图 7 - 2 色谱分离过程示意图

三、色谱法的特点

1. 分离效能高 色谱法在一个分析周期内可以分离十多个组分，甚至上百个组分。特别是对于有机同系物和异构体的分离，色谱法比经典分离技术（如萃取、蒸馏、重结晶等）更为有效。

2. 分离与分析功能兼备 色谱法与光谱法的主要区别在于色谱法具有分离与分析两种功能，而光谱法不具备分离功能。色谱法能排除组分间的相互干扰，逐个将组分进行定性、定量分析。随着高灵敏度检测器的普遍使用，色谱法已实现痕量组分分析。采用联用技术把各种分析技术的长处结合起来，在线检测复杂混合物，将分离和分析一并完成，是仪器分析技术发展的方向。

3. 自动化程度高 色谱分析与先进的计算机技术结合，使仪器操作、分离分析自动完成，操作和数据处理简单、快速、准确。

4. 应用范围广 色谱法可以分离分析无机、有机样品、低分子和高分子样品，甚至对热不稳定或有生物活性的样品也可进行分离测定。其应用几乎涵盖所有的生产领域。

第二节　经典柱色谱技术

PPT

经典柱色谱按分离原理，可分为吸附柱色谱、分配柱色谱、离子交换柱色谱和分子排阻色谱（也称空间排阻色谱或凝胶柱色谱）等。本节主要讨论液–固吸附柱色谱技术和凝胶柱色谱技术。

一、液–固吸附柱色谱技术

1. 分离原理 固定相是固体吸附剂，流动相为液体的柱色谱法称为液–固吸附柱色谱法。吸附剂一般是多孔性微粒状物质，其表面有许多吸附中心［如硅胶表面的硅羟基（—SiOH）］，对不同极性的组分有不同的吸附能力。色谱分离过程中，样品中的组分分子与流动相分子竞争性地占据吸附剂表面活性中心。当组分占据吸附剂活性中心时，称为吸附；当流动相分子从活性中心置换出被吸附的组分分子时，称为解吸附。在整个分离过程中，组分不断被吸附、解吸附、再吸附、再解吸附……如此反复多次。因吸附剂对各组分吸附能力不同和流动相对各组分的溶解能力（或称解吸能力、洗脱能力）的差异，各组分在色谱柱中迁移速度不同，最终导致混合物中各组分流出色谱柱的先后顺序（或在色谱柱中停留的时间即保留时间）不同，从而达到分离的目的。液–固吸附柱色谱法适合于分离不同种类的化合物（如醇类和芳香烃等）。

2. 吸附剂 常用的吸附剂有硅胶、氧化铝、聚酰胺、大孔吸附树脂等。吸附剂的颗粒应尽可能大小均匀，除另有规定外，通常多采用直径为 $70\sim150\mu m$ 的颗粒。

（1）硅胶（$SiO_2\cdot XH_2O$） 具有多孔性的硅氧（—Si—O—Si—）交联结构，其表面有许多硅羟基（—Si—OH）。由于硅羟基能与极性化合物或不饱和化合物形成氢键而使硅胶具有吸附能力，也称吸附活性。硅胶表面的羟基也能与水结合成水合硅羟基（—Si—OH·H_2O）而失去吸附能力，此过程称为失活或脱活。但将硅胶在 $105\sim110℃$ 加热时，硅胶中的水能可逆地被除去，提高吸附活性，此过程称为活化。硅胶吸附活性与其含水量有关，含水量越多，活性越弱。一般根据硅胶含水量将硅胶的活性分为五个活度等级（表7-1）。

表7-1 硅胶和氧化铝的活性与含水量的关系

硅胶含水量（%）	氧化铝含水量（%）	活度级	活性
0	0	I	大
5	3	II	
15	6	III	↓
25	10	IV	
38	15	V	小

由表7-1可知，吸附剂（如硅胶、氧化铝）含水量增加，活度级数越大，活性越小，吸附能力减弱。采用活化或失活的方法可以控制吸附剂的活性。常用的氧化铝和硅胶活度级数为 II～III 级。另外，硅胶分离效率的高低与粒度、孔径及表面积等有关，硅胶粒度越小，越均匀，其分离效率越高。硅胶表面的 pH 约为5，呈弱酸性，适用于分离酸性及中性化合物，如有机酸、氨基酸、萜类、甾体等。

（2）氧化铝 吸附机制是其表面铝羟基（Al—OH）的氢键作用而能吸附其他的物质。氧化铝的吸附能力也与含水量有关，见表7-1。色谱用氧化铝有碱性、中性、酸性三种，而中性氧化铝使用最多，各自适用范围见表7-2。

表7-2 氧化铝分类及应用范围

氧化铝种类	pH	应用范围
碱性氧化铝	9.0~10.0	分离碱性和中性化合物，如生物碱、脂溶性维生素等
中性氧化铝	7.5	分离酸性、中性和碱性化合物，如生物碱、挥发油、萜类、甾体，以及在酸、碱中不稳定的酯类、苷类等化合物
酸性氧化铝	4.0~5.0	分离酸性和中性化合物，如氨基酸、有机酸、酸性色素

（3）聚酰胺 是一类由酰胺聚合而成的高分子化合物，主要通过分子内的酰胺基与酚、酸、硝基、醌类化合物形成氢键而产生吸附作用。聚酰胺在水中形成氢键的能力最强，在有机溶剂中较弱，在碱性溶剂中最弱。主要适合于含—OH的天然产物有效成分的分离。

（4）大孔吸附树脂 是一种不含交换基团，具有大孔网状结构的高分子化合物，理化性质稳定，不溶于酸、碱及有机溶剂。大孔吸附树脂粒度多为20～60目，在水溶液中吸附力较强并有良好的吸附选择性，而在有机溶剂中吸附能力较弱，它是一种吸附性与筛分性原理相结合的分离材料。大孔吸附树脂主要用于水溶性化合物的分离纯化，如皂苷及其他苷类化合物的分离，如果对脂溶性化合物改变条件使其溶解在水中，掌握适宜的分离条件，也可达到满意的分离效果。

3. 流动相 在吸附柱色谱法中，流动相又称为洗脱剂，主要对样品组分起洗脱作用。流动相的选择应考虑三个方面因素。

（1）被测物质的结构和性质 物质的结构不同，其极性也不同，被吸附剂表面吸附的牢固程度也不同。判断物质极性大小的一般规律如下：①烷烃为非极性化合物，一般不被吸附剂吸附或吸附得不牢；②分子中官能团的极性越大或极性官能团越多，则整个分子的极性越大，被吸附力越强；③分子中双键越多，共轭双键链越长，被吸附力越强；④分子中取代基的空间排列对被吸附性也有影响，当形成分子内氢键时，被吸附力减弱。常见官能团的极性由小到大的顺序如下：烷烃＜烯烃＜醚＜硝基化合物＜酯＜酮＜醛＜硫醇＜胺＜酰胺＜醇＜酚＜羧酸。

（2）吸附剂的性能 分离极性大的物质，一般选用吸附活性小的吸附剂；分离极性小的物质，可选择吸附活性稍大的吸附剂。

（3）流动相的极性 一般依据"相似相溶"原则，分离极性较大的物质应选择极性较大的溶剂作流动相；分离极性较小的物质，则宜选择极性较小的溶剂作流动相。常用溶剂的极性由弱到强的顺序如下：石油醚＜环己烷＜四氯化碳＜苯＜甲苯＜三氯甲烷＜乙醚＜乙酸乙酯＜正丁醇＜丙酮＜乙醇＜甲醇＜水。以硅胶为吸附剂时，流动相的洗脱能力主要由其极性决定，强极性流动相占据吸附中心的能力强，故其洗脱能力强。

综上所述，一般用亲水性吸附剂（如硅胶、氧化铝）作色谱分离时，如被测物质极性较大，应选择吸附活性较小的吸附剂和极性较大的流动相；如被测物质极性较小，应选择吸附活性较大的吸附剂和极性较小的流动相。被分离物质、吸附剂和流动相选择原则如图7-3所示。色谱分离时，选择合适的吸附剂和流动相尤其重要，一般根据被分离物质的极性选择吸附剂的活性和流动相的解吸能力或洗脱能力，通过反复实验来寻找最佳方案。

如果以聚酰胺为吸附剂时，甲酰胺或二甲基甲酰胺等碱性溶剂洗脱能力最强，丙酮、甲醇及乙醇次之，水的洗脱能力最弱。实际上，通常用水与其他有机溶剂的混合液作流动相，如醇－水、丙酮－水、二甲基甲酰胺－氨水等。

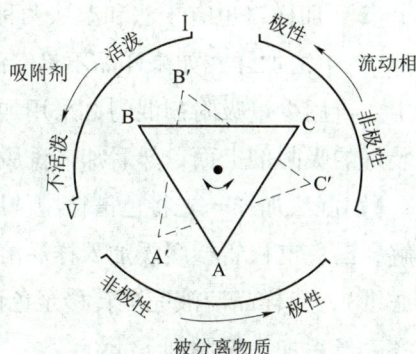

图7-3 被分离物质、吸附剂和流动相选择关系图

即学即练7-1

以硅胶为吸附剂的柱色谱，下列叙述正确的是（ ）。

A. 组分的极性越强，与固定相吸附作用越强

B. 组分的分子量越大，越有利于吸附

C. 流动相的极性越强，溶质越容易被固定相吸附

D. 二元混合溶剂中极性小的溶剂的含量越大，其洗脱能力越强

答案解析

4. 吸附柱色谱操作技术 主要包括装柱、加样、洗脱、收集和检测五个步骤。吸附柱色谱装置如图7-4所示。 微课1

（1）装柱 装柱的好坏直接影响分离效率。先选择合适的色谱柱，柱的长度与直径比一般为（10～20）:1。装柱之前，先将空柱洗净干燥，再将空柱垂直固定在铁架台上。如果色谱柱下端没有砂

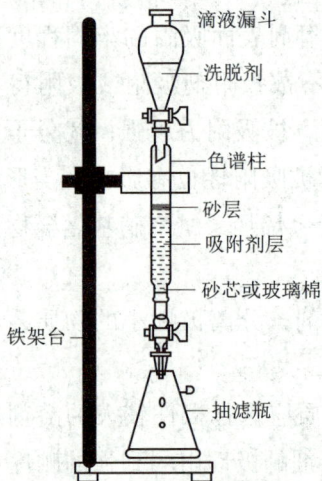

滴液漏斗
洗脱剂
色谱柱
砂层
吸附剂层
砂芯或玻璃棉
铁架台
抽滤瓶

图7-4 吸附柱色谱装置图

芯横隔，取一小团脱脂棉，用玻璃棒将其推至柱底，再在上面平铺一层厚0.5~1cm洗净的、干燥的石英砂，有助于分离时色层边缘整齐，加强分离效果。

色谱柱的填装要均匀、没有气泡，装柱方法有干法和湿法两种。

1) 湿法装柱 是将吸附剂与洗脱剂混合均匀，搅拌除去气泡，打开下端活塞，缓缓倾入色谱柱中，必要时，振动管壁使气泡排出，用洗脱剂将管壁吸附剂洗下，使色谱柱面平整。待平衡后，关闭下端活塞，操作过程中应保持吸附层上方有一定量的洗脱剂。

2) 干法装柱 是将吸附剂均匀地一次加入至色谱柱中，振动管壁使其均匀下沉，然后打开色谱柱下端活塞，沿管壁缓缓加入洗脱剂，待柱内吸附剂全部湿润，且不再下沉为止。也可在色谱柱中加入适量的洗脱剂，旋开活塞，使洗脱剂缓缓滴出，然后自管顶端缓缓加入吸附剂，使其均匀地润湿下沉，在管内形成松紧适度的吸附层。装柱完毕，关闭下端活塞。操作过程中应保持吸附层上方有一定量的洗脱剂。

(2) 加样 也有干法和湿法两种方法。

1) 干法加样 如果样品不易溶解于初始洗脱溶剂，可采用干法加样，预先将样品溶于其易溶的溶剂中，再用少量吸附剂混匀，采用加温或挥干方式除去溶剂后，待干燥后再将带有样品的吸附剂加入至已装好的吸附剂上面，然后加入洗脱剂。

2) 湿法加样 先将色谱柱中洗脱剂放至与吸附剂面相齐，关闭活塞，用少量初始洗脱溶剂使样品溶解，沿色谱柱管壁缓缓加入样品溶液，应注意勿使吸附剂冲松浮起（亦可在吸附剂表面放入面积相当的滤纸），待样品溶液完全转移至色谱柱柱管中后，打开下端活塞，使液体缓缓流至液面与吸附剂面相平齐，然后加入洗脱剂。

(3) 洗脱 可用一种溶剂或几种溶剂按一定比例混合，组成混合溶剂作为洗脱剂。在洗脱的操作过程中：①保持吸附层上方有一定量的洗脱剂，防止断层和旁流；②控制洗脱剂的流速，流速过快，达不到吸附平衡，影响分离效果；流速过慢，洗脱时间太长。通常洗脱剂流出速度为每分钟5~10滴。若洗脱剂下移速度太慢可适当加压或用水泵减压，以加快洗脱速度。通常按洗脱剂洗脱能力由小至大进行洗脱，通过变换洗脱剂的品种和比例，使样品中各组分达到分离。

(4) 收集 收集流出液通常有两种方式：①等份收集（亦可用自动收集器）；②按变换洗脱剂收集，该法操作时通常收集至流出液中所含成分显著减少或不再含有时，再改变洗脱剂的品种或比例。

(5) 检测 对收集到的样品用适当方法（分光光度法、薄层色谱法等）进行分析检测，如果为单一成分，则回收溶剂，得到组分。如果仍为混合物，可再用其他方法进行分离。

为了规范操作，《中国药典》对有关操作做出明确规定，例如色谱柱内径、吸附剂的种类、型号和粒度（目数）、装柱方法、柱床高度、洗脱剂的种类和用量、洗脱液的收集量等。柱内径一般为1.0~1.5cm，洗脱剂常用不同体积分数的乙醇或甲醇，吸附剂常用中性氧化铝、D101型大孔吸附树脂和聚酰胺等。

📱 知识链接 ----------

固-液萃取法

固相萃取柱（SPE column）是从经典层析柱发展而来的一种前处理装置，主要用于样品的分离、纯化和富集。固相萃取柱填料粒径小，分离效能和载样量较高，目前广泛应用于医药、食品、农畜业、环境、化工等领域。固相萃取技术是利用选择性吸附与选择性洗脱的液相色谱分离原理，通常使液体样品溶液通过吸附剂，保留被测物质，再选用适当溶剂冲去杂质，然后用少量溶剂迅速洗脱出被测物质，从而达到快速分离、纯化与浓缩的目的。或选择性吸附干扰杂质，而让被测物质流出；或同时吸附杂质和被测物质，再使用合适的溶剂选择性洗脱被测物质。如《中国药典》（2020 年版）一部枸杞子含量测定项使用碱性氧化铝固相萃取柱分离纯化样品溶液。

二、凝胶柱色谱技术

1. 分离原理　凝胶色谱法是按分子尺寸的差异进行分离的一种液相色谱法，也称分子排阻色谱法，其分离机制只取决于凝胶的孔径大小与被分离组分的分子尺寸之间的相对关系，与流动相的性质无关。凝胶色谱的固定相多为凝胶。凝胶是一种由有机分子制成的分子筛，具有立体网状结构，其表面惰性，在水中不溶但可膨胀，并有许多一定大小的网眼。由于凝胶网眼的限制，不同大小的组分分子则可分别渗入凝胶孔内的不同深度。尺寸大的组分分子可以渗入凝胶的大孔内，但进不了小孔，甚至被排阻在凝胶粒子外部先行流出色谱柱。尺寸小的组分分子，大孔小孔都可以渗入并扩散到凝胶内部，流速变慢，最后流出。因此，大的组分分子在色谱柱中停留时间较短，很快被洗出；小的组分分子在色谱柱中停留时间较长。经过一定时间后，各组分按分子大小得到分离。凝胶色谱分离过程如图 7 - 5 所示。

2. 固定相　常用固定相有无机和有机两大类。

（1）无机凝胶　又称硬质凝胶，是具有一定孔径范围的多孔性凝胶，如多孔硅胶、多孔玻璃珠等。此类凝胶化学惰性、稳定性及机械强度均好，耐高温，使用寿命长，但装柱时易碎，不易装紧，柱分离效能较低。

（2）有机凝胶　又称半硬质凝胶。如苯乙烯和二乙烯苯交联共聚物凝胶，能耐较高压力，适用于有机溶剂作流动相，有一定可压缩性，便于填充紧密，柱分离效能较高，但在有机溶剂中有轻度膨胀。

新型凝胶色谱填料，克服了传统软填料的一些弱点，粒度细，机械强度高，分离速度快，分离效果好，

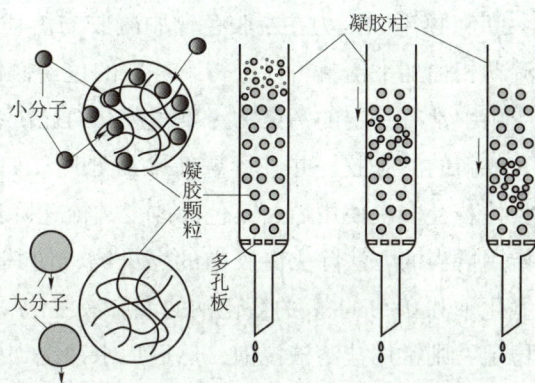

图 7 - 5　凝胶色谱分离过程

特别是无机填料表面键合亲水性单分子层或多层覆盖的单糖或多糖型等填料（如交联葡聚糖凝胶 Sephadex G）广泛用于生物大分子的分离。

3. 流动相　必须与凝胶本身非常相似，不能破坏凝胶的稳定性，能溶解样品，湿润凝胶使其膨胀，且具有较低的黏度，能保持一定的流动性，有利于大分子的扩散。常用的流动相有四氢呋喃、甲苯、二甲基甲酰胺、三氯甲烷和水等。以水溶液为流动相的凝胶色谱称为凝胶过滤色谱，适用于水溶性样品的分析。以有机溶剂为流动相的凝胶色谱称为凝胶渗透色谱，适用于非水溶性样品的分析。

4. 凝胶柱色谱操作技术

（1）溶胀　商品凝胶是干燥的颗粒，通常以 $40 \sim 60 \mu m$ 的使用最多。凝胶使用前需要在洗脱液中充分溶胀一至数天，如在沸水浴中将湿凝胶逐渐升温到近沸，则溶胀时间可以缩短到 1 ~ 2 小时。凝胶的

溶胀一定要完全，否则会导致色谱柱不均匀。热溶胀法还可以杀死凝胶中产生的细菌，脱掉凝胶中的气泡。

（2）装柱 由于凝胶的分离是靠筛分作用，所以凝胶的填充要非常均匀，否则必须重填。凝胶在装柱前，可用水浮选法去除凝胶中的单体、粉末及杂质，并可用真空泵抽气排出凝胶中的气泡。最好购买玻璃或有机玻璃的凝胶空柱，在柱的两端皆有平整的筛网或筛板。将空柱垂直固定，加入少量流动相以排出柱中底端的气泡，再加入流动相至柱中约1/4的高度。柱顶部连接一个漏斗，漏斗颈直径约为柱径的一半，然后在搅拌下，缓慢、均匀、连续地加入已经脱气的凝胶悬浮液，同时打开色谱柱的出口，维持适当的流速，凝胶颗粒将逐层水平地、均匀地沉积，直到所需高度位置。最后拆除漏斗，用小滤纸片轻轻盖住凝胶床的表面，再用大量洗脱剂将凝胶床洗涤一段时间，直至柱床稳定，并始终保持一定的液面。

（3）加样 凝胶柱装好后，首先用流动相对色谱柱进行平衡处理，才能上样。一般在上柱前将样品过滤或离心。样品溶液的浓度应该尽可能的大一些，但如果样品的溶解度与温度有关时，必须将样品适当稀释，并使样品温度与色谱柱的温度一致。当一切都准备好后，这时可打开色谱柱的活塞，让流动相与凝胶床刚好平行，关闭出口。用滴管吸取样品溶液沿柱壁缓缓地加入色谱柱中，打开流出口，使样品液渗入凝胶床内。当样品液面恰与凝胶床表面齐平时，再次加入少量洗脱剂冲洗管壁，使样品恰好全部渗入凝胶床，又不致使凝胶床面干燥而发生裂缝。整个过程一定要仔细，避免破坏凝胶柱的床层。

（4）洗脱 凝胶色谱的流动相一般多采用水或缓冲溶液，少数采用水与一些极性有机溶剂的混合溶液，除此之外，还有个别比较特殊的流动相系统，这要根据溶液分子的性质来决定。加完样品后，可将色谱床与洗脱液贮瓶及收集器相连，设置好一个适宜的流速，就可以定量地分步收集洗脱液。然后根据溶质分子的性质选择光学、化学或生物学的方法进行定性和定量测定。

（5）再生 因为在凝胶色谱中凝胶与溶质分子之间原则上不会发生任何作用，因此在一次分离后用流动相稍加平衡就可以进行下一次的色谱操作。在通常情况下，一根凝胶柱可使用半年之久，但在实际应用中常有一定的污染物污染凝胶。对已沉积于凝胶床表面的不溶物，可把表层凝胶挖去，再适当增补一些新的溶胀胶，并进行重新平衡处理。如果整个柱有微量污染，可用0.5mol/L氯化钠溶液洗脱。凝胶柱若经多次使用后，其色泽改变、流速降低、表面有污渍时就要对凝胶进行再生处理。凝胶的再生是指用恰当的方法除去凝胶中的污染物，使其恢复原来的性质，如交联葡萄糖凝胶用温热的0.5mol/L氢氧化钠和0.5mol/L的氯化钠的混合液浸泡，用水冲洗到中性；聚丙烯酰胺和琼脂糖凝胶由于遇酸碱不稳定，则常用盐溶液浸泡，然后用水冲洗到中性。

三、应用示例

柱色谱法操作简便，分离被检成分和杂质时不会发生乳化现象，主要用于药品的分离纯化，经柱色谱收集的洗脱液可制备供试品溶液用于定性定量分析。

示例7-1 人参叶含量测定中样品溶液的制备

【基本原理】人参叶主要成分有皂苷类、多糖类和黄酮类，其主要活性成分包括人参皂苷 Rg_1 和 Re 等物质，人参皂苷 Rg_1 和 Re 常作为人参叶药材定性与定量的指标成分。《中国药典》（2020年版）一部采用人参皂苷 Rg_1 和 Re 作为人参叶药材的含量测定指标。人参皂苷 Rg_1 和 Re 都属于四环三萜类皂苷，极性较大，易溶于水、甲醇、乙醇，几乎不溶或难溶于乙醚、三氯甲烷、苯等极性小的有机溶剂。人参皂苷类化合物的分离先用三氯甲烷索氏回流提取除去极性较小的组分，药渣再采用醇类（如甲醇）作溶剂加热回流提取，提取液低温蒸干，多数皂苷难溶于冷甲醇而沉淀析出，用水溶解，再用石油醚萃取除去脂溶性杂质，水溶液再经过 D101 型大孔吸附树脂柱，先用水洗去糖类杂质，再用不同浓度的乙醇溶液进行梯度洗脱，大孔吸附树脂选择性吸附纯化人参皂苷。

【制备方法】取本品粉末约 0.2g，精密称定，置索氏提取器中，加三氯甲烷 30ml，加热回流 1 小时，弃去三氯甲烷液，药渣挥去三氯甲烷，加甲醇 30ml，加热回流 3 小时，提取液低温蒸干，加水 10ml 使溶解，加石油醚（30～60℃）提取 2 次，每次 10ml，弃去醚液，水液通过 D101 型大孔吸附树脂柱（内径为 1.5cm，柱长为 15cm），以水 50ml 洗脱，弃去水液。再用 20% 乙醇 50ml 洗脱，弃去 20% 乙醇洗脱液，继续用 80% 乙醇 80ml 洗脱，收集洗脱液 70ml，蒸干，残渣加甲醇溶解，转移至 10ml 量瓶中，加甲醇至刻度，摇匀，滤过，取续滤液，即得。

▶▶ 实例分析 7－1

实例 中药黄花夹竹桃性寒味苦，有大毒，生药误食可致死，但其果仁可入药，果仁中提取的黄夹苷（商品名为强心灵）经临床证明具有显著的强心作用，可用于治疗阵发性心动过速和多种原因引起的心力衰竭。黄夹苷的主要成分有单乙酰黄夹次苷乙，黄夹次苷甲、乙、丙和丁。这类化合物含有相同的甾体母核，易溶于甲醇、三氯甲烷，微溶于乙醚、水，不溶于苯和石油醚。

问题 黄夹苷的活性成分结构相近、性质相似，如何从中分离出 5 种单体？

答案解析

第三节 薄层色谱技术

PPT

薄层色谱法（thin layer chromatography，TLC）是指将固定相均匀平铺在光洁表面的玻璃、塑料或金属板上形成薄层，在此薄层上进行色谱分离的方法。铺好固定相层的平板称为薄层板（thin layer plate）或薄板。

按分离原理来分类，薄层色谱法也可分为吸附、分配、分子排阻色谱法等。本节主要介绍吸附薄层色谱分离检测技术。

一、分离原理 ⓔ 微课2

薄层色谱是一种开放性色谱，是将混合组分样品溶液点在薄层板一端的起始线上，点样处称为原点，在密闭容器中用适宜的流动相（薄层色谱法中又称为展开剂）展开。因吸附剂对不同组分的吸附能力不同，展开剂对不同组分的解吸附能力也不完全相同，造成各组分在薄层板上移动的速度有快有慢，经过一段时间展开后，不同的组分彼此分开，最终形成相互分离的斑点。吸附薄层色谱的分离过程与吸附柱色谱一致，吸附剂和展开剂选择也遵循吸附柱色谱的选择原则。

二、薄层色谱参数

1. 比移值 在薄层色谱法中，一般采用定时展开，即观测在同一段时间内组分与展开剂移行的距离。组分迁移的距离与展开剂迁移的距离之比称为比移值（retardation factor，R_f）其计算方法如图 7－6 所示。

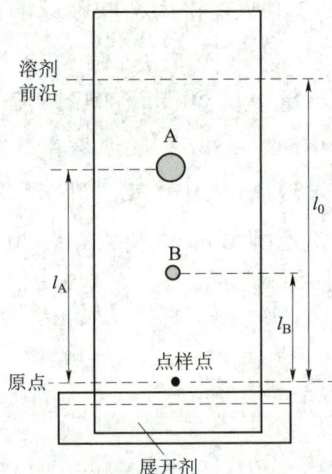

图 7 - 6 比移值计算方法示意图

$$R_f = \frac{原点到斑点中心的距离}{原点到溶剂前沿的距离} \qquad (7-1)$$

$$R_{f\ (A)} = \frac{l_A}{l_0} \qquad R_{f(B)} = \frac{l_B}{l_0} \qquad (7-2)$$

（7-2）式中，$R_{f(A)}$、$R_{f(B)}$ 分别为 A、B 两组分的比移值；l_A 为 A 组分从原点至斑点中心的距离（也称展开距离）；l_B 为 B 组分从原点至斑点中心的距离；l_0 为展开剂的展开距离。当色谱条件一定，组分的 R_f 为常数，是薄层色谱法的基本定性参数，但影响 R_f 的因素很多，主要有吸附剂的性质与展开剂的极性和溶解能力、展开时的温度、展开剂的饱和程度以及薄层板的性能等。要提高 R_f 的重现性，必须严格控制色谱条件。R_f 值应在 0~1 之间。在实际操作中，待测组分的 R_f 值在 0.2~0.8 为宜，最佳范围是 0.3~0.5。样品中各组分的 R_f 相差越大，表示分离得越开。

即学即练 7-2

以硅胶为吸附剂，乙酸乙酯 – 乙醇（1∶1）为展开剂，被测组分的 R_f 值为 0.9，请问应如何调整展开剂来降低 R_f 值？

2. 相对比移值 由于影响 R_f 值的因素很多，要在不同实验室、不同实验者间进行同一组分的 R_f 值比较是很困难的和不准确的，所以，常采用相对比移值（relative retardation factor, R_r）作为定性参数。R_r 是指被测组分 i 的比移值 $R_{f(i)}$ 与参照组分 s 的比移值 $R_{f(s)}$ 之比，其计算关系为

$$R_r = \frac{R_{f(i)}}{R_{f(s)}} = \frac{l_i/l_0}{l_s/l_0} = \frac{l_i}{l_s} \qquad (7-3)$$

（7-3）式中，l_i、l_s 分别为被测组分 i 和参照组分 s 的展开距离；l_0 为展开剂的展开距离。

由于参照组分与被测组分在完全相同的色谱条件下展开，能消除系统误差，因此，R_r 值的重复性和可靠性都比 R_f 好。参照组分可以是加入样品中的纯物质，也可以是样品中的某一已知组分。R_r 与 R_f 不同，R_r 值可以小于 1 或大于 1。

3. 分离度 相邻两斑点中心至原点的距离之差与两斑点平均径向宽度（斑点沿着展开方向的宽度）的比值称为分离度（resolution, R），是衡量薄层色谱分离效果的重要指标，如图 7-7 所示，其计算公式为

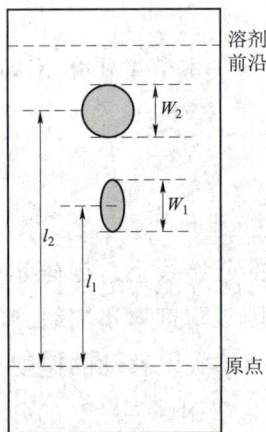

图 7 - 7 分离度计算方法示意图

$$R = \frac{l_2 - l_1}{(W_1 + W_2)/2} = \frac{2(l_2 - l_1)}{W_1 + W_2} \qquad (7-4)$$

（7-4）式中，l_1、l_2 分别为两斑点中心至原点的距离；W_1、W_2 分别为两斑点的径向宽度。$R > 1.0$ 时，相邻两斑点完全分开。

三、仪器与材料

1. 吸附剂　吸附剂颗粒的大小对薄层色谱展开速度、R_f 值和分离效果都有影响。颗粒大，总表面积小，吸附量低，展开速度快，展开后斑点较宽，分离效果差；颗粒小，展开速度慢。因此，一般选用颗粒粒径为 $10\sim40\mu m$ 的吸附剂。最常用吸附剂有硅胶 H、硅胶 G、硅胶 GF_{254}、硅胶 HF_{254} 等，其次有聚酰胺、微晶纤维素、氧化铝、氧化铝 G、硅藻土、硅藻土 G 等。硅胶 H 是指不含黏合剂的硅胶；硅胶 G 是指混合有煅石膏的硅胶；硅胶 GF_{254} 是指混有煅石膏和无机荧光剂的硅胶，在 254nm 紫外光下呈现黄绿色荧光背景。用含有荧光剂的吸附剂制成的荧光薄层板可用于本身不发光且不易显色物质的研究。

> **即学即练 7 - 3**
>
> H、G、F 各代表何种意思？试解释硅胶 HF_{365} 的含义。
>
> 答案解析

2. 载板　吸附剂的载板是指表面光滑、平整清洁的玻璃板、塑料膜和金属箔。最常用的是玻璃板，规格有 5cm×20cm、10cm×10cm、10cm×15cm 或 10cm×20cm 等，厚度一般为 2mm。在使用前必须用清洁剂或铬酸洗液浸泡洗涤，用清水充分清洗，再用蒸馏水或去离子水冲洗，洗净后玻璃板表面应不附水珠，晾干备用。

3. 点样器　薄层色谱点样方式有手动、自动两种方式。手动点样时一般采用定量毛细管或微量注射器（图 7-8 和图 7-9），自动点样采用自动点样仪（图 7-10）。

橡皮帽　玻璃管　橡皮塞　定容玻璃毛细管

图 7-8　定量毛细管

图 7-9　平口微量注射器

4. 展开容器　应使用适合薄层板大小的平底或双槽薄层色谱专用展开缸（图 7-11），并配有严密的盖子，展开缸底部应平整光滑，侧面应便于观察。常用双槽展开缸，水平展开时使用专用水平展开槽。

图 7-10　全自动点样仪

图 7-11　双槽薄层色谱专用展开缸

5. 显色剂 分通用型和专属型。通用型显色剂能与多数有机化合物反应，显示相同的颜色斑点；专属型显色剂对含有特定官能团的化合物起反应，显示特定的颜色斑点。常见通用型和专属型显色剂见表 7-3。

表 7-3 常用显色剂

显色剂	适用范围	显色方法	斑点颜色
浓硫酸乙醇溶液	多数有机化合物	喷雾加热	多数加热后呈黑色
碘	多数有机化合物	熏蒸	多数显黄棕色
磷钼酸乙醇溶液	醛等还原性物质	喷雾烘干	蓝色
茚三酮试液	氨基酸类	喷雾或浸渍	紫色或黄色
三氯化铁-铁氰化钾试液	含酚羟基化合物	喷雾或浸渍	红褐色或棕红色

6. 显色装置 有喷雾、浸渍和蒸气熏蒸三种，各有相应的显色装置。喷雾显色使用玻璃喷雾瓶（图 7-12）或专用的喷雾器，要求用压缩气体使显色剂呈均匀细雾状喷出；浸渍显色可用适宜玻璃容器或专用展开槽或展开缸（图 7-13）代替；蒸气熏蒸显色可用双槽展开缸或适宜大小的干燥器代替。

7. 检视装置 一般是装有可见光或紫外光（254nm 及 365nm）光源及适宜的滤光片的暗箱，可附加摄像设备供拍摄色谱图用，暗箱内光源应有足够的光照度。常用的是带有黑布罩的三用紫外分析仪，如图 7-14 所示。此处还可用薄层扫描仪记录薄层色谱结果。

图 7-12 显色喷雾瓶

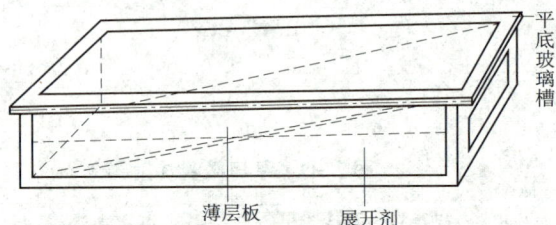
图 7-13 浸渍玻璃槽

图 7-14 三用紫外分析仪

四、薄层色谱操作技术 微课 3

1. 薄层板制备

（1）自制薄层板 一般可分为无黏合剂的软板和含黏合剂的硬板两种。无黏合剂薄层板是将固定相直接涂布于玻璃板上；含黏合剂薄层板是将固定相中加入一定量的黏合剂，一般常用 10% ~ 15% 煅石膏（$CaSO_4 \cdot 2H_2O$ 在 140℃加热 4 小时）或用 0.2% ~ 0.5% 羧甲基纤维素钠水溶液。薄层涂布时，将 1 份固定相和 3 份水（或 0.2% ~ 0.5% 羧甲基纤维素钠水溶液）在研钵中沿同一方向研磨混匀，去除表面的气泡后，置玻璃板上使涂布均匀，或倒入涂布器（图 7-15）中，在玻板上平稳地移动涂布器进行涂布（涂层厚度为 0.2 ~ 0.3mm），取涂好的薄层板，置水平台上于室温下晾干后，在 110℃活化 30 分钟，立即置于有干燥剂的干燥器中备用。使用前应检查其均匀度（可通过透射光和反射光检视），表面应均匀、平整、光滑，且无麻点、无气泡、无破损、无污染。

（2）市售薄层板　分为普通薄层板和高效薄层板。普通薄层板固定相粒径为 10～40μm；高效薄层板固定相粒径为 5～10μm。常用的有硅胶 G 薄层板、硅胶 GF$_{254}$ 薄层板（图 7-16）、聚酰胺薄膜和铝基薄层板等。薄层板临用前一般应在 110℃ 活化 30 分钟（聚酰胺薄膜不需活化）。铝基片薄层板和聚酰胺薄膜可根据需要剪裁，但必须注意剪裁后的薄层板底边的硅胶层不得有破损，如在存放期间被空气中杂质污染，使用前可用甲醇、二氯甲烷与甲醇的混合溶剂在展开容器中上行展开预洗，取出，晾干，110℃ 活化后，置干燥器中备用。

图 7-15　手动涂布器　　　　　　　　　　　图 7-16　硅胶类薄层板

2. 点样　在适宜的温度和湿度环境下，用微量毛细管或自动点样器点样于薄层板上，一般为圆点状或窄细的条带状。点样基线距底边 10～15mm（高效薄层板一般为 8～10mm）。圆点状直径一般不大于 4mm（高效薄层板一般不大于 2mm），条带状宽度一般为 5～10mm（高效薄层板条带宽度一般为 4～8mm），点间（条带间）距离可视斑点扩散情况以相邻斑点互不干扰为宜，一般不小于 8mm（高效薄层板一般不小于 5mm）。普通薄层板的点样量最好在 10μl 以下，高效薄层板在 5μl 以下。样品的浓度通常为 0.5～2mg。宜少量多次点样，每次点样后，使其自然干燥或用吹风机冷风吹干原点残留溶剂，在空气中点样以不超过 10 分钟为宜，只有吹干后，才能点第二次。接触式点样时应注意勿损伤薄层表面，不得出现凹点，不可刺出空洞。

3. 展开

（1）展开要求　在展开过程中，极性较弱的沸点较低的溶剂在薄层板边缘容易挥发，致使边缘部分的展开剂中极性溶剂的比例增大，使 R_f 值相对变大。同一种物质在同一薄层板上出现中间部分的 R_f 值比边缘的 R_f 值小，这种现象称为边缘效应。展开缸预先用展开剂蒸气饱和可避免边缘效应，如需要预饱和，最好使用双槽展开缸，可在一侧槽内加入足够量的展开剂，薄层板置另一侧槽内，放置到规定时间后，保持容器密闭，小心倾斜展开缸，使展开剂进入放有薄层板的槽内，必要时也可在内壁上贴两条与展开缸相同高和宽的滤纸条，一端浸入展开剂中，密封顶盖，一般保持 15～30 分钟，使系统平衡。

薄层板浸入展开剂的深度为距薄层板底边 0.5～1.0cm（切勿将样点浸入展开剂中），密封顶盖。待展开至规定的距离，如 20cm 长的薄层板，上行展开一般为 8～15cm，高效薄层板上行展开为 5～8cm，取出薄层板，在前沿处做好标记，晾干，待检测。

（2）展开方式　薄层板在展开剂中展开的方式有上行、近水平、双向和多次展开等。

1）上行展开　是目前薄层色谱法中最常用的一种展开方式。将点好样的薄层板放入盛有展开剂的直立型色谱缸中，斜靠于展开缸一边内壁上，展开剂沿下端借毛细管作用缓慢上升。该方式适合于含黏合剂的硬板的展开，如图 7-17 所示。

2）近水平展开　适合于不含黏合剂薄层板的展开，如图 7-18 所示。在长方形展开缸内，将点好样的薄板下端浸入展开剂约 0.5cm（样品原点不能浸入展开剂中）。把薄板上端垫高，使薄板与水平成

15°~30°，展开剂借助毛细管作用自下而上进行。

3）双向展开　即先向一个方向展开，取出晾干后，将薄层板转动90°，再用原展开剂或另一种展开剂进行展开。常用于组分较多、性质比较接近的难分离混合物的分离。

4）多次展开　取经展开一次后的薄层板让残留溶剂挥干，再用同一展开剂或改用新的展开剂按同法进行多次展开，以达到更好的分离效果。

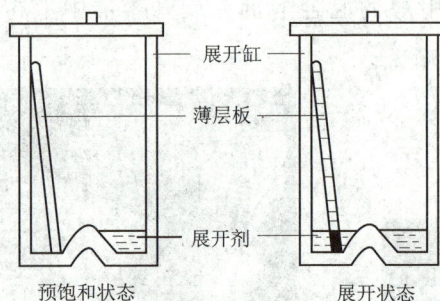

图 7-17　上行展开示意图　　　　图 7-18　近水平展开示意图

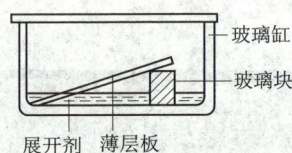

4. 检视　有色物质斑点可在日光下直接检视，无色物质斑点可用荧光或化学方法检视。

（1）荧光检出法　对无色物质可在紫外光灯（254nm 或 365nm）下，观察薄层板上有无暗斑或荧光斑点，并记录其颜色、位置及强弱。有荧光的物质或显色后可激发产生荧光的物质可在紫外光灯（254nm 或 365nm）下观察荧光斑点。在紫外光下有吸收的物质，可用带有荧光剂的薄层板，在254nm 或 365nm 紫外光灯照射下，整个薄层板呈黄绿色荧光，被测物质由于吸收了部分照射在此斑点位置的紫外线，可使荧光剂发生荧光猝灭，而呈现暗斑。

（2）化学检出法　利用化学试剂（显色剂）与被测物质反应，使斑点产生颜色而定位。显色方法可采用喷雾法、熏蒸法或浸渍法。显色时应确保均匀。浸渍显色应防止显色溶液溶解样品所造成的损失和色谱斑点变形。

五、薄层色谱检测技术

1. 系统适用性试验　《中国药典》要求采用薄层色谱法进行样品定性、定量分析前，首先对色谱条件进行系统适用性试验，即用样品和对照物对色谱条件进行试验和调整，应达到规定的检出限、比移值、分离度和相对标准偏差。

（1）检出限　指限量检查或杂质检查时，样品溶液中被测物质能被检出的最低浓度或量。一般采用已知浓度的样品溶液或对照标准溶液，与稀释若干倍的自身对照标准溶液在规定的色谱条件下，在同一薄层板上点样、展开、检视，后者应显清晰可辨斑点的浓度或量作为检出限。

（2）比移值　鉴别时，可用样品溶液主斑点与对照品溶液主斑点的比移值进行比较，或用比移值说明主斑点或杂质斑点的位置。除有特殊规定外，R_f 值应在 0.2~0.8 之间为宜。

（3）分离度（或称分离效能）　鉴别时，样品与标准物质色谱中的斑点均应清晰分离。当薄层色谱扫描法用于限量检查和含量测定时，要求定量峰与相邻峰之间有较好的分离度（R），分离度一般应大于1.0。在化学药品杂质检查的方法选择时，可将杂质对照品用样品自身稀释的对照溶液溶解制成混合对照溶液；也可将杂质对照品用待测组分的对照品溶液溶解制成混合对照标准溶液；或者采用样品以适当的降解方法获得的溶液。上述溶液点样展开后的色谱中，应显示清晰分离的斑点。

（4）相对标准偏差　薄层扫描含量测定时，同一样品溶液在同一薄层板上平行点样的待测成分的峰面积测量值的相对标准偏差应不大于5.0%；需显色后测定的或者异板的相对标准偏差应不大于10.0%。

2. 鉴别　制备样品溶液和对照标准溶液，在同一薄层板上点样、展开与检视，样品色谱图中所显斑点（或主斑点）的颜色（或荧光）、位置（R_f）应与标准物质色谱图的主斑点一致，而且主斑点的大小与颜色的深浅也应大致相同。或采用样品溶液与标准溶液等体积混合点样，应显示单一、紧密的斑点；或选用与样品化学结构相似的药物对照品与样品的主斑点比较，两者R_f值应不同；或将上述两种溶液等体积混合，应显示两个清晰分离的斑点。

3. 限量检查与杂质检查　化学药品杂质检查可采用杂质对照品法、样品溶液的自身稀释对照法或杂质对照品法与样品溶液自身稀释对照法并用。样品溶液除主斑点外的其他斑点应与相应的杂质对照标准溶液或系列浓度杂质对照标准溶液的相应主斑点比较，或与样品溶液的自身稀释对照溶液或系列浓度自身稀释对照溶液的相应主斑点比较，不得更深。通常规定杂质的斑点数和单一杂质量；当采用系列自身稀释对照溶液时，也可规定估计的杂质总量。

4. 定量方法　常用的定量方法有目视比色法、斑点洗脱法和薄层扫描法。薄层色谱法定量检测时，准确性较差，目前已很少使用。

（1）目视比色法　将一系列已知浓度的对照品溶液与样品溶液点在同一薄层板上，展开并显色后，以目视法直接比较样品斑点与对照品斑点的颜色深度和面积大小，求出被测组分的近似含量。作为半定量的分析方法，精密度为±10%。

（2）斑点洗脱法　将样品液以线状点在薄板的起始线上，展开后，用一块稍窄一点的玻璃板盖着薄板的中间，用定位方法定位出薄板两边斑点，拿开玻璃板将待测组分斑点中间条状部分的吸附剂定量取下（如采用刀片刮下或捕集器收集），如图7-19所示，再用合适的溶剂将待测组分定量洗脱，然后按照比色法或分光光度法、荧光分析法等测定其含量。但本法回收率往往偏低，其主要原因是样品在吸附剂上不易完全洗脱。

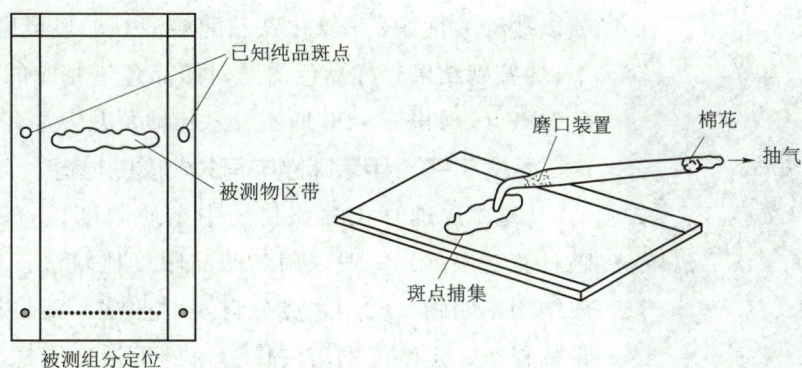

图7-19　斑点定位及捕集方法示意图

（3）薄层扫描法　样品经薄层色谱分离后，用一定波长、一定强度的光束照射薄层板上，对薄层色谱中可吸收紫外光或可见光的斑点，或经激发后能发射出荧光的斑点进行扫描，将扫描得到的图谱及积分数据用于含量测定。可根据不同薄层色谱扫描仪的结构特点，按照规定方式扫描测定，一般选择反射方式，采用吸收法或荧光法。为提高含量测定结果的准确性，一般以市售高效薄层板、自动点样仪及展开器、自动喷雾显色为宜。该法精密度可达 ±5%。

六、应用示例

薄层色谱法具有仪器简单、操作简便、专属性强、展开剂灵活多变、分离能力较强、色谱图直观并易于辨认等特点。薄层色谱法广泛应用于合成药物和天然药物的分离与鉴定，在药品质量控制中，薄层色谱法主要用于药物的鉴别和特殊杂质检查，特别是中药药材、制剂的鉴别和有关物质检查。

示例 7-2 六味地黄丸中牡丹皮的鉴别

【基本原理】薄层色谱鉴别药品真伪时的方法是将样品溶液与对照品溶液在同一块薄层板上点样、展开与检视，要求样品溶液所显示主斑点的颜色（或荧光）与位置（R_f）应与对照品溶液的主斑点一致，而且主斑点的大小与颜色的深浅也应大致相同。六味地黄丸由熟地黄、山茱萸和牡丹皮等六味药组成，其中牡丹皮主要成分为酚类及酚苷类、单萜及单萜苷类等。《中国药典》（2020 年版）一部采用丹皮酚作为该制剂的鉴别指标。六味地黄丸小蜜丸和大蜜丸加硅藻土研匀，目的在于吸附蜂蜜分散样品。样品中的丹皮酚易升华挥发，易溶于乙醚、丙酮、乙酸乙酯等弱极性溶剂中，故用乙醚从牡丹皮中提取且需缓缓加热，低温回流。根据薄层色谱分离组分、吸附剂和展开剂的选择原则，选用环己烷－乙酸乙酯（3:1）作为展开剂。丹皮酚本身无颜色但分子结构中含有酚羟基，可在酸性条件下与三氯化铁发生显色反应，呈现蓝褐色斑点，以此判断牡丹皮是否存在。丹皮酚斑点大小及颜色深浅受样品中丹皮酚含量、显色剂的用量和加热显色程度等因素的影响，故在点样时，点样量需稍大，原点点加成条带状鉴别效果会更明显。在展开过程中温度对丹皮酚 R_f 值会有影响，但由于色谱较简单，不影响结果判断。加热显色可使用电吹风机加热。

【鉴别方法】取六味地黄水丸 4.5g、水蜜丸 6g，研细；或取小蜜丸或大蜜丸 9g，剪碎，加硅藻土 4g，研匀。加乙醚 40ml，回流 1 小时，滤过，滤液挥去乙醚，残渣加丙酮 1ml 使溶解，作为样品溶液。另取丹皮酚对照品，加丙酮制成每 1ml 含 1mg 的溶液，作为对照品溶液。吸取上述两种溶液各 10μl，分别点于同一硅胶 G 薄层板上，以环己烷－乙酸乙酯（3:1）为展开剂，展开，取出，晾干，喷以盐酸酸性 5% 三氯化铁乙醇溶液，加热至斑点显色清晰。

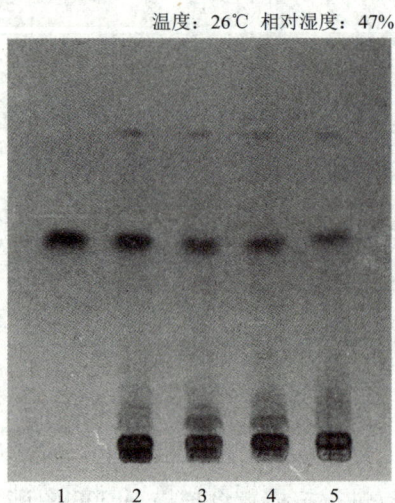

温度：26℃ 相对湿度：47%

图 7-20 六味地黄丸薄层色谱图

（1. 丹皮酚；2~5. 六味地黄丸）

【鉴别结果】样品色谱与对照品色谱相应的位置上，显相同颜色的斑点。如图 7-20 所示，六味地黄丸中含有牡丹皮成分。

示例 7-3 甲苯咪唑中有关物质的检查

【基本原理】化学原料药中杂质限度检查时，如杂质结构明晰且有对照品，一般采用对照品限度比较法；如杂质没有对照品或结构不明晰，常用主成分自身对照法，即将样品溶液按杂质限量稀释至一定浓度的溶液作为对照溶液，取样品溶液和对照溶液分别点于同一薄层板上展开，样品溶液色谱中除主斑点外的其他斑点与自身稀释对照溶液所显示的主斑点比较，不得更深。甲苯咪唑（图 7-21）在制备过程中产生还原反应生成物 3,4-二氨基二苯甲酮（I）与副反应产物 α-氨基-1H-苯并咪唑-5-苯甲酮（II）及 α-羟基-1H-苯并咪唑-5-苯甲酮（III）。甲苯咪唑和上述杂质易溶于甲酸、甲醇，三氯甲烷中微溶，故选择三氯甲烷－甲醇－甲酸（90∶5∶5）为展开剂，使主成分甲苯咪唑和杂质在硅胶薄层板上都有很好的分离度。上述这些物质都有一定紫外吸收，在254nm紫外光照射下，在硅胶GF$_{254}$薄层板上显清晰暗斑。通过自身对照溶液（2）的主成分斑点检视有无，确证检出限和色谱系统适用性要求。

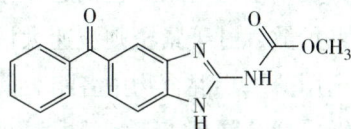

图7－21　甲苯咪唑结构

【检查方法】取甲苯咪唑50mg，置10ml量瓶中，加甲酸2ml溶解后，用丙酮稀释至刻度，摇匀，作为样品溶液；精密量取样品溶液适量，用丙酮分别定量稀释制成每1ml中含25μg和12.5μg的溶液，作为对照溶液（1）和（2）。吸取上述三种溶液各10μl，分别点于同一硅胶GF$_{254}$薄层板上，以三氯甲烷－甲醇－甲酸（90∶5∶5）为展开剂，展开后，晾干，置紫外光灯（254nm）下检视。

【检查结果】对照溶液（2）应显一个明显斑点，色谱系统适用性符合检出限要求；样品溶液如显现杂质斑点，其颜色与对照溶液（1）的主斑点的颜色比较，不得更深，杂质限度合格。

知识链接

薄层色谱技术的新发展

随着新材料新技术的应用，薄层色谱技术已由传统的普通薄层色谱发展到高效薄层色谱（HPTLC）、微乳薄层色谱（METLC）、二维薄层色谱（2DTLC）等，并逐步向联用检测方向发展，如薄层色谱－质谱联用、薄层色谱－红外光谱联用等。同时薄层色谱技术所需仪器自动化程度不断提高，标准化操作使得影响薄层色谱行为的因素得以控制，薄层色谱图可以获得良好的重现性。薄层色谱的对照方式也呈现多样化，可单独与对照品、对照药材、对照提取物、标准图谱对照，也可与其中两种或两种以上对照物质对照，专属性增强，应用范围越来越广泛。

第四节　纸色谱技术

PPT

纸色谱（paper chromatography）按其分离原理来分类，属于分配色谱的范畴。纸色谱应用范围不及薄层色谱广泛，主要用于分析水溶性成分，例如糖类、氨基酸类、无机离子等极性较大的物质，但因其操作简单、成本低，也常用于药品的鉴别、纯度检查和含量测定。

一、分离原理

分配色谱的基本原理与液－液萃取相同，利用样品中不同组分在两相溶剂中溶解性（或分配系数）不同，当流动相携带样品流经固定相（被吸附或固定在惰性材料上的液体）时，各组分在两相间不断进行溶解、萃取、再溶解、再萃取……样品经过多次反复分配后，造成分配系数稍有差异的组分移行的距离不同而实现分离。纸色谱是以纸为载体，以纸上所含水分或其他物质为固定相，用展开剂进行展开的分配色谱，属于正相分配色谱。纸色谱中被测组分在两相中的分配系数与被测组分的分子结构及展开剂种类和极性有关，常用于有一定极性化合物的分离。

二、仪器与材料

1. 色谱滤纸　应质地均匀，平整无折痕，边缘整齐，具有一定机械强度。不含影响展开效果的杂质；也不应与所用显色剂起作用，以免影响分离和鉴别效果。色谱滤纸纤维的松紧适宜，过于疏松易使斑点扩散，过于紧密则流速太慢。进行制备或定量分析时，应选用载样量大的厚纸；进行定性分析时一般选用薄纸。混合物中各组分间 R_f 值相差较小，宜选用慢速滤纸，R_f 值相差较大的混合物，选用快速滤纸。展开剂是正丁醇等黏稠的溶剂，可选用疏松的薄型快速滤纸，反之，宜选用结构紧密的厚型滤纸。常用的国产滤纸为新华色谱滤纸，国外进口滤纸为 Whatman 滤纸。

2. 展开剂 纸色谱的固定相一般为纸纤维上吸附的水，纸色谱所用的展开剂的选择主要考虑待测组分在两相中的溶解度和展开剂的极性。在展开剂中溶解度较大的组分迁移速度较快，R_f 值较大。对极性物质，增加展开剂中极性溶剂的比例，R_f 值增大；增加展开剂中非极性溶剂的比例，可减小 R_f 值。纸色谱法最常用的展开剂是含水的有机溶剂，如水饱和的正丁醇、正戊醇、酚等，也可加入少量的酸或碱，如甲酸、乙酸、吡啶等，以防止弱酸、弱碱的离解。

3. 展开容器 通常为圆形或长方形玻璃缸，缸上具有磨口玻璃盖且能密闭。用于下行展开法时，玻璃盖上有孔，可插入分液漏斗，用以加入展开剂。在近顶端有一用支架架起的玻璃槽作为展开剂的容器，槽内有一玻棒，用以压住色谱滤纸。槽的两侧各支一玻棒，用以支持色谱滤纸使其自然下垂，避免展开剂沿滤纸与溶剂槽之间发生虹吸现象。用于上行展开法时，在盖上的孔中加塞，塞中插入玻璃悬钩，以便将点样后的色谱滤纸挂在钩上，并除去溶剂槽和支架。

纸色谱所用显色剂、点样器、显色装置、检视装置和薄层色谱法大致相同。

三、纸色谱操作技术

1. 色谱滤纸准备

（1）用于下行法的色谱滤纸 取色谱滤纸按纤维长丝方向切成适当大小的纸条，离纸条上端适当的距离（使色谱滤纸上端能足够浸入溶剂槽内的展开剂中，并使点样基线能在展开剂槽两侧的玻璃支持棒下数厘米处）用铅笔划一点样基线，必要时，可在色谱滤纸下端切成锯齿形便于展开剂向下移动。

（2）用于上行法的色谱滤纸 色谱滤纸长约25cm，宽度则按需要而定，必要时可将色谱滤纸卷成筒形。点样基线距底边约2.5cm。

2. 点样 将样品溶解于适宜的溶剂中制成一定浓度的溶液。用定量毛细管或微量注射器吸取溶液，点于点样基线上，点样量取决于色谱滤纸的薄厚程度和显色剂的灵敏度，一般几到几十微克。一次点样量不超过 $10\mu l$。点样量过大时，溶液宜分次点加，每次点加后，使其自然干燥、低温烘干或经温热气流吹干。样点直径为 2～4mm，点间距离为 1.5～2.0cm，样点通常为圆形，也可点成条形。应能使点样位置正确、集中。

3. 展开 纸色谱最常用的展开方式是下行展开法和上行展开法，也可像薄层色谱一样有双向展开、多次展开、连续展开或径向展开等展开方式。

（1）下行展开法 将点样后的色谱滤纸的点样端放在展开剂槽内并用玻棒压住，使色谱滤纸通过槽两侧玻璃支持棒自然下垂，点样基线在支持棒下数厘米处。展开前，应使展开缸内展开剂的蒸气达到饱和。一般可在展开缸底部放一装有展开剂的平皿或被展开剂润湿的滤纸条附着在展开缸内壁上，放置一定时间，让展开剂挥发使缸内充满饱和蒸气。然后小心添加展开剂至展开槽内，使色谱滤纸的上端浸没在槽内的展开剂中，展开剂即经毛细作用沿色谱滤纸移动进行展开，展开过程中避免色谱滤纸受强光照射，展开至规定的距离后，取出色谱滤纸，标明展开剂前沿位置，待展开剂挥散后检视，如图 7 - 22 所示。

（2）上行展开法　点样方法同下行法。展开缸内加入展开剂适量，放置，待展开剂蒸气饱和后，再下降悬钩，使色谱滤纸浸入展开剂约 1cm，展开剂即经毛细作用沿色谱滤纸上升，如图 7 - 23 所示，一般展开至约 15cm 后，取出色谱滤纸晾干，按规定方法检视。

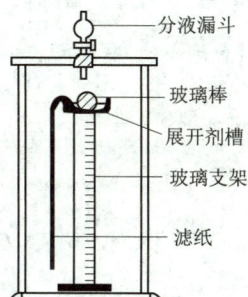

图 7 - 22　纸色谱下行展开示意图　　　　图 7 - 23　纸色谱上行展开示意图

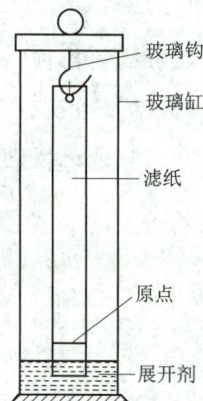

4. 斑点定位　纸色谱法斑点的定位基本上和薄层色谱法相似，但纸色谱法不能使用腐蚀性显色剂，也不能在高温下显色。

用纸色谱进行药物的鉴别、检查和含量测定的方法、要求与薄层色谱法一致，这里不再叙述。

四、应用示例

纸色谱法是一种以纸为载体的色谱法，目前已成为药学、生物化学、分子生物学及其他学科领域简单且有效的分析工具之一。它的固定相一般为纸纤维上吸附的水分，流动相为有机溶剂或有机溶剂与水组成的混合物，也可使纸吸留其他物质作为固定相，如缓冲液、甲酰胺等。用纸色谱法分离试样组分，主要用于一些精度不高的分析。

示例 7 - 4　纸色谱法分离氨基酸

【基本原理】纸色谱法是目前定性或定量测定多肽、核酸碱基、糖、有机酸、维生素、抗生素等物质的一种最简单易行的分离分析工具。其原理是以滤纸为惰性支持物的分配色谱，滤纸纤维上的羟基具有亲水性，滤纸吸附一层水作为固定相，有机溶剂为流动相。当有机相流经固定相时，由于分配系数不同，结果物质在两相间不断分配而得到分离。

【分离方法】取 6cm×7cm 滤纸，在距滤纸底部 2cm 处划线，用铅笔在线上标四个点作为点样位置（留出缝线空间）。用毛细管分别吸取氨基酸对照品和样品，与滤纸垂直方向轻触点样处的中心，点样的扩散直径控制在 0.5cm 之内，点样过程中必须在第一滴样品干后再点第二滴。为使样品加速干燥，可用吹风机吹干，但要注意温度不可过高，以免破坏氨基酸。将点好样品的滤纸两侧比齐，用线缝成筒状，注意缝线处纸的两边不要接触。避免由于毛细现象使溶剂沿两边移动特别快而造成溶剂前沿不齐，影响 R_f 值。将筒状的滤纸放入色谱缸内，以正丁醇：80% 甲酸：水 = 15：3：2（V/V）作为展开剂进行展开，当溶剂前沿至纸的上沿约 1cm 时，取出滤纸，立即用铅笔标出溶剂前沿位置，自然风干或用电吹风把滤纸吹干。向滤纸上均匀喷上 0.1% 茚三酮的正丁醇溶液作显色剂，完全吹干后显色。

【分离结果】通过实验可知每种氨基酸在展开剂中的移动速率是不同的，利用每种氨基酸在纸上的不同位置可以计算出各氨基酸样品的 R_f 值，并与赖氨酸、脯氨酸、亮氨酸等标准氨基酸的 R_f 值对照，确定混合样品中含有哪些氨基酸。

实例分析 7-2

实例 将同属于六碳糖的葡萄糖、鼠李糖和洋地黄毒糖点于同一纸色谱上，以正丁醇 - 乙酸 - 水（4：1：5）为展开剂，三者的 R_f 值分别为 0.17、0.42、0.66。

问题 运用纸色谱分离原理比较上述三种六碳糖的极性大小，并查阅三者化学结构分析其极性大小。

答案解析

实践实训

实训十　薄层色谱法鉴别维生素 C 注射液

PPT

【实训目的】

1. **掌握** 薄层板的制备技术、R_f 值的计算方法。

2. **熟悉** 薄层板制备、点样、展开等操作步骤。

3. **了解** 薄层色谱法在制剂鉴别中的应用及结果判断方法。

【基本原理】

为了确证维生素 C 注射液中含有维生素 C 成分，常采用吸附薄层色谱法来进行鉴别。以硅胶 GF_{254} 为固定相，以乙酸乙酯 - 乙醇 - 水（5：4：1）为展开剂，利用硅胶对维生素 C 注射液中各组分的吸附能力以及展开剂对各组分的解吸附能力不同而达到分离。利用维生素 C 具有紫外吸收的特性，在紫外光灯（254nm）照射下观察荧光板上形成的暗斑，与同板上的对照品比较，利用比移值（R_f）进行定性鉴别。

【实训器材】

1. **仪器** 玻璃板（10cm×20cm）、双槽展开缸、紫外分析仪（或薄层色谱成像系统）、研钵、定量毛细管（或平口微量注射器）、电子天平、托盘天平或台秤、烧杯、容量瓶、移液管、量筒、铅笔、刻度尺。

2. **试剂** 维生素 C 注射液（市售）、维生素 C 对照品、羧甲基纤维素钠（CMC-Na）、硅胶 GF_{254}、乙酸乙酯（分析纯）、95% 乙醇（分析纯）。

【实训内容与操作规程】

1. **薄层板铺制** 称取羧甲基纤维素钠（CMC-Na）0.50g，置于烧杯中，加水 100ml，加热使 CMC-Na 溶解，放置一周，待澄清备用。取上述 CMC-Na 上清液 30ml 置研钵中，称取 10g 硅胶 GF_{254}，分次加入研钵中，在研钵中按同一方向研磨，调成均匀糊状物，除去表面的气泡。取糊状物适量放在清洁的玻璃板上，轻轻振动玻璃板，使硅胶均匀地平铺于整块玻璃板上（厚度 0.2～0.3mm），或倒入涂布器中，在玻璃板上平稳地移动涂布器进行涂布，将涂布好的薄层板置水平台上，室温下晾干。

2. 薄层板活化 将晾干的玻璃板置于烘箱中，110℃活化 30 分钟，取出后置于有干燥剂的干燥器中备用。薄层板使用前应检查其均匀度，表面应均匀、平整、光滑、无麻点、无气泡、无破损、无污染。

3. 溶液制备

（1）对照品溶液 称取维生素 C 对照品约 10mg，加水溶解并定容至 10ml 容量瓶，作为对照品溶液。

（2）样品溶液 取维生素 C 注射液适量，用水稀释制成 1ml 中约含 1mg 维生素 C 的溶液，作为样品溶液。

4. 点样 在距薄层板底边 1.5cm 处，用铅笔轻轻划一条起始线，并将其分为三等分。用毛细管（或微量注射器）分别吸取维生素 C 对照液及样品液各 2μl，分别点于同一薄层板的两个等分点上，边点边用洗耳球吹干，样点为圆点，直径 2~3mm，位置应正确、集中。点样时不能损伤薄层板表面。

5. 展开 分别量取乙酸乙酯、95% 乙醇和纯化水适量，配成乙酸乙酯 – 乙醇 – 水（5：4：1）的展开剂，置于双槽展开缸中底部一侧槽内（展开剂只需满足薄层板浸入 0.5~1.0cm 的用量即可），把点好样的薄层板置于展开缸底部另一侧槽内，密封顶盖，饱和 15 分钟，倾斜展开缸，展开剂进入薄层板一侧，使点有样品的一端浸入展开剂，展开。待展开剂移行约 12cm，取出薄层板，立即用铅笔划出溶剂前沿，将薄层板置于通风橱中晾干。

6. 检测 待展开剂挥散后，在紫外分析仪（254nm）下观察，标出斑点的位置、外形，用刻度尺分别测定出原点至斑点中心的距离 l、原点至溶剂前沿的距离 l_0。

【实训记录与数据处理】

1. 画出薄层色谱图 如图 7 – 24 所示。

时间： 薄层板类型：

温度： 湿度：

对照品溶液点样量：

样品溶液点样量：

展开距离：

图 7 – 24 维生素 C 注射液薄层色谱图

2. 数据及结果 结果记录于表 7 – 4。

表 7 – 4 样品测定数据及结果

项目	对照品	样品
l（cm）		
l_0（cm）		
R_f		
结论		

【注意事项】

（1）CMC－Na 配制后需放置一周，只取上清液用于制备薄层板，否则 CMC－Na 溶液中的杂质会使薄层板表面出现不均匀的麻点。

（2）点样时应少量多次，边点边用洗耳球吹干，以免点样斑点过大。

（3）对照品和样品点样用的平口定量毛细管（或微量注射器）不能混淆，以防交叉污染。

【思考题】

（1）薄层板放入展开缸时，展开剂不能没过点样原点，为什么？

（2）如何防止边缘效应的产生？

实训十一　有机染料的柱色谱分离 🄔 微课 4

【实训目的】

1. 掌握　柱色谱的基本操作步骤。

2. 熟悉　湿法装柱、湿法加样、洗脱等操作过程的注意事项。

3. 了解　经典吸附柱色谱的分离原理。

【基本原理】

采用硅胶为固定相，以乙醇为洗脱剂，利用硅胶对罗丹明 B、二甲基黄的吸附能力不同，洗脱剂对二者具有不同的解吸附能力，罗丹明 B、二甲基黄在色谱柱中迁移速度不同，两者最终达到分离。

【实训器材】

1. 仪器　玻璃层析柱、玻璃棒、烧杯、量筒、小药勺、容量瓶、锥形瓶、胶头滴管、电子天平、铁架台（带蝴蝶夹）。

2. 试剂　硅胶（100~200 目）、95％乙醇、罗丹明 B、二甲基黄。

【实训内容与操作规程】

1. 溶液制备　称取罗丹明 B、二甲基黄各 40mg，溶于 100ml 95％乙醇中，摇匀，即得有机染料混合溶液。

2. 装柱　取层析柱一支，固定在铁架台上，下端若无砂芯，需填塞少量棉花，打开活塞，取适量硅胶与乙醇混合，用玻璃棒搅拌除去空气泡，缓缓倾入层析柱中，然后加入少量乙醇将附着在管壁的吸附剂洗下，使色谱柱面平整，管内装硅胶约 10cm 高，要求填充均匀，松紧一致。

3. 加样　将色谱柱中洗脱剂放至与吸附剂表面相齐，关闭活塞，用胶头滴管取混合有机染料溶液 1ml 沿管壁缓缓加入，用少量乙醇冲洗管壁的有机染料，打开活塞，使液体缓缓流至液面与吸附剂面相平齐。

4. 洗脱　用乙醇为洗脱剂进行洗脱。在洗脱时，要持续不断地加入洗脱剂，保持洗脱剂上有一定高度的液面。

5. 收集　用干净的锥形瓶分别收集不同颜色的流出液。

【实训记录与数据处理】

1. 数据记录　结果记录于表 7－5。

表 7－5　分离有机染料的柱色谱记录

硅胶用量 （g）	柱规格 （直径 cm×柱长 cm）	洗脱剂用量 （ml）	收集液 1 体积 （ml）	收集液 2 体积 （ml）
数据				

2. 画出分离后的有机染料柱色谱图并标明色带颜色　如图 7－25 所示。

【注意事项】

（1）为防止加样时将吸附剂冲松浮起，装柱后也可在吸附剂表面放入面积相当的滤纸，再压以数粒玻璃珠，以防滤纸在洗脱时翻动。

（2）洗脱时一定要保持吸附层上方有一定量的洗脱剂，防止断层和旁流。控制洗脱剂流出速度为每分钟 5～10 滴。

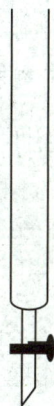

图 7－25　有机染料柱色谱图

【思考题】

（1）本实验若采用干法装柱、干法加样，应如何操作？

（2）如何进一步确定流出液的成分？

目标检测

答案解析

一、选择题

1. 液－固吸附柱色谱法的分离机制是利用吸附剂对不同组分的（　　）能力差异而实现分离。

　　A. 吸附　　　　　　　B. 分配　　　　　　　C. 交换　　　　　　　D. 渗透

2. 色谱用的氧化铝在使用前常需进行"活化"，"活化"是指进行（　　）处理。

　　A. 加活性炭　　　　　B. 加水　　　　　　　C. 脱水　　　　　　　D. 加压

3. 按分离机制进行分类，色谱法分为吸附色谱、（　　）、离子交换色谱、排阻色谱。

　　A. 液相色谱　　　　　B. 液液色谱　　　　　C. 分配色谱　　　　　D. 薄层色谱

4. 下列不能用作吸附剂的物质是（　　）。

　　A. 硅胶　　　　　　　B. 氧化铝　　　　　　C. 聚酰胺　　　　　　D. 羧甲基纤维素钠

5. 薄层色谱在展开过程中极性较弱和沸点较低的溶剂，在薄层板边缘容易引起边缘效应，消除办法为（　　）。

　　A. 展开前应用展开剂预饱和　　　　　　　　B. 展开过程中展开槽的盖子打开

　　C. 薄层板在展开剂中浸泡一段时间　　　　　D. 增加展开槽中展开剂的量

6. 纸色谱属于（　　）。

　　A. 吸附色谱　　　　　　　　　　　　　　　B. 分配色谱

　　C. 离子交换色谱　　　　　　　　　　　　　D. 液－固色谱

7. 下列溶剂的极性顺序正确的是（　　）。

A. 水 < 甲醇 < 乙醇 < 丙酮　　　　B. 丙酮 < 乙醇 < 水 < 甲醇

C. 丙酮 < 乙醇 < 水 < 甲醇　　　　D. 丙酮 < 乙醇 < 甲醇 < 水

8. 在吸附色谱中，分离极性大的物质应选用（　　　）。

　　A. 活性大的吸附剂和极性小的洗脱剂

　　B. 活性大的吸附剂和极性大的洗脱剂

　　C. 活性小的吸附剂和极性大的洗脱剂

　　D. 活性小的吸附剂和极性小的洗脱剂

9. 在薄层色谱法中分离酸性物质时，可在展开剂中加入少量的（　　　）。

　　A. 二乙胺　　　　　B. 氨　　　　　C. 酸　　　　　D. 碱

10. 在薄层色谱中，一般要求 R_f 值的范围在（　　　）。

　　A. 0.1 ~ 0.2　　　　　　　　　B. 0.2 ~ 0.8

　　C. 0.8 ~ 1.0　　　　　　　　　D. 1.0 ~ 1.5

11. 某组分以丙酮作展开剂进行薄层色谱分析时，R_f 值太小，欲提高该组分的 R_f 值，应选（　　　）。

　　A. 乙醇　　　　　B. 三氯甲烷　　　　　C. 环己烷　　　　　D. 乙醚

12. 用硅胶 G 的薄层色谱分离混合物中的偶氮苯时，以环己烷 - 乙酸乙酯（9∶1）为展开剂，经 1 小时展开后，测得偶氮苯斑点中心离原点的距离为 4.5cm，其溶剂前沿距离为 10.5cm。则偶氮苯在此体系中的比移值 R_f 为（　　　）。

　　A. 0.56　　　　　B. 0.49　　　　　C. 0.43　　　　　D. 0.25

二、填空题

1. 色谱法是利用混合物中各组分的_____差别，使各组分以不同程度分布于_____相和_____相中，两相在做相对运动时，所携带样品中各组分以_____从而达到互相分离。

2. 薄层色谱法的基本定性参数是_____，可用范围在_____。薄层色谱法的系统适用性试验包括_____、_____、_____、_____。薄层色谱的一般操作程序分为_____、_____、_____、_____等步骤。

3. 纸色谱法是以纸为_____，以纸上所含水分或其他物质为_____，用展开剂进行展开的_____色谱，极性大的组分 R_f 值_____。用纸色谱法分离 R_f 相差很小的混合物，宜选用_____滤纸。

4. 吸附柱色谱操作主要包括装柱、_____、_____、_____和_____五个操作步骤，装柱的方法有_____和_____。

三、计算题

1. 已知某化合物在硅胶薄层板 A 上，以苯 - 甲醇（1∶3）为展开剂，其 R_f 值为 0.50，在硅胶薄层板 B 上，用上述相同的展开剂展开，该化合物的 R_f 值降为 0.40，则 A、B 两种硅胶板，哪一种板的活性大些？

2. 复方 SMZ 片的甲醇溶液点样在硅胶 GF$_{254}$ 薄层板上，放入三氯甲烷 - 甲醇 - 二甲基甲酰胺（20∶2∶1）展开剂中展开，SMZ 和 TMP 从原点分别上行展开 12.4cm、8.6cm，SMZ 色斑的直径为 0.6cm，TMP 色斑的直径为 0.4cm，溶剂的前沿距原点 16.2cm，试计算 SMZ、TMP 的 R_f 值和 SMZ 和 TMP 分离度 R 值。

3. 化合物 A 在薄层板上从样品原点迁移 8.2cm，溶剂前沿迁移至 A 斑点以上 7.8cm 处。

（1）计算 A 的 R_f 值。

（2）若溶剂前沿移动至样品原点以上 15.7cm，A 斑点应在此薄层板上何处？

书网融合……

知识回顾　　微课1　　微课2　　微课3　　微课4　　习题

（姚　蓉）

第八章　气相色谱实用技术

学习引导

1958 年冬季，有一家生产马铃薯片的公司请求国际知名色谱学家莱斯利 S. 埃特雷（Leslie S. Ettre）给公司设计一个分析马铃薯片在贮存过程中变质后产生特有怪味的方法，用以检测马铃薯片变质的程度。埃特雷把一些装有马铃薯片的袋子存放在室温下，另外一些马铃薯片袋子存放在高温环境下。几天以后，埃特雷打开常温和高温屋子存放的马铃薯片袋子，发现它们的气味很不相同。埃特雷就用注射器（0.5 ~ 1ml）刺穿马铃薯片袋子吸取其中的气体，注射到气相色谱仪中。结果发现，不同的马铃薯片袋子中的气体得到的色谱不一样，这种取样及测定方法有何不同？在日常生活中，气相色谱法是如何为我们带来食品、药品安全保障的？

本章主要介绍气相色谱法的基本理论，气相色谱仪的结构及其应用。

学习目标

1. **掌握**　气相色谱常用术语；气相色谱仪组成结构部件及工作原理。
2. **熟悉**　定性与定量分析方法；气相色谱实验条件选择方法。
3. **了解**　气相色谱塔板理论和速率理论；气相色谱在医药、食品、环境等方面的应用。

第一节　气相色谱法基础知识

PPT

气相色谱法（gas chromatography，GC）是以气体为流动相的一种柱色谱法。1941 年，英国生物化学家马丁（Martin）和辛格（Synge）提出气体作为流动相的可能性，并开始气相色谱热力学理论的研究，建立了气相色谱的塔板理论。1956 年，荷兰科学家范第姆特（Van Deemter）从动力学角度提出气相色谱的速率理论，从而奠定了色谱法理论研究的基础。1957 年，美国电汽工程师戈莱（Golay）发明毛细管色谱柱，极大提高了气相色谱的分离效能。随着高性能检测器的出现，气相色谱的应用得到了迅速发展，现已广泛应用于医药卫生、食品分析、生命科学、环境检测、石油化工等多个领域。

一、基本术语

1. 色谱图和色谱峰　试样中各组分随着流动相进入色谱柱实现分离后，先后流出色谱柱，进入检测器，检测器所产生的响应信号（一般是电压信号，单位为 mV）随流出时间变化的关系曲线，称为色谱流出曲线，简称色谱图。如图 8 - 1 所示。

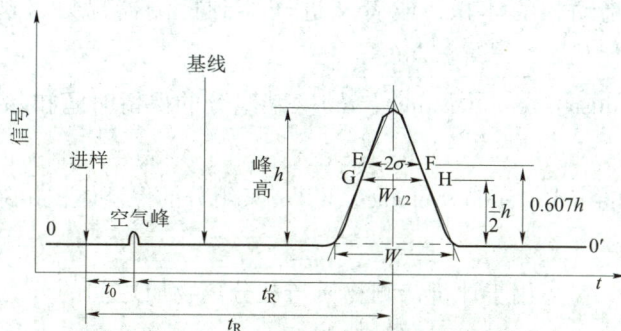

图 8 - 1 色谱图

（1）基线 当操作条件稳定后，没有样品组分，仅有流动相通过检测器时，仪器记录的一条平行于横坐标的直线，称为基线，如图 8 - 1 中 00′。

（2）色谱峰 色谱流出曲线上突起的部分称为色谱峰，每一个色谱峰至少代表一个样品组分。理论上色谱峰是左右对称的正态分布曲线，符合高斯正态分布，但很多情况下色谱峰是非对称的，如前沿峰、拖尾峰、分叉峰、馒头峰等。实际工作中，色谱峰的对称程度常用拖尾因子（T）衡量。计算公式为

$$T = \frac{W_{0.05h}}{2d_1} \tag{8-1}$$

（8 - 1）式中，$W_{0.05h}$ 为 5% 峰高处的峰宽；d_1 为峰顶在 5% 峰高处横坐标平行线的投影点，至峰前沿与此平行线交点的距离（图 8 - 2）。一般 $T > 1.05$，为拖尾峰；$T < 0.95$，为前沿峰；T 在 0.95 ～ 1.05 之间为正常峰。

（3）峰高（h）和峰面积（A） 峰高是指色谱峰最高点至基线的垂直距离。峰面积（A）是指组分的流出曲线与基线所包围的面积。峰高或峰面积的大小和每个组分在被测样品中的含量相关，因此色谱峰的峰高或峰面积是色谱法进行定量分析的主要依据。

（4）色谱峰区域宽度 是色谱流出曲线的重要参数之

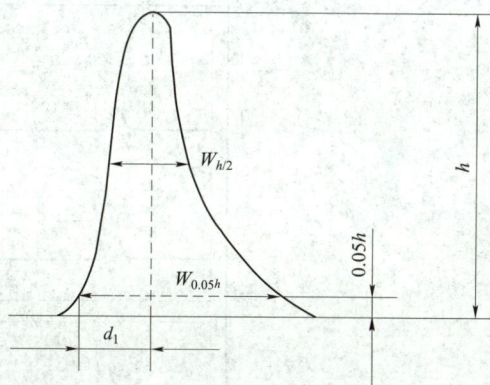

图 8 - 2 拖尾因子计算方法示意图

一，用于衡量色谱柱效率，反映色谱操作条件的动力学因素。通常度量色谱峰区域宽度有三种方法：①标准偏差 σ，即 0.607 倍峰高处色谱峰宽度的一半（图 8 - 1 中 EF）；②半峰宽（$W_{1/2}$），即峰高为一半处的宽度（图 8 - 1 中 GH），它与标准偏差的关系为 $W_{1/2} = 2.355\sigma$；③峰宽（峰底宽度，W），即色谱峰两侧拐点上的切线与基线相交两点间的距离（图 8 - 1 中 W），其与标准偏差 σ 及半峰宽 $W_{1/2}$ 的关系是 $W = 4\sigma = 1.699W_{1/2}$。

2. 保留值 是用来描述各组分的色谱峰在色谱图中的位置，在一定的条件下具有特征性，是色谱法定性的基本依据。

（1）保留时间（retention time，t_R） 从进样到出现待测组分信号极大值所需要的时间。

（2）保留体积（retention volume，V_R） 从进样到产生待测组分信号极大值所需要的流动相体积。

（3）死时间（dead time，t_M 或 t_0） 从进样开始到惰性组分（不被固定相吸附或溶解的空气或甲

烷）出现峰极大值所需的时间。

（4）死体积（dead volume，V_M 或 V_0） 从进样开始到惰性组分（不被固定相吸附或溶解的空气或甲烷）出现峰极大值所需流动相的体积，或者从进样器到检测器出口未被固定相占有的空间的总体积。

（5）调整保留时间（adjusted retention time，t'_R） 某组分的保留时间扣除死时间后的时间，即 $t'_R = t_R - t_0$。

（6）调整保留体积（adjusted retention volume，V'_R） 某组分的保留体积扣除死体积后的体积，即 $V'_R = V_R - V_0$。

3. 分离度（resolution，R） 用于评价待测物质与被分离物质之间的分离程度，是衡量色谱系统分离效能的重要指标。其定义为相邻两组分色谱峰的保留时间之差与两组分色谱峰的基线宽度之和的二分之一的比值，即

$$R = \frac{t_{R_A} - t_{R_B}}{(W_A + W_B)/2} = \frac{2(t_{R_A} - t_{R_B})}{W_A + W_B} \tag{8-2}$$

（8-2）式中，t_{R_A}、t_{R_B} 分别为组分 A、B 的保留时间；W_A、W_B 分别为组分 A、B 的基线宽度（图 8-3）。由计算公式可以看出，两组分保留时间之差越大且色谱峰越窄，分离效果越好。一般当 $R < 1$ 时，两峰有部分重叠；当 $R = 1.0$ 时，两峰略有重叠，被分离的峰面积为总面积的 95.4%，两色谱峰基本分离；当 $R = 1.5$ 时，两峰完全分开，分离程度可达 99.7%。故可用 $R \geq 1.5$ 作为相邻两色谱峰完全分开的标志。

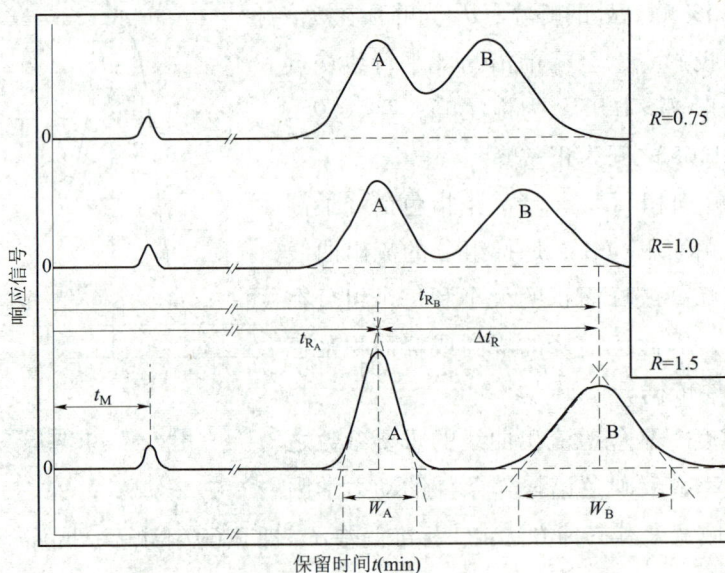

图 8-3 分离度示意图

即学即练 8-1

答案解析

在一定条件下，两个相邻组分的保留时间分别为 13.6 分钟和 14.8 分钟，峰宽分别为 0.53 分钟和 0.56 分钟，请计算分离度，并判断两色谱峰是否完全分开。

二、基本理论

在色谱分离过程中，样品中各组分能否分开取决于两组分色谱峰间的距离和峰的宽度。峰间距离的远近由各组分在两相间相互作用力的差异，即热力学性质决定；而峰的宽度是由组分在色谱柱中传质和扩散行为，即色谱过程中的动力学性质决定，因此必须从热力学和动力学两方面研究色谱行为。

1. 分配系数和分配比

（1）分配系数　无论是分配色谱还是吸附色谱，色谱过程是样品组分在相对运动的固定相和流动相间的多次分配平衡的过程。描述这种分配平衡的参数称为分配系数（吸附色谱的平衡参数也称为吸附系数）。它是指在一定温度和压力下，组分在固定相和流动相之间达分配平衡时浓度的比值，即

$$K = \frac{\text{组分在固定相中的浓度}}{\text{组分在流动相中的浓度}} = \frac{c_s}{c_m} \tag{8-3}$$

（8-3）式中，K 为分配系数；c_s、c_m 分别为组分在固定相和流动相中的平衡浓度。分配系数与固定相和流动相的性质、温度有关，而与两相体积、柱管的特性、仪器等因素无关，是该组分的特征常数。K 值大，相当于组分在固定相停留的时间长，出柱晚；反之，出柱早。

> **即学即练 8-2**
>
> 答案解析
>
> 气相色谱中试样组分的分配系数越大，则（　　　）。
> A. 每次分配在气相中的浓度越大，保留时间越长。
> B. 每次分配在气相中的浓度越大，保留时间越短。
> C. 每次分配在气相中的浓度越小，保留时间越长。
> D. 每次分配在气相中的浓度越小，保留时间越短。

（2）分配比　又称容量因子，表示在一定温度和压力下，分配平衡时，组分在固定相与流动相中的质量比，即

$$k = \frac{m_s}{m_m} = \frac{c_s \cdot V_s}{c_m \cdot V_m} = K \cdot \frac{V_s}{V_m} \tag{8-4}$$

（8-4）式中，k 为分配比；m_s、m_m 分别为组分在固定相和流动相中的质量；V_s、V_m 分别为色谱柱中固定相和流动相的体积。通过（8-4）式不难发现，分配比 k 不仅和温度、压力、两相的性质有关，还和两相的体积有关。对于一个给定的色谱系统，组分的分离最终决定于组分在两相中的相对质量，而不是相对浓度，因此分配比是衡量色谱柱组分保留能力的重要参数。k 越大，说明组分保留时间越长；当组分的 $k=0$ 时，$t_R = t_0$，即组分的保留时间与死时间相同，相当于组分没有进入固定相而随流动相一起流出。

（3）选择因子　在色谱柱中要实现两组分的相互分离，则要求在给定的色谱条件下，两组分出柱要有先后顺序，相当于在色谱柱上两组分的保留时间上要有差异，这种差异常用选择因子（符号 α）来表示，实验研究证明选择因子 α 和两组分的 k、K、t'_R 有如下关系

$$\alpha = \frac{k_2}{k_1} = \frac{K_2}{K_1} = \frac{t'_{R_2}}{t'_{R_1}} \tag{8-5}$$

（8-5）式表明，两组分实现色谱分离的先决条件是两组分在给定的色谱条件下具有不同的分配系数 K

或分配比 k，即 $\alpha > 1$，且差值越大，分离效果越好。

2. 塔板理论

（1）分离过程　塔板理论是色谱实践中总结出来的半经验理论，在评价色谱柱分离效能和研究色谱行为过程时，把色谱柱比作一个分馏塔，由许多假想的塔板组成（色谱柱可分为许多个小段）。在每一（塔板）小段内，组分在两相之间达成动态分配平衡，然后随流动相（气相色谱中称为载气）向前推移，从一块塔板转移至另一块塔板，遇到新的固定相再次达成分配平衡，依此类推。由于流动相（载气）不停地移动，组分在这些塔板间就不断达成分配平衡，最后分配系数 K 值小的组分先流出柱。由于色谱柱的塔板数相当多，即使组分间的分配系数仅有微小的差异，也可实现很好的分离。

（2）理论塔板数　组分在柱内达成一次分配平衡所需要的柱长称为理论塔板高度，简称板高，用 H 表示。假设整个色谱柱是直的，则当色谱柱长为 L 时，所得理论塔板数 n 为

$$n = \frac{L}{H} \tag{8-6}$$

显然，当色谱柱长 L 固定时，每次分配平衡需要的理论塔板高度 H 越小，则柱内理论塔板数 n 越多，组分在该柱内被分配于两相的次数就越多，色谱峰的宽度就越窄；两组分 K 值相差越大，两色谱峰的峰间距也越大，越有利于两组分的分离，色谱柱的分离效能也就越高，因此 n 或 H 可作为描述柱效能的一个指标。

在实践中，板高 H 很难测量，理论塔板数 n 则通过保留时间 t_R 和峰宽 W 或半峰宽 $W_{1/2}$ 计算。

$$n = 16\left(\frac{t_R}{W}\right)^2 = 5.54\left(\frac{t_R}{W_{1/2}}\right)^2 \tag{8-7}$$

从（8-7）式可以看出，组分的保留时间越长，峰形越窄，理论塔板数 n 越大，色谱柱对该组分的分离效果越好。

塔板理论成功地解释了组分间的相互分离过程，色谱图上色谱峰的位置和形状（浓度大小分布关系），提出评价柱效能的参数和计算方法。但实际上流动相的流动不是间歇式的，而是连续流动的，真正的平衡很难达到，组分在随流动相移动的过程中还有纵向扩散。此外，塔板理论也不能指出影响色谱峰宽度的因素，不能解释不同流速下同一组分理论塔板数不一样的现象。

3. 速率理论　1956 年，荷兰学者范第姆特（Van Deemter）等人在塔板理论基础上，结合影响组分分子扩散和在两相间传质过程中的动力学因素，导出塔板高度 H 与载气线速度 u 关系，提出了范第姆特方程，即

$$H = A + \frac{B}{u} + C \cdot u \tag{8-8}$$

（8-8）式中，u 为载气线速度，即单位时间内载气在色谱柱内流动的距离，单位 cm/s；A、B 和 C 为常数，其中 A 称为涡流扩散项，B 为分子扩散系数，C 为传质阻力系数。从（8-8）式可知，当 u 一定时，只有 A、B、C 较小时，塔板高度才有较小值，才能有较高的柱效能，峰越尖锐；反之，色谱峰变宽，柱效能降低，所以，影响柱效能的因素有涡流扩散、分子扩散和传质阻力三项因素。

（1）涡流扩散项（A）　气体碰到填充物颗粒时，不断地改变流动方向，使样品组分在气相中形成类似"涡流"的流动，同组分分子所经过的路径长度不同，达到柱出口的时间也不同，因而引起色谱峰的变宽。这种扩散称为涡流扩散，如图 8-4 所示。涡流扩散项 A 与填充物的平均颗粒直径大小和填充物的均匀度的关系为

$$A = 2\lambda d_p \tag{8-9}$$

（8-9）式中，λ 为填充不规则因子；d_p 为填充物颗粒的平均直径。由此式可知，适当细粒度和颗粒均匀的固定相，并尽量填充均匀，可以减少涡流扩散，降低塔板高度，提高柱效。

（2）分子扩散项（B/u）　又称为纵向扩散项，是指样品组分被载气带入色谱柱后，以"塞子"的形式存在于柱的很小一段空间中，在"塞子"的前后（纵向）存在浓度差而发生的由浓度大的区域向两侧浓度较稀的区域扩散的现象。如图 8-5 所示。分子扩散系数 B 的大小为

$$B = 2\gamma \cdot D_g \tag{8-10}$$

（8-10）式中，γ 是弯曲因子（填充物颗粒在柱内引起的气体扩散路径弯曲的程度）；D_g 为组分在气相中的扩散系数。柱内有填充物时会阻碍分子扩散，$\gamma < 1$；柱内无填充物时，$\gamma = 1$，扩散程度最大。载气和组分分子质量大，D_g 小；温度高，D_g 大。载气 u 小，组分在载气（流动相）中停留时间越长，扩散越严重。综合上述因素，实际操作时，应选择分子量较大的载气（如氮气）、较低的柱温和较高的载气线速度，可减小分子扩散项，提高柱效。

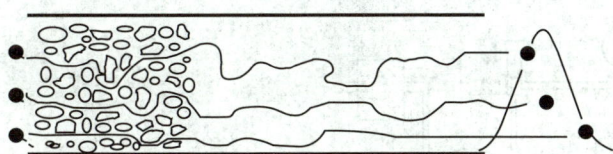

图 8-4　涡流扩散示意图　　　　　　　　图 8-5　分子扩散示意图

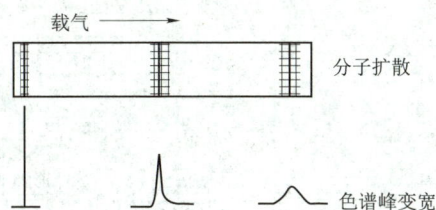

（3）传质阻力项（$C \cdot u$）　组分在流动相和固定相间分配时发生溶解、逸出、扩散、转移等质量传递的过程称为传质过程，包括气相传质过程和液相传质过程。影响传质过程进行速率的阻力称为传质阻力。传质阻力与载气线速度成正比，流速越快，传质阻力越大。传质阻力系数包括气相传质阻力系数 C_g 和液相传质阻力系数 C_l 两项。

1）气相传质过程（C_g）　是指样品组分从气相移动到液相表面的过程。在这一过程中，样品组分将在两相间进行质量交换，即进行浓度分配。若此过程进行缓慢，有些组分来不及进入两相界面就被气相带走，或者在两相界面没有及时返回气相，使得组分在两相界面没有达到瞬间平衡，而产生滞后现象，造成色谱峰变宽。

2）液相传质过程（C_l）　是指样品组分从气液界面扩散到液相内部进行分配平衡后，又返回气液界面的传质过程。若该过程进行较慢，也会引起色谱峰变宽，影响柱效。

综合上述分析，柱的分离效能和固定相粒径、色谱柱填充的均匀程度、载气种类及流速、柱温、固定相液膜厚度等因素有关。范第姆特方程为色谱分析工作者选择色谱分离条件提供了理论依据。

第二节　气相色谱仪

一、仪器的工作流程

气相色谱仪的型号种类繁多，如安捷伦 7820A 型、岛津 GC-2030 型气相色谱仪（图 8-6），但它们都是由气路系统、进样系统、分离系统、检测系统、数据处理系统和温度控制系统六大部分组成的。

气相色谱仪的简单工作流程如图 8-7 所示，来自高压钢瓶的载气经减压阀减压后，进入净化器干

燥净化，流入可控制载气流量的针形阀，经转子流量计测定载气流速和压力表显示柱前压力后，载气再进入进样器，将进样系统中汽化的样品携带入色谱柱，样品组分经色谱柱分离后，进入检测器检测，检测信号放大，再输入记录仪显示相应色谱图。

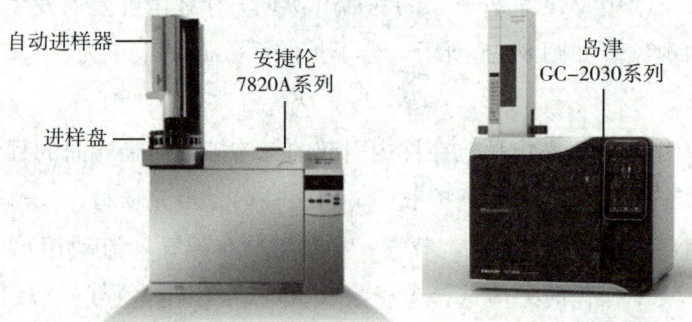

图8-6　气相色谱仪

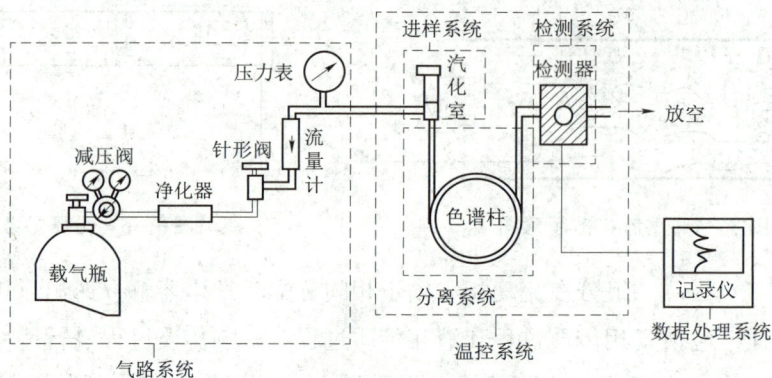

图8-7　气相色谱仪工作流程示意图

　　根据气相色谱仪中所用色谱柱的不同，可分为填充柱气相色谱仪（图8-7）和毛细管柱气相色谱仪（图8-8）。毛细管柱气相色谱仪与填充柱气相色谱仪差别在于：①柱前多一个分流/不分流进样器；②柱后加有尾吹气路。目前，很多气相色谱仪常同时配备填充柱进样口和毛细管柱进样口，既可进行填充柱分析，也可进行毛细管柱分析，满足不同检测需求。气相色谱仪也可分为单柱单气路和双柱双气路两种类型。双柱双气路是将经过稳压阀的载气分成两路进入各自的色谱柱和检测器，其中一路作分析用，另一路作补偿用。这种结构可以补偿气流不稳等因素对检测器产生的影响，提高仪器工作的稳定性，因而特别适用于沸点差别较大的混合物的分离和痕量分析。新型双气路仪器的两个色谱柱可以安装性质不同的固定相，供选择进样，具有两台气相色谱仪的功能。

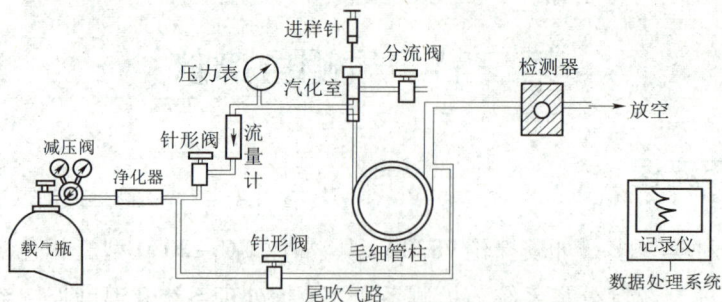

图8-8　毛细管柱气相色谱仪工作流程示意图

二、仪器的主要部件

1. 气路系统　是一个载气连续运行的密闭管路系统，用于获得纯净、流速稳定的载气。它包括气源、减压阀、压力表、气体净化装置、气体流量调节阀及转子流量计。

（1）气源和减压阀　载气一般可由高压气体钢瓶或气体发生器来提供，实验室一般使用气体钢瓶较多。高压钢瓶内的气体需要通过减压阀使气源的输出压力下降后才能使用。

（2）净化器　其内多为分子筛、硅胶、脱氧剂、活性炭等，可除去水、蒸气、氧气以及低分子有机杂质。分子筛或活性炭可吸附有机杂质，变色硅胶可除去水分。

（3）稳压恒流装置　包括稳压阀、针形阀、稳流阀，用于控制、调节载气的压力和流量。多为两级压力指示：第一级，钢瓶压力；第二级，柱前压力指示。

（4）流量计　用于测定载气的流量，可使用转子流量计、肥皂膜流量计及电子流量计。转子流量计使用方便，但不太准确；肥皂膜流量计测流速比较准确，但使用不便；电子流量计即插即用，使用方便、准确，是目前最常用的气体流速测量方法。许多现代仪器配备有电子流量计，并以计算机控制其流速，以保持流速不变。

2. 进样系统

（1）进样系统结构　包括进样器和汽化室。作用是将样品定量导入色谱系统，并使样品有效地汽化，然后由载气将样品快速"扫入"色谱柱中。

图 8 – 9　尖头微量注射器

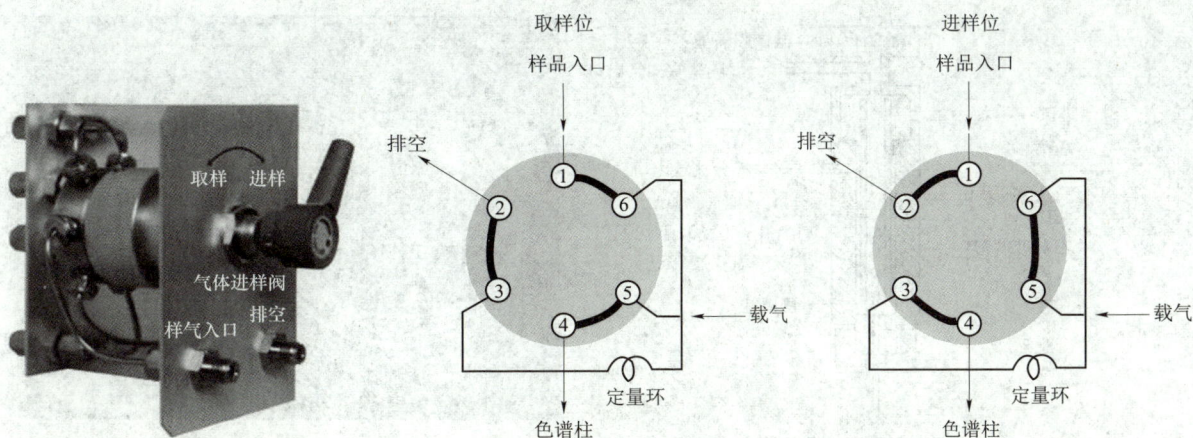

1）进样器　对于液体样品，进样器分手动进样器及自动进样器。手动进样器一般采用尖头微量注射器（图 8 – 9），常用规格有 0.5、1、5、10 和 50 μl。手动进样器操作简单灵活，但进样误差较大。自动进样器配置在高档的气相色谱仪上。自动进样器进样准确，并配备自动进样盘，可进行连续检测，进样盘一般有 16、25、50、100、150 位等。

对于气体样品，常用旋转式六通阀进样（图 8 – 10），其进样工作过程如图 8 – 11 所示。旋转式六通阀是目前气体定量阀中比较理想的阀件，使用温度较高、寿命长、耐腐蚀、死体积小、气密性好，可以在低压下使用。

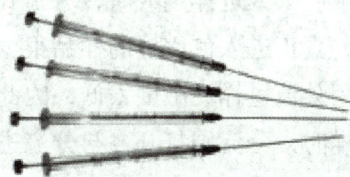

图 8 – 10　气体进样器

图 8 – 11　旋转六通阀进样示意图

对于固体样品，通常用溶剂溶解后，作为液体来进样。

2）汽化室　实际上是内衬石英玻璃管并外绕加热丝的不锈钢管，其作用是将液体样品瞬间汽化为气体。内衬石英玻璃管可以防止加热的金属表面催化样品产生不必要的化学反应，衬管容积至少要等于样品溶剂汽化后的体积。汽化室要求热容量大，温度要足够高，体积尽量小，且内壁不发生任何催化反应。

（2）常见进样系统类型

1）填充柱进样系统　填充柱柱容量大，进样时采用直接进样的方法，所有汽化的样品都被载气带入色谱柱进行分离。进样口可以不配置隔垫吹扫装置，但仍需要配置石英玻璃衬管。为避免汽化室汽化过程的热分解现象，可采用柱头进样。

2）毛细管柱进样系统　毛细管柱内径细，液膜薄，柱容量小，毛细管柱进样容易引起进样歧视现象，因此对进样技术要求很高，采用分流进样、不分流进样、冷柱上进样、程序升温汽化进样、大体积样品直接进样等不同进样方式，可提高分析的准确性和精密度。最常用的进样方式为分流/不分流进样，其结构如图 8 – 12 所示。分流进样时，载气分两路，一路吹扫注射隔垫，一路进入汽化室中。进样时，样品进入汽化室，与载气混合，并在毛细管入口处分流，一部分进入毛细管柱，另一部分从分流气出口流出。分流进样的进样量一般不超过 2μl，最好控制在 0.5μl 以下，常用的分流比为 10∶1 ~ 200∶1，样品浓度大或进样量大时，分流比可相应增大，反之则减小。分流进样时，绝大部分的样品通过分流放空，真正进入色谱柱的样品很少，可以避免样品量过大，导致毛细管柱超负荷。对于微量及痕量样品，采用分流进样灵敏度太低，因此需要采用不分流进样。不分流进样有直接进样和分流进样的优点，当未进样时，分流阀打开，与分流进样流路一致；当进样时，分流阀关闭，待样品全部进入色谱柱中，分流阀重新开启。通常在实际工作中，只有在分流进样不能满足分析要求时（主要是灵敏度要求），才考虑使用不分流进样。

3. 分离系统　由色谱柱和柱温箱构成，是色谱仪的核心部分。柱温箱为色谱柱提供温度，可恒温，也可程序升温。色谱柱通常分为填充柱和毛细管柱两大类。

（1）填充柱　内径 2 ~ 4mm、长 1 ~ 10m，内装固定相的不锈钢或玻璃、聚四氟乙烯等材料制成的柱管。填充柱的形状有"U"形和螺旋形（图 8 – 13），"U"形柱的柱效高。填充柱的柱管在使用前应经过清洗处理和试漏检查。

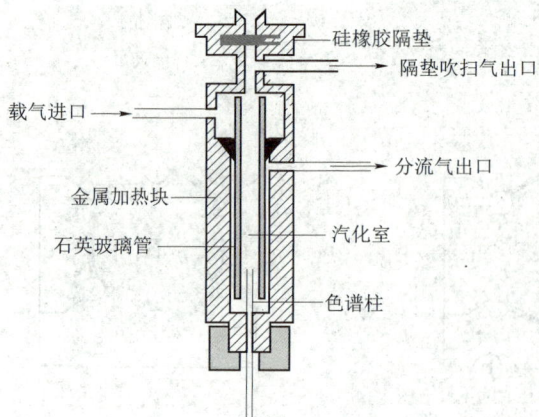

图 8 – 12　分流/不分流进样器结构示意图

硅橡胶隔垫
隔垫吹扫气出口
载气进口
分流气出口
金属加热块
石英玻璃管
汽化室
色谱柱

图 8 – 13　不锈钢填充柱

（2）毛细管柱　又称空心柱。是一种高效能色谱柱，内径为 0.2 ~ 0.5mm、长 25 ~ 100m 的螺旋形空心玻璃或弹性石英管柱，如图 8 – 14 所示。常用的毛细管柱主要是涂壁空心柱（wall coated open tubular column，WCOT）和载体涂层毛细管柱（support coated open tubular column，SCOT）。涂壁空心柱的内壁直接涂渍液态固定相（或称固定液）；载体涂层毛细管柱是在毛细管内壁黏上一层载体，再将固定液涂在载体上的毛细管柱。毛细管柱因其分离效能高，分析速度快，样品用量少，现已在很大程度上取代填充柱。

4. 检测系统　即检测器（detector），是色谱仪的"眼睛"。它的作用是将经色谱柱分离出的各组分浓度（或质量）的变化转变成易被测量的电信号（如电流、电压等），经放大后由记录仪记录下来。气相色谱仪的检测器可分为浓度型检测器和质量型检测器两大类。浓度型检测器的响应值与载气中组分的浓度成正比，例如热导检测器；质量型检测器输出信号的大小取决于组分在单位时间内进

图 8-14　毛细管柱

入检测器的质量，而与浓度无关，例如氢火焰离子化检测器。这里只介绍这两种最典型的检测器：热导检测器和氢火焰离子化检测器。

（1）热导检测器（thermal conductivity detector，TCD）　是利用被测组分和载气的导热系数不同，采用热敏元件来检测组分的浓度变化。热导检测器由池体和热敏元件构成，池体用铜块或不锈钢制成，内装热敏元件。热敏元件是电阻大、电阻温度系数大的钨丝、铼丝等金属丝或半导体热敏电阻，其特点是电阻随温度的变化而灵敏地变化。将两个材料和电阻值都相同的热敏元件装入双腔池体内，构成双臂热导池，一臂连在色谱柱之后，作为测量臂；另一臂连在色谱柱之前，只让载气通过，称为参比臂。将两个阻值相等的固定电阻 R_1、R_2 和两臂热丝电阻 R_3、R_4 组成惠斯通电桥，如图 8-15 所示。

未进样时，载气通过测量臂和参比臂，由于两臂气体组成相同，从热丝向池壁传导的热量相等，故热丝温度保持恒定；热丝的阻值是温度的函数，温度不变，阻值亦不变；这时电桥处于平衡状态：$R_1 \cdot R_3 = R_2 \cdot R_4$。M、N 两点电位相等，电位差为零，无信号输出。进样时，通过参比臂的气体为载气，而通过测量臂的气体是载气和组分的混合物，其热导系数不同于纯载气，从热丝向池壁传导的热量也就不同，从而引起两臂热丝温度不同，两臂热丝阻值不同，电桥平衡破坏。M、N 两点电位不等，即有电位差，输出信号。

热导检测器的灵敏度受外加电流、载气的种类及流速影响较大。增加桥电流，可以提高热敏元件的温度，加大与池体的温度差，提高检测灵敏度，但桥电流过大，会引起基线不稳。一般在灵敏度符合要求的情况下，尽量采取低电流（100~200mA），在使用时应先通载气，后加桥电流，否则会烧坏热敏元件。热导检测器的载气常采用与组分的热导系数相差较大的气体，如氢气、氦气，热导系数相差越大，就越灵敏。TCD 为浓度敏感型检测器，色谱峰的峰面积响应值反比于载气流速，对载气流速波动很敏感，

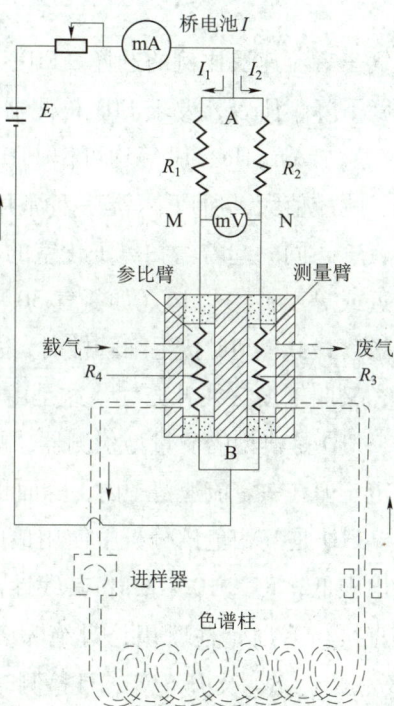

图 8-15　热导池工作原理示意图

因此检测过程中要保持载气流速稳定。在柱分离许可的情况下，载气应选用低流速。

TCD 无论对无机物或有机物均有响应，且其相对响应值与使用的 TCD 的类型、结构以及操作条件

等无关，因而通用性好。TCD 操作维护简单、线性范围宽、稳定性好，不破坏样品；不足之处是灵敏度较低。

（2）氢火焰离子化检测器（flame ionization detector，FID） 是气相色谱中最常用的一种检测器，其工作原理是含碳有机物在氢火焰中燃烧，发生化学电离，反应产生的正离子在电场作用下被收集到负电极上，产生微弱电流，经放大后得到色谱信号。

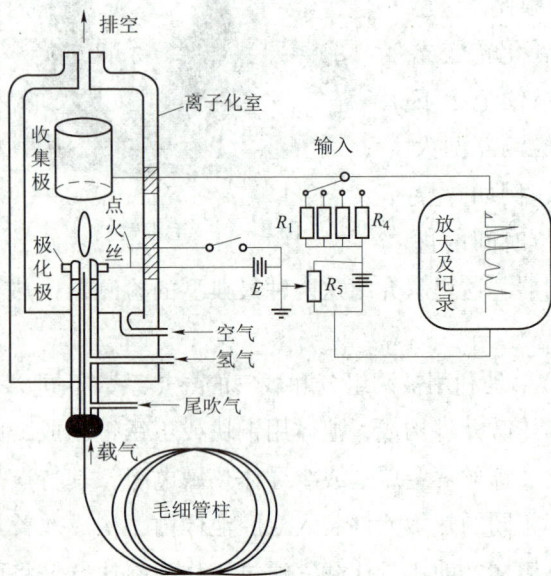

图 8 - 16　FID 工作原理示意图

FID 由离子化室和放大电路组成，如图 8 - 16 所示。离子化室是一个不锈钢制成的圆筒，底座下部有气体入口和氢火焰喷嘴，喷嘴周围有环状金属圈（极化极，又称发射极），上端罩有一个金属圆筒（收集极），喷嘴附近设有点火线圈，用以点燃火焰。工作时，首先在两极间加 150 ~ 300V 的直流电压，形成一个恒定极化电场。当被测组分由载气携带出色谱柱后，与氢气在进入喷嘴前混合，然后在火焰中被解离成正负离子。在极化电场作用下，正负离子向各自相反的电极定向移动，从而形成离子流。此离子流产生的电流大小与进入离子室的被测组分含量有关，含量越高，产生的微电流就越大。微电流经高阻抗转化为电压信号，经放大器放大送至记录仪记录。燃烧气及水蒸气由圆筒上方小孔逸出。

FID 操作时应注意温度、载气种类和载气、氢气、空气三者流速及比例的选择。FID 中，氢燃烧生成水，检测器温度低于 80℃时，水蒸气冷凝成水，使灵敏度下降，所以，要求 FID 检测器温度必须在 150℃以上。

N_2、Ar、He、H_2 等均可作 FID 的载气。N_2、He 作载气，灵敏度高、线性范围宽。由于 N_2 价廉易得、响应值大，所以 N_2 是一种常用的载气。氢气作氢火焰燃烧气体，空气作助燃气，为离子化过程提供氧气，同时起着清扫离子化室的作用。一般情况下，氮气（尾吹气 + 载气）、氢气和空气三者的比例接近或等于 1：1：10（如氮气 30 ~ 40ml/min，氢气 30 ~ 40ml/min，空气 300 ~ 400ml/min）时，FID 的灵敏度最高。FID 接毛细管柱时，一般都要采用尾吹气，即从毛细管柱出口处直接进入检测器的一路气体，又叫辅助气或补充气。这是由于毛细管柱内载气流量低，不能满足检测器的最佳操作条件。

FID 是典型的质量型检测器，峰高与载气流速成正比，因此，在依据峰高定量时，需保持载气流速恒定。但在一定流速范围内，峰面积受流速影响小，为提高定量准确性，用峰面积定量比用峰高定量好。

FID 是气相色谱分析中使用最广泛的一种检测器，其特点是灵敏度高，比 TCD 的灵敏度高约 10^3 倍；检出限低，可达 10^{-12}g/s；其线性范围宽，结构简单，死体积小，响应快，既可以与填充柱联用，也可以直接与毛细管柱联用，对绝大多数有机物都有响应，但不能检测惰性气体、空气、水、CO、CO_2、CS_2、NO、SO_2 及 H_2S 等，且检测时样品被破坏。

5. 温度控制系统　主要指设定、控制和测量色谱柱、汽化室、检测器三处温度的装置。在气相色谱测定中，温度的控制是重要的指标，它直接影响柱的分离效能、检测器的灵敏度和稳定性。

（1）柱温箱　实际上是用于放置色谱柱的恒温箱，工作温度范围一般在室温至 450℃，箱内温度波动小于 0.1℃/h，控温精度要在 ±1℃ 范围内，带有多阶程序升温设计，能满足优化色谱分离条件的需要。

（2）检测器和汽化室　在现代气相色谱仪中，检测器和汽化室也有自己独立的恒温调节装置，其温度控制及测量和色谱柱恒温箱类似。

6. 数据处理系统　现代色谱仪则采用色谱工作站进行数据采集和处理。实时获得分析报告，彻底实现色谱分析的全自动化，提高分析结果的准确度和精密度，对分离不理想的色谱峰进行优化处理，补偿色谱分离过程的不足。

色谱工作站相当于装有应用程序软件的计算机，能够完成对色谱仪器的实时控制，比如载气流速和压力、程序升温、自动进样、流路切换及阀门切换、自动调零、衰减、基线补偿的控制等；可对色谱仪工作状态进行检测诊断并用模拟图形表示结果，协助操作者判断和远程排除故障；通过多台色谱工作站连接成局域网络对数据进行归纳、处理、分类和信息比较，也可与网络传输交换数据，实现数据共享，实现色谱分析的全自动化。

三、仪器的维护保养

1. 气路系统

（1）气源的选择　常用的载气有氮气和氢气，也可用氦气、氩气，纯度要求在99.99%以上，一般载气进入色谱系统前都需要净化。氢气常用作热导检测器的载气，在氢火焰离子化检测器中，可作燃气。毛细管分流进样，用氢气作载气，用氮气尾吹，空气助燃。氢气易燃易爆，需注意安全。除热导检测器外，使用其他检测器时多用氮气作载气。

（2）气体压力的检查　工作前检查钢瓶压力，观察减压阀输出压力值是否太低或有漂移，一般稳压阀、稳流阀的进出口压力差不应低于0.05MPa，如果输出压力值太低，将不能满足稳压阀、稳流阀的工作条件，导致输出流量不稳。每3个月需检查仪器压力表是否完好，从而保证仪器得到准确、稳定的气体流量。

（3）净化器及捕集阱的更换　高灵敏度分析除了要求气体纯度较高外，常需要使用气体净化器。分流进样时，常用到捕集阱。在日常使用中，一般6个月更换净化器及捕集阱中的填料。

2. 进样系统

（1）进样隔垫的维护　进样隔垫在使用过程中因多次进样易造成漏气，并且易受污染导致出现鬼峰。载气漏气造成保留时间及面积的重现性变差。一般进样100次后应更换进样隔垫，若样品中杂质较多，容易污染隔垫，则应及时更换。

（2）玻璃衬管的维护　填充柱进样、毛细管柱的分流/不分流进样均采用不同类型的玻璃衬管，在操作过程中应正确选择。玻璃衬管在使用过程中容易受污染，导致保留时间、面积的重现性变差及出现鬼峰，可将玻璃衬管污染部分浸于丙酮等溶剂中放置数小时或用超声波进行清洗。若无法清洗干净，可将玻璃衬管浸泡于1mol/L的硝酸溶液中7~8小时。每次更换玻璃衬管后需重新填装石英棉，填装时，保证平整，没有毛刺。

（3）"O"形圈的维护　可以增加进样口的气密性，当"O"形圈发生变形时，应及时更换。

3. 分离系统　
正确选择及使用色谱柱，色谱柱使用不当可出现基线漂移、基线噪音变大、峰形异常（峰分叉等）、分离度变差等情况。

（1）色谱柱的老化　色谱柱在第一次使用时需进行老化，以除去残留溶剂及低分子量的聚合物，可以采用程序升温方法，设置柱温箱温度逐渐上升到老化温度，填充柱需保持12~24小时，毛细管柱需要维持1~2小时，使高沸点成分汽化后释放出。新柱老化过程中不可连接检测器，以免污染检测器。

旧柱在使用过程中若出现较多杂峰或鬼峰、基线漂移、色谱峰拖尾，应该进行高温老化，除去沉积在柱头的难挥发物。色谱柱污染很严重时，切掉填充柱进样口侧 30～50cm 或毛细管柱前端数厘米，切口应平整。老化时检测器一侧色谱柱放空，并将检测器堵上，老化完成后重新检查密封程度。

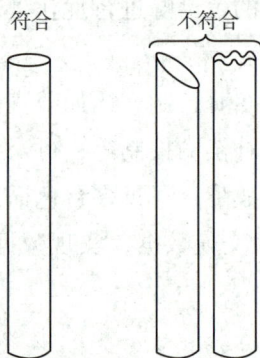

图 8-17　毛细管柱切割示意图

（2）色谱柱的安装　毛细管柱需安装石墨压环，当石墨压环发生变形时，需更换压环，并使用毛细管柱割刀在与柱垂直的方向来回切割，注意不要切断，然后再靠近切割点处轻轻弯曲柱子，即可折断。注意保证切口平整，如图 8-17 所示。在安装色谱柱时要根据仪器说明书提供的进样口端和检测器连接端的正确插入距离固定好色谱柱。

（3）色谱柱的维护　色谱柱的使用温度要尽量比柱的最高使用温度低，低温延长柱的使用寿命，防止柱流失，并降低检测器的基线噪音。

除此之外，使用高纯度的载气（99.999% 以上），并在 GC 进气口前加装氧气捕集器，使用衬管和石英棉，充分做好样品的前处理，避免难挥发的成分进入色谱柱内，也能有效地保护色谱柱，延长色谱柱的使用寿命。

4. 检测系统

（1）FID 检测器的保养与维护　FID 检测器使用时，尽量采用高纯气源，空气必须经过分子筛充分净化；在最佳的 N_2/H_2 比以及最佳空气流速的条件下使用；离子化室要避免外界的干扰，保证使其处于屏蔽、干燥和清洁的环境中；长期使用会使喷嘴堵塞，因而造成火焰不稳、基线不准等故障，所以实际操作过程中应经常对喷嘴进行清洗。FID 的喷嘴处若有污染物，可用纱布蘸丙酮，擦洗收集极，并用细丝来清理堵塞的喷嘴口，若污染比较严重，可将喷嘴拆除，用丙酮浸泡清洗。FID 的温度设置要高于色谱柱实际工作的温度，点火需高于 120℃ 方可点火，关闭时，也应熄火再降温。

（2）TCD 检测器的维护保养　TCD 检测器使用时需彻底除氧，若载气中含有氧气，灯丝通电流会导致氧化，缩短寿命。在检测器通电前，需先通载气，否则灯丝可能烧断。同时关机时要先关检测器，后关载气。现代仪器一般都装有保护电路，避免通载气前通电。TCD 的灵敏度与通过的电流有关，电流越大，灵敏度越高，但在电流值大的状态下持续分析会缩短灯丝寿命，故应选择合适的灯电流。

📖 知识链接

气相色谱检测器

气相色谱仪可配置的检测器种类很多，除了最基本的 FID 和 TCD 外，还有下列几种较为常用：①电子捕获检测器（electron capture detector，ECD），是一种专属性很强的浓度型检测器，对含有电负性元素（如卤素、硫、氧）的化合物有很高的灵敏度，且元素电负性越强，灵敏度越高；②火焰光度检测器（flame photometric detector，FPD），又称硫磷检测器，是一种质量型检测器，对含硫和磷的有机物具有高选择性和高灵敏度；③氮磷检测器（nitrogen phosphorus detector，NPD），是一种质量型检测器，对含氮、磷的有机化合物灵敏度高，是唯一可以选择性检测痕量含氮化合物的检测器；④质谱检测器（mass detector），是一种通用型检测器，是目前较新的一种联用检测器，可用于痕量物质的测定，尤其在农药残留方面有非常广泛的应用。

第三节 气相色谱实验技术

一、样品采集与制备技术

样品主要有气体样品、液体样品和固体样品，采集时要根据色谱分析的目的、样品组成及其含量、样品的理化性质等确定合适的采集方法。分析样品制备包括将样品中待测组分与基体和干扰组分分离、富集和制备成气相色谱可分析的形态，主要有固体样品制备方法和液体样品制备方法。具体内容请参阅有关专著。

二、气相色谱条件的选择

1. 载气及其流速

（1）载气种类的选择 首先要考虑使用何种检测器。比如使用 TCD，选用氢气或氦气作载气，能提高灵敏度；使用 FID 则选用氮气作载气。然后再考虑所选的载气要有利于提高柱效能和分析速度。例如选用相对分子量大的载气（如氮气），可以提高柱效能。

（2）载气流速的选择 由速率理论方程式 $H = A + B/u + C \cdot u$ 可以看出，载气流速影响色谱柱的分离效能，也影响组分的保留时间。在其他条件都固定的情况下，以不同流速下测得的 H 对 u 作图，得 $H - u$ 曲线，又称范氏曲线，如图 8 – 18 所示。u 越小，B/u 项越大，而 $C \cdot u$ 项越小。因此在低流速时（$0 \sim u_{最佳}$ 之间），B/u 起主导作用，增加流速，则 H 降低，柱效增加；在高流速时（$u > u_{最佳}$），$C \cdot u$ 项起主导作用，增加流速，则 H 增高，柱效降低。在范氏曲线最低点，此时塔板高度最低，柱效最高，该点对应的载气线流速是最佳流速 $u_{最佳}$。在实际工作中，为了缩短分析时间，往往使载气工作流速稍高于最佳流速 $u_{最佳}$。氮气的最佳实用流速为 $10 \sim 12 cm/s$；氢气最佳实用流速为 $15 \sim 20 cm/s$。

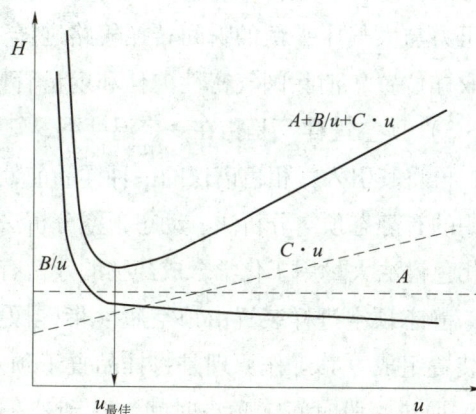

图 8 – 18 范氏曲线

2. 进样技术

（1）进样量 进行气相色谱分析时，进样量要适当。进样量太小，会因为检测器灵敏度不够，不能检出；进样量过大，会造成色谱峰峰形的不对称程度增加、峰变宽、分离度变小、保留值发生变化、峰高或峰面积与进样量不呈线性关系等现象。最大允许进样量可以通过实验确定，在其他实验条件不变的情况下，逐渐加大进样量，直至所出的色谱峰的半峰宽变宽或保留值改变时，此进样量就是最大允许进样量。一般情况下，对于填充柱，气体进样量为 $0.1 \sim 10ml$；液体进样量为 $0.1 \sim 10\mu l$。对于毛细管柱，进样量为 $0.1 \sim 2\mu l$，最好分流进样。

（2）进样技术 进样速度必须很快，一般要求在 1 秒内完成，使样品在汽化室汽化后随载气以"塞子"形式进入色谱柱，而不被载气所稀释，色谱峰的原始宽度就窄，有利于分离。若进样缓慢，样品汽化过程变长，使峰形变宽，不易对称，既不利于分离也不利于定量。进样操作是气相色谱关键的操作技术，必须十分重视，要反复操作，达到熟练准确的程度。GC 的进样系统种类繁多，此处着重介绍微量注射器进样、六通阀进样、顶空进样技术。

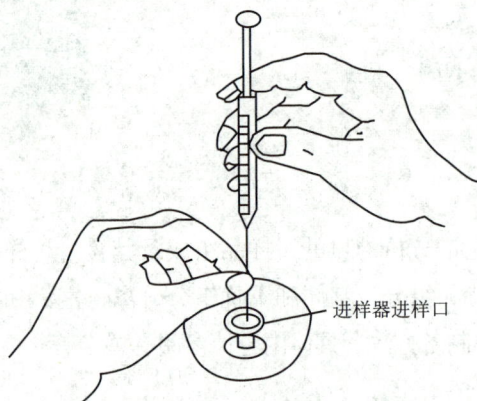

图8-19 微量注射器进样示意图

1) 微量注射器进样 微量注射器应先用溶解样品的溶剂抽洗10次左右，再用被测样品溶液抽洗10次左右，然后缓缓抽取稍多于需要量的试液，针头向上排出气泡后，再排去过量的试液，并用滤纸吸去针杆处所沾的试液（勿吸去针头内的试液）。取样后应立即进样，进样时要求注射器垂直于进样口，左手扶着针头防止插入隔垫时弯曲，右手拿注射器（图8-19），迅速刺穿硅橡胶隔垫，平稳、敏捷地推进针筒（针头尖尽可能刺深一些，且深度一定，针头不能碰汽化室内壁），用右手示指平稳、轻巧、迅速地将样品注入，完成后立即拔出。进样时要求操作稳当、连贯、迅速。进针位置及速度、针尖停留和拔出速度都会影响进样的重现性。一般进样相对误差为2%~5%。

2) 六通阀进样 操作方便、迅速且结果较准确。只要操作合理，重现性可小于0.5%。六通阀特别适合于高压气体进样，为防止环境中的气体成分对样品的污染或干扰，气体样品通常通过大注射器针头像液体进样一样打入定量管。为保证每次进样的重复性，在注入样品后平衡20~30秒，在定量管的内压力与大气压平衡的瞬间转换气路进样。在进样数秒后（此时第一个色谱峰还未出现之前），将阀旋回取样位置，消除阀气密性欠佳和定量管体积过大对基线或色谱峰的影响。

3) 顶空进样 是指在一定温度下，气体、液体或者固体样品中挥发性组分与基质分离后形成气态样品，再将其引入气相色谱仪的一种样品前处理技术。将其与气相色谱法结合产生了顶空气相色谱法，目前常用的有静态顶空分析法、动态顶空分析法、吹扫捕集分析法和顶空固相微萃取提取法。其中，静态顶空气相色谱法大量用于化学合成药物的残留有机溶剂分析、药品中的溶解残留和中草药中挥发成分的分析。

静态顶空进样装置由顶空瓶（带硅橡胶塞，图8-20）、进样系统、取样（进样）传送管及恒温控温装置组成。其工作原理是将样品置于顶空瓶中后，再放入密闭恒温体系中，在一定温度下（顶空温度）加热一段时间（顶空时间）达到液-气或固-气平衡后，用取样装置从顶空瓶中抽取上部气体样品，通过进样系统（一般是六通阀）注入气相色谱仪进行分析。有手动进样和自动进样两种方式，但自动进样重现性好，目前商品化的顶空自动进样器有多种，图8-21所示是其中一种。

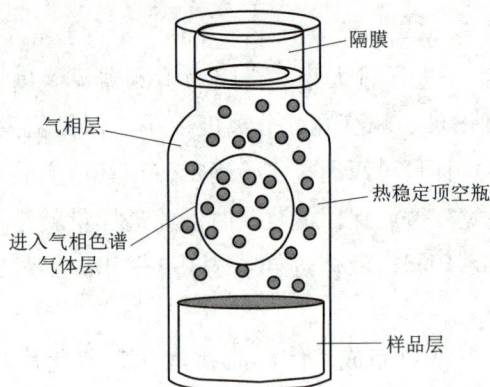

图8-20 顶空瓶

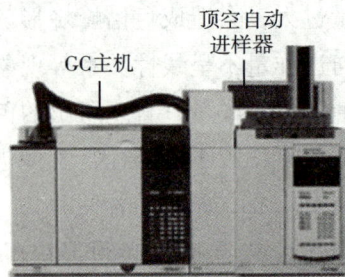

图8-21 顶空-气相色谱仪组图

在进行顶空进样时，样品量常为顶空瓶容积的50%；平衡温度常选择在满足检测灵敏度的条件下较低的温度，防止温度过高可能导致某些组分的分解和氧化，防止顶空气体的压力太高。平衡时间取决于被测组分分子从样品基质到气相的扩散速度，由于样品的性质千差万别，平衡时间很难预测，实际工作中一般要通过实验来确定。

>> **实例分析 8-1**

实例　珍惜生命，远离酒驾！酒驾是如何测试呢？常用呼气的方法进行酒精测试。认定酒驾的主要方式是吹气检测或者抽血化验。《车辆驾驶人员血液、呼气酒精含量阈值与检验》规定，驾驶员 100ml 血液中酒精含量达到 20mg 不足 80mg 的驾驶行为为酒后驾车，80mg 以上认定为醉酒驾车。当呼气酒精测试结果达到或者超过醉酒驾驶标准，则需进行抽血化验。

问题　抽血化验是如何进行的呢？

答案解析

3. 汽化室温度　汽化室温度取决于样品的化学稳定性、沸点及进样量。实际工作中，常选择等于或稍高于样品沸点的温度，以保证样品迅速且完全汽化，但一般不超过样品沸点 50℃ 以上，防止样品分解。对于稳定性差的样品，汽化温度应远低于沸点温度。汽化温度是否合适，可通过实验来检查。检查方法：重复进样时，若出峰数目变化、重现性差，则说明汽化室温度过高；若峰形不规则、出现平头峰或宽峰，则说明汽化室温度太低；若峰形正常、峰数不变、峰形重现性好，则说明汽化室温度合适。

4. 色谱柱　混合组分能否在色谱柱中得到完全分离，在很大程度上取决于色谱柱的选择是否合适，而气相色谱柱的选择主要是固定相的选择。气相色谱中所用的固定相有固体固定相、液体固定相和合成固定相三类。

（1）固体固定相　一般采用固体吸附剂，主要有强极性硅胶、中等极性氧化铝、非极性活性炭及特殊作用的分子筛，它们主要用于惰性气体和 H_2、O_2、N_2、CO、CO_2、CH_4 等一般气体及低沸点有机化合物的分析。固体吸附剂的优点是吸附容量大、热稳定性好、无流失现象，且价格便宜；其缺点是进样量稍大就得不到对称峰、重现性差、柱效低、吸附活性中心易中毒等。由于在高温下常具有催化活性，因而不宜分析高沸点和有活性组分的试样。由于吸附剂的种类少，应用范围有限，吸附剂在使用前需要先进行活化处理，然后装入柱中制成填充柱再使用。

（2）液体固定相　由惰性的固体支持物和其表面上涂渍的高沸点有机物液膜所构成（图 8-22）。通常把惰性的固体支持物称为"载体"或"担体"，把涂渍的高沸点有机物称为"固定液"。

固定液一般都是高沸点液体，室温时为固态或液态，在操作温度下为液态，黏度要低；固定液对试样各组分要有适当的溶解度且分配系数适当，化学稳定性好；蒸气压低；能牢固地附着于载体上，并形成均匀和结构稳定的薄膜；选择性好，对性质相近的物质有尽可能高的分离能力。

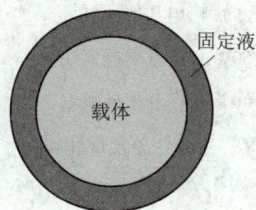

图 8-22　液体固定相示意图

目前固定液已达 1000 多种，根据化学结构和官能团不同，可分为烃类、醇类、酯类、聚硅氧烷类等。为了便于选择和使用，一般按固定液的"极性"大小进行分类，这种方法在气相色谱中应用最广泛。通常用相对极性（P）的大小来表示。这种表示方法规定：极性的 β，β'-氧二丙腈的相对极性为 100，非极性的鲨鱼烷的相对极性为 0，然后测得其他固定液的相对极性在 0~100 之间。从 0~100 分成五级，每 20 为一级，用"+"表示。0 或 +1 为非极性固定液；+2，+3 为中等极性固定液；+4，+5 为强极性固定液。表 8-1 列出了一些常用固定液相对极性的数据。

表 8-1　气相色谱常用固定液

	固定液名称	相对极性	分析对象
非极性	十八烷	0	低沸点碳氢化合物
	角鲨烷	0	小于 C_8 的碳氢化合物
	阿匹松（L. M. N）	+1	各类高沸点有机物
	硅橡胶（SE30，E301）	+1	各类高沸点有机物
中等极性	癸二酸二辛酯	+2	烃、醇、醛酮、酸酯各类有机物
	邻苯二甲酸二壬酯	+2	烃、醇、醛酮、酸酯各类有机物
	磷酸三苯酯	+3	芳烃、酚类异构物、卤化物
极性	丁二酸二乙二醇聚酯	+4	极性化合物：醇、酯
	苯乙腈	+4	卤代烃、芳烃和 $AgNO_3$ 一起分离烷、烯烃
	二甲基甲酰胺	+4	低沸点碳氢化合物
	有机皂 34	+4	芳烃、特别对二甲苯异构体有高选择性
	β, β' - 氧二丙腈	+5	分离低级烃、芳烃、含氧有机物
氢键型	甘油	+4	醇和芳烃、对水有强滞留作用
	季戊四醇	+4	醇、酯、芳烃
	聚乙二醇 400	+4	极性化合物：醇、酯、醛、腈、芳烃
	聚乙二醇 20M	+4	极性化合物：醇、酯、醛、腈、芳烃

　　近年来通过大量实验，优选出了能在较宽的温度范围内稳定并占据固定液全部极性范围的 12 种最佳固定液（表 8-2）。实验室只需贮备少量标准固定液就可以满足大部分气相色谱分析任务的需要。

表 8-2　气相色谱的 12 种最佳固定液

固定液名称	型号	相对极性	最高使用温度（℃）	分析对象
角鲨烷	SQ	0	150	气态烃、轻馏分液态烃
甲基硅油或甲基硅橡胶	OV - 101 SE - 30	+1	350 300	各种高沸点化合物
苯基（10%）甲基聚硅氧烷	OV - 3	+1	350	
苯基（25%）甲基聚硅氧烷	OV - 7	+2	300	各种高沸点化合物，对芳香族和极性化合物保留值增大
苯基（50%）甲基聚硅氧烷	OV - 17	+2	300	OV - 17 + QF - 1 可分析含氯农药
苯基（60%）甲基聚硅氧烷	OV - 22	+2	300	
三氟丙基（50%）甲基聚硅氧烷	QF - 1 OV - 210	+3	250	含卤化合物、金属螯合物、甾类
β - 氰乙基（25%）甲基聚硅氧烷	XE - 60	+3	275	苯酚、酚醚、芳胺、生物碱、甾类
聚乙二醇	PEG - 20M	+4	250	选择性保留分离含 O、N 官能团及 O、N 杂环化合物
己二酸二乙二醇聚酯	DEGA	+4	250	分离 $C_1 \sim C_{24}$ 脂肪酸甲酯、甲酚异构体
丁二酸二乙二醇聚酯	DEGS	+4	220	分离饱和及不饱和脂肪酸酯，苯二甲酸酯异构体
1，2，3 - 三（2 - 氰乙氧基）丙烷	TCEP	+5	175	选择性保留低级含 O 化合物，伯、仲胺，不饱和烃、环烷烃等

　　固定液一般按待分离组分的极性或化学结构与固定液相似的原则来选择，其一般规律如下：①分离

非极性物质，一般选用非极性固定液，试样中各组分按沸点从低到高的顺序流出色谱柱；②分离极性物质，一般按极性强弱来选择相应极性的固定液，试样中各组分一般按极性从小到大的顺序流出色谱柱；③分离非极性和极性混合物时，一般选用极性固定液，这时非极性组分先出峰，极性组分后出峰；④分离醇、酚、胺、羧酸、氨基酸和水等能形成氢键的试样，一般选用氢键型固定液，此时试样中各组分按与固定液分子形成氢键能力大小的顺序流出色谱柱；⑤对于复杂组分，一般可选用两种或两种以上的固定液配合使用，以增加分离效果。以上几点是选择固定液的大致原则。由于色谱柱中的作用比较复杂，因此合适的固定液还必须通过实验进行选择。

载体也称作担体，是提供一个具有较大表面积的惰性表面，使固定液能在它的表面上形成一层薄而均匀的液膜。在液体固定相中，要求载体比表面积要大，孔径分布均匀，机械强度好，不易破碎，载体表面应是化学惰性，即无吸附性、无催化性，且热稳定性要好。载体可分为硅藻土型载体和非硅藻土型载体，玻璃微球、氟载体属于非硅藻土型载体，玻璃微球能在较低的柱温下分析高沸点物质。氟载体的特点是吸附性小，耐腐蚀性强，适合于强极性物质和腐蚀性气体的分析。

目前常用载体为硅藻土型载体，一般分为红色硅藻土载体和白色硅藻土载体两种。这两种载体的化学组成基本相同，内部结构相似，都是以硅、铝氧化物为主体，以水合无定型氧化硅和少量金属氧化物杂质为骨架。但是它们的表面结构差别很大，红色硅藻土载体表面孔隙密集，孔径较小，比表面积大，能负荷较多的固定液，机械强度较好，可用于非极性组分的分析。常见的红色硅藻土载体有国产的6201载体及国外的 C-22 火砖和 Chromosorb P 等。白色硅藻土载体孔径比较粗，比表面积小，能负荷的固定液少，机械强度不如红色载体。但是和红色硅藻土载体相比，它的表面吸附作用和催化作用比较小，能用于高温分析，用于极性组分分析时，易于获得对称峰。常见的白色硅藻土载体有国产的 101 白色载体、405 白色载体，国外的 Celite 和 Chromosorb W 载体等。

目前市售的色谱柱，都标明了其载体的类型、颗粒大小和处理方法，固定液也标明了其种类和浓度，现以市售最常用的二甲基聚硅氧烷作固定液的气相色谱柱为例进行说明。

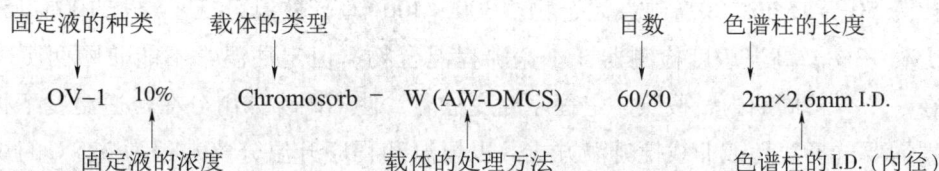

固定液的种类　　载体的类型　　　　　　　　　目数　　色谱柱的长度

OV-1 10%　　Chromosorb - W (AW-DMCS)　60/80　2m×2.6mm I.D.

固定液的浓度　　　　　载体的处理方法　　　　色谱柱的I.D.（内径）

载体表面应是化学惰性的，未经处理的载体总是呈现出不同程度的催化活性，会造成色谱峰严重的不对称，所以载体在使用前必须先经过处理。目前，市售载体基本已经处理过，涂渍前将载体放在105℃烘箱中烘4~6小时即可。

载体选择的大致原则：①固定液用量 >5%（质量分数）时，一般选用硅藻土白色载体或红色载体；②固定液用量 <5%（质量分数）时，一般选用表面处理过的载体；③腐蚀性样品可选氟载体，而高沸点组分可选用玻璃微球载体；④载体粒度一般选用 60~80 目或 80~100 目，高效柱可选用 100~120 目。

（3）合成固定相　分为高分子多孔小球和化学键合固定相两类。

1）高分子多孔小球（GDX）　是以苯乙烯等为单体与交联剂二乙烯基苯交联共聚的小球，从化学性质上可分为极性和非极性两种。高分子多孔小球作为固定相主要具有热稳定性好，可在250℃以上温度长期使用；吸附活性低、对含羟基的化合物具有相对低的亲和力；可选择的范围大等优点。高分子多孔小球本身既可以作为吸附剂在气－固色谱中直接使用，也可以作为载体涂上固定液后使用。在烷烃、芳烃、卤代烷、醇、酮、醛、醚、酯、酸、胺、腈以及各种气体的气相色谱分析中已得到广泛应用。

2）化学键合固定相　一种以表面孔径度可人为控制的球形多孔硅胶为基质，利用化学反应方法把固定液键合于载体表面上制成的键合固定相。这种键合固定相大致可以分为硅氧烷型、硅脂型以及硅碳型等三种类型。与载体涂渍固定液制成的固定相比较，化学键合固定相具有良好的热稳定性，适合于做快速分析，对极性组分和非极性组分都能获得对称峰，耐溶剂。化学键合固定相在气相色谱中主要用于分析永久性气体，如低级烷烃、烯烃、炔烃、氢、氧、一氧化碳、二氧化碳、氮氧化物、硫化氢、卤代烃及有机含氧化合物等。

（4）柱长和柱径　分离分析样品组分数目较少、样品量较大时，选用填充柱；反之，选择毛细管柱。柱长增加，分析时间会相应增加；在达到一定分离度条件下，尽可能使用短柱。填充柱柱长 2～4m；15m 短毛细管柱用于快速分离较简单的样品；30m 长的毛细管柱是最常用的柱长，大多数分析在此长度上完成；50m 或更长的色谱柱适用于分离比较复杂的样品。柱径增加，柱效会下降；柱径减小，柱效增加，但柱容量小，适合分流进样。

5. 柱温　柱温是一个重要的色谱操作参数，它直接影响分离效能和分析速度。一般来说，操作温度必须高于固定液的熔点，低于其最高使用温度，以保证其有好的溶解性，避免固定液大量挥发流失。柱温对组分分离的影响较大，提高柱温使各组分的挥发性增加，分配系数减小，不利于分离；降低柱温，被测组分在两相中传质速度下降，峰形变宽，分析时间变长，严重时会拖尾。柱温选择原则是在使最难分离的组分得到良好的分离、不拖尾且保留时间适宜的前提下，尽可能采取较低柱温。在实际工作中，一般根据样品的沸点选择柱温、固定液用量，具体做法有以下三个方面：①永久性气体和气态烃等低沸点组分，柱温控制在 50℃ 以下，固定液配比（固定液与载体体积比）15%～25%；②沸点小于 300℃ 的混合物，柱温可在比平均沸点低 50℃ 至平均沸点的温度范围内选择，固定液配比为 5%～15%；③高沸点混合物（300～400℃），柱温可低于沸点 100～150℃，可采用低固定液配比 1%～3%，高灵敏度检测器；④宽沸程混合物，恒定柱温常不能兼顾两头，需采用程序升温方法，即在一个分析周期内，按照一定程序改变柱温，使不同沸点组分在合适温度下得到分离。程序升温可以根据需要选择线性或非线性升温方式。以恒温和程序升温分离沸程为 225℃ 的烷烃与卤代烃的 9 个组分混合物说明两者差别（图 8－23）。

图 8－23（a），柱温为恒定 45℃，32 分钟内只有 5 个组分流出色谱柱，低沸点组分分离效果较好。图 8－23（b），柱温恒定 145℃，32 分钟内有 8 个组分流出色谱柱，但因提高柱温，保留时间变短，低沸点组分峰密集，分离度不好。图 8－23（c），程序升温，由 30℃ 开始，升温速度 5℃/min，32 分钟内 9 个组分全部流出色谱柱且峰形和分离度都较好。由图 8－23 可知，恒温色谱图中色谱峰的半峰宽随保留时间 t_R 增加而增大；程序升温色谱图中色谱峰的半峰宽与 t_R 无关且具有等峰宽。

6. 检测器温度　为了使色谱柱流出物不在检测器中冷凝，污染检测器，检测室温度需高于柱温，至少等于柱温。

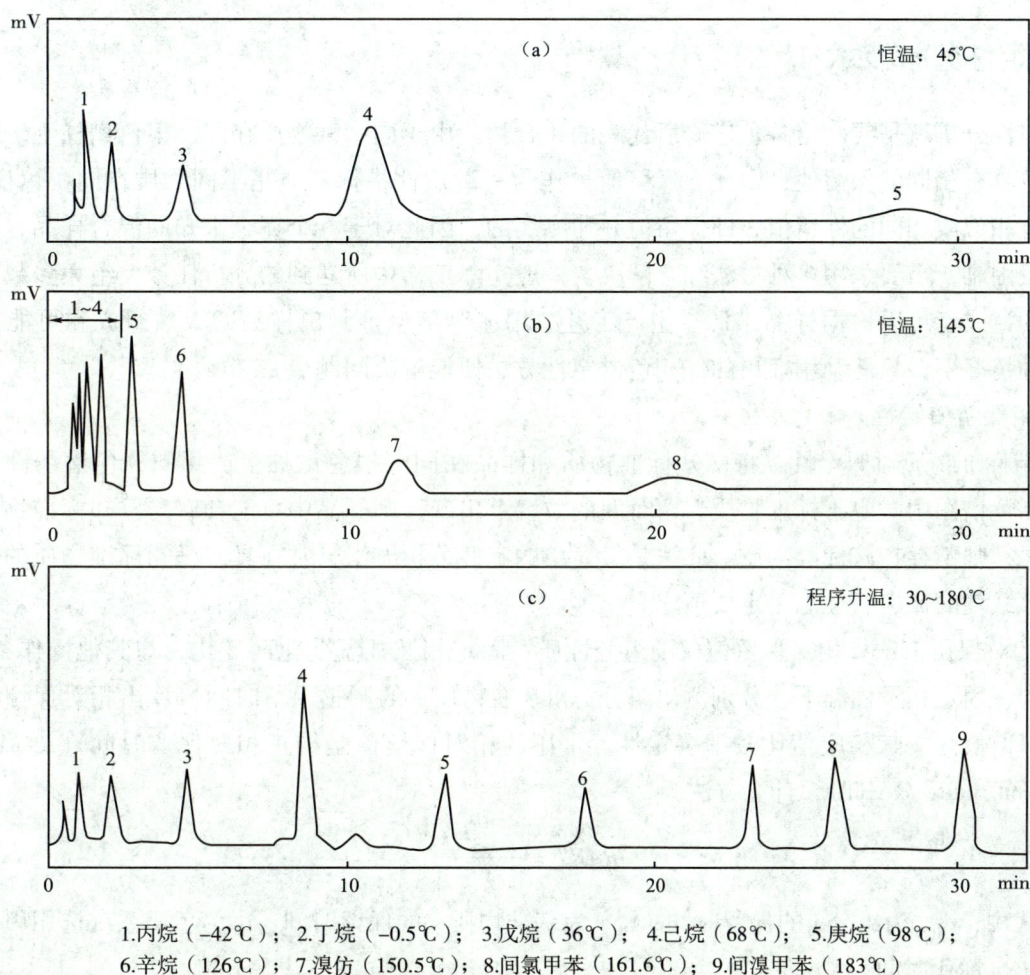

1.丙烷（-42℃）；2.丁烷（-0.5℃）；3.戊烷（36℃）；4.己烷（68℃）；5.庚烷（98℃）；
6.辛烷（126℃）；7.溴仿（150.5℃）；8.间氯甲苯（161.6℃）；9.间溴甲苯（183℃）

图 8-23　宽沸程混合物在恒温和程序升温时分离效果的比较

第四节　实用分析技术

PPT

知识链接

中国色谱之父——卢佩章

"一个科学家最大的幸福是能给社会、人类做出些贡献，有一颗热爱科学的心，才能选准方向，坚持下去！"这是"中国色谱之父"卢佩章用他的一生践行的一句话。卢佩章是中国色谱学的开创者，他将全部心血奉献给了中国分析化学事业。

中华人民共和国成立初期，国内气相色谱研究还是空白，卢佩章和他的研究小组设计出我国第一台体积色谱仪，使分析石油样品的速度由原来的30多个小时缩短到不到1小时。卢佩章领导开展了色谱专家系统理论研究，成功研制出"1000系列气相智能色谱仪"，发展了腐蚀性气体色谱分析仪、金属中气体分析仪和大气中毒物分析仪等，对我国色谱科学的发展做出了重大贡献。

一、定性分析技术

色谱定性分析就是要确定各色谱峰所代表的化合物。由于同一种物质在同一根色谱柱上，在相同的色谱条件下具有相同的保留值，因此，保留值可作为一种定性指标。但是不同物质在同一色谱条件下，也可能具有相似或相同的保留值，即保留值并非专属的，因此对于一个完全未知的混合样品，单靠色谱法定性比较困难，需要采用多种方法综合解决。一般实际工作中所遇到的分析任务，绝大多数其成分大体是已知的，或者可以根据样品来源、生产工艺、用途等信息推测出样品的大致组成和可能存在的杂质，在这种情况下，只需利用简单的气相色谱定性方法便能解决问题。

1. 利用保留值定性

（1）与标准物质对照定性　将已知标准物质和样品在同一根色谱柱上、相同的色谱条件下进行分析，在样品色谱图中对应于标准物质保留时间的位置上出峰，则样品中可能含有与已知标准物质相同的组分；反之，则不存在该标准物质。此法是最简单的定性分析方法，常在具有已知标准物质的情况下使用，但要求载气的流速、柱温一定要恒定。

（2）相对保留值法　相对保留值仅随组分性质、固定相及柱温变化而变化，与其他操作条件无关。因此，在同一固定相及柱温下，分别测出组分 i 和基准物质 s 的调整保留时间，算出相对保留值，用求出的相对保留值与文献相应值比较即可定性。常用的相对保留值是校正相对保留时间（relative adjustment retention time，RART），计算方法为

$$RART = \frac{t_{R(i)} - t_0}{t_{R(s)} - t_0} \qquad (8-11)$$

（8-11）式中，$t_{R(i)}$ 为组分 i 的保留时间；$t_{R(s)}$ 为基准物质 s 的保留时间；t_0 为色谱系统选用甲烷测定的保留时间（也称死时间）。

（3）加入已知物增加峰高法　当未知样品中组分较多，所得色谱峰过密，或仅做未知样品指定项目分析时均可用此法。首先作未知样品的色谱图，然后在未知样品中加入某已知物，又得到一个色谱图。峰高增加的组分就可能为这种已知物。

2. 双柱定性

不同的物质在同一根柱子上可能会有相同的保留时间，但在两根极性不同的柱子上一般不可能会有相同的保留时间，柱子的极性相差越大，保留值也就相差越大，双柱定性就是利用这个原理来进行定性分析的。

3. 利用两谱联用定性

色谱具有很高的分离效率，而质谱法、红外光谱法对于单一组分（纯物质）的有机化合物具有很强的定性能力，二者联用，对未知物进行定性，结果更为可靠。因此，若将色谱分析与这些仪器联用，就能发挥各自方法的长处，很好地解决组成复杂的混合物的定性分析问题。目前普遍使用且已经很成熟的在线仪器联用主要有气相色谱－质谱联用（GC-MS）技术、气相色谱－红外光谱联用（GC-FTIR）技术。

二、定量测定技术

色谱法定量分析的依据是在实验条件恒定时，峰面积或峰高与待测组分的量成正比。

1. 峰面积的测量

（1）对称色谱峰峰面积　采用峰高乘半峰宽法计算，即

$$A = 1.065h \cdot W_{1/2} \qquad (8-12)$$

（8-12）式中，A 为峰面积；h 为峰高；$W_{1/2}$ 为半峰宽。

（2）不对称色谱峰峰面积　采用峰高乘以平均峰宽法计算，即

$$A = \frac{1.065h \cdot (W_{0.15} + W_{0.85})}{2} \tag{8-13}$$

（8-13）式中，A 为峰面积；h 为峰高；$W_{0.15}$ 和 $W_{0.85}$ 分别为峰高 0.15 倍和 0.85 倍处的峰宽。

目前色谱仪上都带有数据处理机或工作站，会根据峰型选择相应峰面积的计算方法，并自动打印出峰面积和峰高。

2. 定量校正因子　色谱的定量分析是基于被测物质的量与其峰面积的正比关系，但由于同一检测器对不同物质具有不同的响应值，因此不能直接应用峰面积计算组分含量。为了使检测器产生的响应信号能真实地反映出物质的含量，引入"定量校正因子"来校正峰面积。定量校正因子分为绝对校正因子和相对校正因子。

（1）绝对校正因子　在一定操作条件下，组分 i 的进样量与响应信号（峰面积 A 或峰高 h）比例关系，即

$$f_i = \frac{m_i}{A_i} \quad 或 \quad f_i = \frac{m_i}{h_i} \tag{8-14}$$

（8-14）式中，f_i 为组分 i 的绝对校正因子（根据组分度量单位的不同，可分为质量校正因子、体积校正因子或摩尔校正因子）；m_i 为组分 i 的进样量（质量、体积或物质的量）；A_i、h_i 分别为组分 i 的峰面积、峰高。f_i 主要由仪器灵敏度所决定，其值随色谱实验条件改变而改变，很难测得。在实际工作中，往往使用相对校正因子。

（2）相对校正因子　是指某组分 i 与标准物质 s 的绝对校正因子之比，即

$$f'_i = \frac{f_i}{f_s} = \frac{m_i/A_i}{m_s/A_s} \quad 或 \quad f'_i = \frac{f_i}{f_s} = \frac{m_i/h_i}{m_s/h_s} \tag{8-15}$$

（8-15）式中，f'_i 为相对校正因子；f_s 为标准物质 s 的绝对校正因子；m_s 为标准物质 s 的进样量；A_s、h_s 分别为标准物质 s 的峰面积、峰高。定量分析时最常用的是相对质量校正因子。

相对校正因子测定方法：准确称取色谱纯（或已知准确含量）的被测组分和标准物质，混合后，配制成已知准确浓度的样品溶液，在已定的色谱实验条件下，取一定体积的样品溶液进样，分别测量被测组分和标准物质的色谱峰峰面积或峰高，依据（8-15）式计算出相对质量校正因子。测定时，进样体积不需要很准确。热导检测器的常用标准物质为苯，氢火焰离子化检测器的常用标准物质为正庚烷。有些物质的相对定量校正因子可以在手册或文献中查到。

3. 定量分析方法

（1）归一化法　是将样品中所有组分含量之和定为 100%，计算其中某一组分含量百分数的定量方法。计算关系式为

$$x_i(\%) = \frac{A_i \cdot f_i}{A_1 \cdot f_1 + A_2 \cdot f_2 + \cdots + A_n \cdot f_n} \times 100\% \tag{8-16}$$

（8-16）式中，A_i、A_1、A_2、A_n 为各组分的峰面积（峰面积也可全用峰高代替）；f_i、f_1、f_2、f_n 为各组分的定量校正因子；x_i 为组分 i 的百分含量（质量分数、体积分数或摩尔分数）。若试样中各组分的校正因子很接近（如同分异构体或同系物），则可以消去校正因子，直接用峰面积或峰高归一化法进行计算。（8-16）式可简化为

$$x_i(\%) = \frac{A_i}{A_1 + A_2 + \cdots + A_n} \times 100\% \qquad (8-17)$$

归一化法的优点是简便，定量结果与进样量无关，操作条件（如流速，柱温）的变化对定量结果的影响较小。缺点是必须所有的组分在一个分析周期内都能流出色谱柱，并且检测器对所有的组分都能产生响应信号，否则分析结果不准确。该法不能用于微量杂质的检查。

（2）外标法　最常用的是外标对比法，即配制一个和被测组分含量十分接近的对照品溶液，在同一色谱条件下定量进样分析对照品溶液及待测样品，利用两者的峰高比或峰面积比计算被测组分的量。计算关系式为

$$m_i = \frac{A_i \cdot m_s}{A_s} \qquad (8-18)$$

（8-18）式中，m_i 和 A_i 分别为被测组分的质量和峰面积；m_s 和 A_s 分别为对照品的质量和峰面积。

外标法简便，不需要校正因子；但进样量要求十分准确，操作条件要求稳定。适用于常规分析和大量同类样品的分析。

（3）内标法　配制一系列不同浓度的被测组分 i 标准溶液，并都加入相同量的内标 s，进样分析，测量组分 i 和内标 s 的峰面积 A_i 和 A_s，以 A_i/A_s 比值对标准溶液浓度 c_i 作图或求线性回归方程；样品溶液中加入与标准溶液中相同量的内标 s，进样分析，测得样品中组分 i 和内标 s 的峰面积 A_i' 和 A_s'，将 A_i'/A_s' 比值代入回归方程，求出样品中组分 i 的浓度。此法称为内标标准曲线法。当回归方程的截距近似为零时，可简化为内标对比法，计算关系式为

$$\frac{c_i^{样}}{c_i^{标}} = \frac{(A_i'/A_s')_{样}}{(A_i/A_s)_{标}} \qquad (8-19)$$

内标法中内标物的选择最重要，通常必须满足三个条件：①应是样品中不存在的纯物质；②色谱峰峰位应在被测组分峰位附近，或几个被测组分色谱峰的中间，并与这些组分的色谱峰完全分离；③加入的量应恰当，其峰面积与被测组分的峰面积不能相差太大。内标法不必测出校正因子，消除了一些操作条件变化的影响，也不需要严格的进样体积，配制标准溶液相当于测定相对校正因子。因气相色谱进样量小，进样体积不易准确，故气相色谱分析多采用内标法定量。

三、应用示例

气相色谱法可以应用于分析气体样品，也可分析易挥发或可转化为易挥发的液体和固体，不仅可分析有机物，也可分析部分无机物。一般说来，只要沸点在 500℃ 以下、热稳定性良好、相对分子量在 400 以下的物质，原则上都可以采用气相色谱法。目前气相色谱法所能分析的有机物，占全部有机物的 15%~20%，而这些有机物是应用最广的那一部分，因此，气相色谱在石油化工、高分子材料、药物、食品、香料与精油、农药、环境保护等领域均被广泛应用。

1. 药物含量测定　药物制剂往往含有多种成分或辅料，进行分析测定时相互干扰，气相色谱能分离并同时测定多种成分。

示例 8-1　维生素 E 软胶囊中维生素 E 含量的测定

【色谱条件与系统适用性试验】以硅酮（OV-17）为固定液，涂布浓度为 2% 的填充柱或以 HP-1 毛细管柱（100% 二甲基聚硅氧烷）为分析柱；柱温 265℃。理论塔板数按维生素 E 峰计算不低于 500（填充柱）或 5000（毛细管柱），维生素 E 峰与正三十二烷峰的分离度应符合要求。

【校正因子测定】取正三十二烷适量，加正己烷溶解并稀释成每 1ml 中含 1.0mg 的溶液，作为内标溶液。另取维生素 E 对照品精密称定 20.10mg，置棕色具塞瓶中，精密加内标溶液 10ml，密塞，振摇，使其溶解；取 1~3μl 注入气相色谱仪，计算校正因子。测得维生素 E 峰面积为 32300，内标峰面积为 28300。

【测定方法】取内容物，混合均匀，精密称定 1.080g（约相当于维生素 E 20mg）。置棕色具塞瓶中，精密加内标溶液 10ml，密塞，振摇，使其溶解，静置；取上清液 1~3μl 注入气相色谱仪，测得维生素 E 峰面积为 32800，内标峰面积为 28500。

【数据处理结果】根据相对校正因子测定法进行计算。

$$f_i = \frac{m_i/A_i}{m_s/A_s} = \frac{20.10/32300}{10.0/28300} = 1.761$$

$$维生素 E（\%）= \frac{m_E}{W_E} \times 100\% = \frac{f_i \cdot m_s \cdot A_E}{A_s \cdot W_E} \times 100\% = \frac{1.761 \times 10 \times 32800}{28500 \times 1.080 \times 1000} \times 100\% = 1.87\%（g/g）$$

示例 8-2　冰硼散中的冰片含量的测定

【色谱条件与系统适用性试验】以聚乙二醇 20000（PEG-20M）为固定相的毛细管柱（柱长为 30m，内径为 0.25mm，膜厚度为 0.25μm）；柱温为程序升温：初始温度为 100℃，以每分钟 10℃ 的速率升温至 200℃；分流进样。理论板数按龙脑峰计算，应不低于 5000。

【校正因子测定】取正十四烷适量，精密称定，加无水乙醇制成每 1ml 含 8mg 的溶液，作为内标溶液。另取龙脑对照品、异龙脑对照品各约 10mg，精密称定，置具塞锥形瓶中，精密加入无水乙醇 25ml 与内标溶液 2ml，摇匀。吸取 2μl，注入气相色谱仪，分别记录峰面积。对照品溶液平行配制两份，第一份进样 5 次，第二份进样 2 次，分别计算龙脑和异龙脑的平均校正因子及相对标准偏差 RSD。

【测定方法】取本品约 0.5g，精密称定，置具塞锥形瓶中，精密加入无水乙醇 25ml 与内标溶液 2ml，称定重量，超声处理 20 分钟，放冷，再称定重量，用无水乙醇补足减失的重量，摇匀，滤过。吸取续滤液 2μl，注入气相色谱仪，测定，即得。样品溶液平行配制两份，每份进样 2 次，求平均值。本品每 1g 含冰片以龙脑（$C_{10}H_{18}O$）和异龙脑（$C_{10}H_{18}O$）的总量计，不得少于 30mg。

【数据处理结果】分别精密称取龙脑（含量为 98%）和异龙脑（含量为 96%）对照品两份，其质量分别为龙脑（10.83mg、10.79mg），异龙脑（11.38mg、11.18mg）。计算龙脑的校正因子平均值为 19.02，RSD 为 2.7%；计算异龙脑的校正因子平均值为 14.49，RSD 为 0.4%。

分别精密称取样品两份，质量分别为 0.4933g、0.4951g，经前处理后进样，测得龙脑、异龙脑的含量平均值分别为 22.7mg、12.7mg，故冰硼散中的冰片含量以龙脑和异龙脑的总量计为 35mg，符合《中国药典》规定。

2. 农药残留测定　我国现有常用的农药有 200 多种。如有机磷（膦）、氨基甲酸酯、拟除虫菊酯、有机氯化合物等。由于农药对人体危害极大，因此对中药材、饮片及制剂以及蔬菜、水果、粮食等药品、食品中农药残留的监测非常有必要。气相色谱法常用于农药残留的测定。

示例 8-3　气相色谱法测定蔬菜中多种有机磷类的农药残留

【色谱条件】预柱：1.0m（0.53mm 内径，脱活石英毛细管柱）；色谱柱：50% 聚苯基甲基硅氧烷（DB-17 或 HP-50+）柱（30m×0.53mm×1.0μm）；检测器：FPD；柱温：150℃（2 分钟）-8℃/min-250℃（12 分钟）；汽化室温度：220℃；检测室温度：250℃；载气 N_2 10ml/min，燃气 H_2 75ml/min，助燃气空气 100ml/min；进样量：不分流进样 1.0μl。

【样品溶液制备】 取蔬菜可食用部分，经缩分后，将其切碎，充分混匀，放入食品加工器粉碎，制成待测样品。准确称取 25.0g 试样放入匀浆机中，加入 50.0ml 乙腈，在匀浆机中高速匀浆 2 分钟后用滤纸过滤，滤液收集到装有 5~7g 氯化钠的 100ml 具塞量筒中，收集滤液 40~50ml，盖上塞子，剧烈振荡 1 分钟，在室温下静置 30 分钟，使乙腈相和水相分层。从具塞量筒中吸取 10.00ml 乙腈溶液，放入 150ml 烧杯中，将烧杯放入 80℃ 水浴锅上加热，杯内缓缓通入氮气或空气流，蒸发近干，加入 2.0ml 丙酮，盖上铝箔，将上述备用液完全转移至 15ml 刻度离心管中，再用约 3ml 丙酮分三次冲洗烧杯，并转移至离心管，最后定容至 5.0ml，在旋涡混合器上混匀，分别移入两个 2ml 自动进样器样品瓶中，供色谱测定。如定容后的样品溶液过于混浊，应用 0.2μm 滤膜过滤后再进行测定。

【农药对照液制备】 根据各待测有机磷农药在仪器上的响应值，逐一准确吸取一定体积的单个农药储备液，分别注入同一容量瓶中，用丙酮溶解并稀释至刻度，配制成农药混合标准储备溶液，使用前用丙酮稀释成所需质量浓度的标准工作液。

【测定方法】 保留时间定性和外标法定量。检出限在 0.01~0.3 mg/kg。

实践实训

实训十二　气相色谱法测定藿香正气水中乙醇的含量 📱微课1

【实训目的】

1. **掌握**　顶空进样技术和内标法的定量方法。
2. **熟悉**　顶空进样器及气相色谱仪的规范操作，能够熟练进行仪器配置。
3. **了解**　顶空气相色谱仪的维护知识。

【基本原理】

藿香正气水为临床常用非处方中成药，在制备过程中用到了大量的乙醇。乙醇具有挥发性，《中国药典》采用气相色谱法测定各种含乙醇制剂 20℃ 时的乙醇含量。测定时以正丙醇为内标，使用氢火焰离子化检测器，用内标法测定乙醇量，藿香正气水中的乙醇量为 40%~50%。

【实训器材】

1. **仪器**　岛津 GC-2010 型气相色谱仪（或其他型号气相色谱仪）、PE 顶空进样器（或其他型号气相色谱仪）、6% 氰丙基苯基-94% 二甲基聚硅氧烷为固定液的毛细管色谱柱、顶空进样瓶、容量瓶、移液管。

2. **试剂**　藿香正气水、乙醇（色谱纯）、正丙醇（色谱纯）、超纯水。

【实训内容与操作规程】

1. **气相色谱仪条件**　色谱柱：DB-624 石英毛细管柱，柱长 30m，内径 0.32mm，膜厚 1.8μm；柱温：采用程序升温法，起始温度为 40℃，保持 2 分钟，再以每分钟 3℃ 的速率升温至 65℃，续以每分钟 25℃ 的速率升温至 200℃，保持 10 分钟；进样口温度为 200℃；检测器（FID）温度为 220℃；采用顶空分流进样，分流比为 1:1；顶空瓶平衡温度为 85℃，平衡时间为 20 分钟；载气为氮气。

2. **溶液制备**

（1）对照品溶液　精密量取恒温至 20℃ 的无水乙醇 5ml，平行两份；置 100ml 量瓶中，精密加入恒温至20℃的正丙醇（内标物质）5ml，用水稀释至刻度，摇匀，精密量取该溶液1ml，置100ml量瓶中，用水稀释至刻度，摇匀，作为对照品溶液。

（2）样品溶液 精密量取恒温至20℃的样品10ml（相当于乙醇约5ml），置100ml量瓶中，精密加入恒温至20℃的正丙醇5ml，用水稀释至刻度，摇匀。精密量取该溶液1ml，置100ml量瓶中，用水稀释至刻度，摇匀，作为样品溶液。

3. 测定

（1）系统适用性试验 精密量取对照品溶液3ml，置10ml顶空进样瓶中，密封，顶空进样，理论塔板数按乙醇峰计算应不低于10000，乙醇峰与正丙醇峰的分离度应大于2.0；每份对照品溶液进样3次，测定峰面积，计算平均校正因子，所得6个校正因子的相对标准偏差不得大于2.0%。

（2）样品测定 精密量取样品溶液3ml，置10ml顶空进样瓶中，密封，顶空进样，测定峰面积，按内标法以峰面积计算样品中乙醇含量（%）及相对平均偏差。

4. 顶空气相色谱仪操作规程 以GC-2010型气相色谱仪为例说明操作规程，其他型号参考相应说明书，具体规程如下。

（1）开机 先打开载气、空气、氢气气瓶总开关，调节减压阀，压力表指针处于约0.6MPa。打开气相色谱仪主机电源、顶空进样器开关及计算机开关，双击工作站联机，仪器开始自检。点击工作站的资源管理器，移除自动进样器，配置顶空进样器，配置色谱柱及FID检测器。

（2）方法的设置 点击"新建方法"，设置进样口信息（包括进样口温度、柱流速、分流比等信息）；设置色谱柱温度；设置检测器信息（包括检测器温度、氢气流速、空气流速及尾吹流速等）；设置顶空进样器信息（包括炉温、取样针温度、传输线温度、保温时间、GC分析循环时间等）。方法设置结束后，保存方法并下载至仪器中。

（3）进样 当检测器温度高于120℃时，打开工作站上的氢气、空气开关，并点火，待基线稳定后，将待测样品放入顶空进样器中，编辑GC工作站的序列及顶空进样器的序列，开始进行批处理分析。

（4）谱图的处理 测定结束后，对色谱图进行分析，乙醇的含量采用内标法进行测定，通过设置分析方法，对各谱图进行处理，并记录数据。

（5）打印报告 点击"报告格式"图标，选择适宜的报告格式，将处理好的数据拖入选择的报告模板中，即显示数据对应报告，打印报告。

（6）关机 分析结束，点击"系统关闭"，气相开始降温。打开顶空进样器的降温程序，顶空进样器开始降温。当顶空进样器所有温度降至60℃以下时，可退出软件。当气相色谱仪所有温度降至100℃以下时，可退出软件关机。关闭顶空进样器、气相主机及计算机电源，关闭所有气源，填写仪器使用记录。

【实训记录与数据处理】

1. 数据处理方法
（1）校正因子的计算

$$f_i = \frac{c_i/A_i}{c_s/A_s} \tag{8-20}$$

（8-20）式中，f_i为校正因子；c_i为对照品溶液中乙醇的浓度；A_i为对照品溶液中乙醇的峰面积；c_s为对照品溶液中内标物质的浓度；A_s为对照品溶液中内标物质的峰面积。

$$\bar{f_i} = \sum_{i=1}^{n} f_i / n \qquad (8-21)$$

（8-21）式中，$\bar{f_i}$ 为平均校正因子；f_i 为校正因子。

（2）乙醇含量的计算

$$X（\%）= \bar{f_i} \times \frac{V_s'/A_s'}{V_x/A_x} \times 100\% \qquad (8-22)$$

（8-22）式中，$\bar{f_i}$ 为平均校正因子；V_x 为样品溶液配制时所取样品溶液体积；A_x 为样品中乙醇的峰面积；V_s' 为样品溶液配制时所取内标溶液体积；A_s' 为样品中内标物质的峰面积。

2. 数据及结果

（1）系统适用性试验　结果记录于表8-3。

表8-3　系统适用性试验数据及结果

项目		对照品编号						校正因子 RSD（%）	乙醇柱效（n）	分离度（R）
		1			2					
对照品浓度（ml/ml）		c_i：	c_s：		c_i：	c_s：				
		测定次数								
		1	2	3	1	2	3			
各组分峰面积	A_i									
	A_s									
校正因子 f_i										
平均校正因子 $\bar{f_i}$										
《中国药典》规定值								<2.0	>10000	>2.0
结论										

（2）测定结果　依据内标法计算乙醇量，结果记录于表8-4。

表8-4　样品测定数据及结果

项目		样品编号			
		1		2	
取样体积（ml）		V_x：	V_s'：	V_x：	V_s'：
		测定次数			
		1	2	1	2
各组分峰面积	A_x				
	A_s'				
含量 X_i（%）					
平均含量 $\bar{X}$（%）					
相对平均偏差（%）					
《中国药典》规定值		40%～50%			
结论					

【注意事项】

（1）采用本法时，应避免甲醇或其他成分对测定的干扰。

（2）在不含内标物质的供试品溶液的色谱图中，与内标物质峰相应的位置不得出现杂质峰。如有出现，可对色谱条件进行适当调整以消除其对测定结果的影响；若调整色谱条件仍不能解决时，可考虑采用扣除本底的方法（此时可采用外标法或其他适宜方法对测定结果进行验证）。

（3）采用毛细管柱测定时，若出现峰形变差等不符合要求的情况时，可适当升高柱温进行充分的柱老化后再行测定。

（4）顶空进样瓶在封瓶时需保证密闭，否则其中气体漏出，影响定量分析。

（5）进样结束后，由于进样瓶温度较高，应等充分冷却后再将进样瓶取出。

【思考题】

（1）请列出内标法和外标法的相对校正因子计算公式。

（2）内标法对进样量的准确性有无严格要求？

实训十三　气相色谱法测定白酒中甲醇的含量 🅔 微课2

【实训目的】

1. 掌握　内标法的定量分析方法。

2. 熟悉　气相色谱仪的基本结构和操作方法。

3. 了解　白酒中甲醇的卫生限量标准。

【基本原理】

根据 GB 5009.266—2016《食品安全国家标准 食品中甲醇的测定》，食品中的甲醇可采用聚乙二醇石英毛细管柱为固定相，氢火焰离子化检测器，以叔戊醇为内标物质，采用内标法进行白酒中甲醇含量的测定，方法检测限为 7.5mg/L，定量限为 25mg/L。

【实训器材】

1. 仪器　岛津 GC‑2010 型气相色谱仪（或其他型号气相色谱仪）、聚乙二醇为固定液的毛细管色谱柱、电子天平、容量瓶、移液管、移液枪、试管。

2. 试剂　白酒、乙醇（色谱纯）、甲醇（纯度≥99%）、叔戊醇（纯度≥99%）、超纯水。

【实训内容与操作规程】

1. 气相色谱仪条件　色谱柱：PEG‑20M 石英毛细管柱，柱长 60m，内径 0.25mm，膜厚 0.25μm；柱温：采用程序升温，起始温度 40℃，保持 1 分钟，以 4.0℃/min 升至 130℃，以 20℃/min 升至 200℃，保持 5 分钟；进样口温度：250℃；检测器温度：250℃；载气：氮气；柱流速：1.0ml/min；进样量：1.0μl；分流比：20∶1。

2. 溶液制备

（1）乙醇溶液（40%，*V*/*V*）　量取乙醇 40ml，用水定容至 100ml，摇匀。

（2）甲醇标准储备液（5g/L）　精密称取 0.5g（精确至 0.001g）甲醇至 100ml 容量瓶中，用乙醇溶液定容至刻度，混匀，在 0~4℃低温冰箱密封保存。

（3）叔戊醇标准溶液（20g/L）　精密称取 2.0g 叔戊醇（精确至 0.001g）至 100ml 容量瓶中，用乙醇溶液定容至刻度，混匀，在 0~4℃ 低温冰箱密封保存。

（4）标准系列工作溶液　取 5 个 25ml 的容量瓶，分别精密加入甲醇标准储备液 0.5、1.0、2.0、4.0 和 5.0ml，加乙醇溶液定容至刻度，配制成质量浓度分别为 100、200、400、800、1000mg/L 的标准系列工作溶液，现配现用。

3. 试样制备

（1）发酵酒及其配制酒　吸取 100ml 试样于 500ml 蒸馏瓶中，并加入 100ml 水，加几颗沸石（或玻璃珠），连接冷凝管，用 100ml 容量瓶作为接收器（外加冰浴），并开启冷却水，缓慢加热蒸馏，收集馏出液，当接近刻度时，取下容量瓶，待溶液冷却到室温后，用水定容至刻度，混匀。吸取 10.0ml 蒸馏后的溶液于试管中，加入 0.10ml 叔戊醇标准溶液，混匀，备用。平行制备 2 份试样溶液。

（2）酒精、蒸馏酒及其配制酒　精密吸取试样 10.0ml 于试管中，加入 0.10ml 叔戊醇标准溶液，混匀，备用；当试样颜色较深，按照（1）操作。平行制备 2 份试样溶液。

4. 标准曲线绘制　分别准确吸取甲醇标准系列工作溶液各 10ml 于 5 个试管中，精密加入 0.10ml 的叔戊醇标准溶液，混匀。分别注入气相色谱仪中，测定甲醇和内标叔戊醇色谱峰面积，以甲醇系列标准工作液的浓度为横坐标，以甲醇和叔戊醇色谱峰面积的比值为纵坐标，绘制标准曲线。

5. 测定　准确吸取 1.0μl 样品溶液注入气相色谱仪中，以保留时间定性，同时记录甲醇和叔戊醇色谱峰面积的比值，根据标准曲线得到待测液中甲醇的浓度，计算试样中甲醇的含量。两份样品，每份进样两针，求平均值，以独立两次的测定结果计算精密度。

【实训记录与数据处理】

1. 数据处理方法　以标准工作液的浓度为横坐标，甲醇和叔戊醇色谱峰面积的比值为纵坐标绘制标准曲线或线性回归得线性方程。根据样品色谱图中甲醇和叔戊醇色谱峰面积的比值从标准曲线上查出甲醇的浓度或从线性方程计算相应的浓度，试样中甲醇的含量计算公式为

$$X = c \tag{8-23}$$

（8-23）式中，X 为样品中甲醇的含量，mg/L；c 为从标准曲线查到的样品溶液中甲醇的含量，mg/L。

2. 数据及结果

（1）标准曲线的绘制　结果记录于表 8-5。

表 8-5　标准曲线数据及结果

项目		标准系列编号				
		1	2	3	4	5
标准工作液浓度（mg/L）						
$A_{甲醇}$						
$A_{叔戊醇}$						
$\dfrac{A_{甲醇}}{A_{叔戊醇}}$						
标准曲线	线性方程					
	相关系数					

（2）测定结果　依据内标法计算甲醇含量，结果记录于表 8-6。

表 8－6　样品测定数据及结果

项目		样品编号			
		1		2	
		测定次数			
		1	2	1	2
峰面积	$A_{甲醇}$				
	$A_{叔戊醇}$				
$\dfrac{\overline{A_{甲醇}}}{A_{叔戊醇}}$					
含量 X_i（mg/L）					
平均含量 $\overline{X}$（mg/L）					
相对平均偏差（%）					

【注意事项】

（1）气相色谱仪周边不能放置易燃易爆物质，在仪器 50m 直径范围内不能有明火。

（2）气相色谱仪使用时应注意用气安全。载气应先开后关：开机时先开载气再升温，关机时先关燃气和助燃气，再降温，最后关闭载气。

（3）点火时检测器温度应超过 120℃，防止水蒸气冷凝污染检测器。

【思考题】

（1）若按 100% 酒精度计算，白酒中的甲醇含量应该如何计算？

（2）酒中甲醇的测定，除了用色谱法，还可以用什么方法？

（3）在配制系列浓度的甲醇标样过程中，加入甲醇为何要用天平称量，配成系列质量浓度，而不用体积浓度？

（4）用外标一点法测定白酒中甲醇含量，应如何测定？与本实验内标法测定结果相比哪个更准确？为什么？

目标检测

答案解析

一、选择题

（一）单选题

1. 混合物中各组分的（　　）不同是色谱分离的前提。

　　A. 分配系数　　　　　　B. 分离度　　　　　　C. 传质阻力　　　　　　D. 涡流扩散

2. 根据《中国药典》规定，分离度 R 应（　　）。

　　A. 小于 1.5　　　　　　B. 大于 1.5　　　　　　C. 不小于 1.5　　　　　　D. 不大于 1.5

3. 根据《中国药典》规定，以峰高作定量参数时，拖尾因子 T 应（　　）。

　　A. 0.9～1.1　　　　　　B. 0.95～1.05　　　　　　C. 小于 1.0　　　　　　D. 大于 1.0

4. 色谱法中，衡量柱效的依据是（　　）。

　　A. 保留时间　　　　　　B. 理论塔板数　　　　　　C. 对称因子　　　　　　D. 峰面积

5. 色谱峰高（或面积）可用于（　　　）。

 A. 定性分析   B. 判定被分离物分子量

 C. 定量分析   D. 判定被分离物组成

6. 下列气相色谱操作条件中，正确的是（　　　）。

 A. 载气的热导系数尽可能与被测组分的热导系数接近

 B. 使最难分离的物质在能很好分离的前提下，尽可能采用较低的柱温

 C. 实际选择载气流速时，一般低于最佳流速

 D. 检测室温度应低于柱温，而汽化温度愈高愈好

7. 气相色谱仪分离效率的好坏主要取决于（　　　）。

 A. 进样系统   B. 色谱柱   C. 热导池   D. 检测系统

8. 氢火焰离子化检测器的检测依据是（　　　）。

 A. 不同溶液折射率不同   B. 被测组分对紫外光的选择性吸收

 C. 有机分子在氢火焰中发生电离   D. 不同气体热导系数不同

9. 固定相老化的目的是（　　　）。

 A. 除去表面吸附的水分

 B. 除去固定相中的粉状物质

 C. 除去固定相中残余的溶剂及其他挥发性物质

 D. 提高分离效能

10. 气相色谱定量分析时，当样品中各组分不能全部出峰或在多种组分中只需定量其中某几个组分时，最宜选用（　　　）。

 A. 归一化法   B. 标准曲线法   C. 对比法   D. 内标法

（二）多选题

1. 色谱分析中使用归一化法定量的前提是（　　　）。

 A. 所有的组分都要被分离开   B. 所有的组分都要能流出色谱柱

 C. 组分必须是有机物   D. 检测器必须对所有组分产生响应

2. 根据速率理论，影响色谱法分离效果的因素有（　　　）。

 A. 固定相颗粒填充均匀程度和粒度大小   B. 固定相液膜厚度

 C. 流动相流速   D. 柱温

3. 色谱柱加长，可能产生的后果是（　　　）

 A. 分析速度慢   B. 色谱峰变宽   C. 色谱峰变窄   D. 保留时间延长

4. 对固定液的要求有（　　　）。

 A. 选择性能高   B. 热稳定性好

 C. 化学稳定性好   D. 对样品中各组分有足够的溶解能力

5. 色谱柱在使用一段时间后出现柱效下降（分离能力降低、色谱峰扩张变形），可能的原因是（　　　）。

 A. 色谱柱进样端固定液流失   B. 色谱柱内固定液分布不均匀

 C. 色谱柱内固定液性能改变   D. 流失的固定液污染了检测器

二、填空题

1. Van Deemter 方程的数学表达式为 $H = A + \dfrac{B}{u} + C \cdot u$，式中各项代表的意义如下：$H$ 为 _____，u

是载气的 _____，则 A 为 _____，B 为 _____，C 为 _____。

2. 聚乙二醇（PEG – 20M）的毛细管色谱柱（30m×0.32mm×0.1μm）中聚乙二醇（PEG – 20M）是指 _____，30m 是指 _____，0.32mm 是指 _____，0.1μm 是指 _____。

三、简答题

1. 气相色谱仪的基本组成有哪些，简述各部分的作用。

2. 气相色谱分析时，要进行哪些实验条件的选择？

四、计算题

1. 在 3.0m 长的填充柱上，某化合物 A 及其异构体 B 的保留时间分别为 14.0 分钟和 17.0 分钟；峰宽分别为 1.0 分钟和 1.0 分钟，空气通过色谱柱需 1.0 分钟。计算：

  （1）组分 A 和 B 的调整保留时间；

  （2）组分 A 和 B 的 α；

  （3）组分 A 和 B 的 R。

2. 内标法测定无水乙醇中微量水分，试样配制，量取被测无水乙醇 100ml，称重为 79.37g。加入无水甲醇（内标物）约 0.25g，精密称定为 0.2572g，混匀，进样。测得数据，水：$h = 4.60$cm，$W_{1/2} = 0.130$cm。甲醇：$h = 4.30$cm，$W_{1/2} = 0.187$cm。查得以峰面积表示的相对重量校正因子 $f_{水} = 0.55$，$f_{甲醇} = 0.58$，求水分含量。

书网融合……

知识回顾   微课1   微课2   习题

（沈丽宫）

第九章　高效液相色谱实用技术

学习引导

橙皮苷可以抑制新冠病毒，而传统中药材陈皮和广陈皮等柑橘类的果皮中均富含橙皮苷，特别是陈皮在国内防疫中起着重要作用，被两次列入国家卫健委和国家中医药管理局公布的《新型冠状病毒感染的肺炎诊疗方案》中药处方，同时列入《广东省新冠肺炎中医治未病指引》。陈皮中含有多种成分，那么使用何种分析方法能够方便并有效的测定陈皮中橙皮苷的含量呢？《中国药典》（2020 年版）采用了高效液相色谱法。什么是高效液相色谱法，高效液相色谱法在食品药品质量控制中如何进行检测的呢？

本章主要介绍高效液相色谱法的主要类型、高效液相色谱仪及高效液相色谱法的实用分析技术。

学习目标

1. **掌握**　高效液相色谱仪的组成；系统适用性试验及定性定量的方法。
2. **熟悉**　高效液相色谱法的主要类型；高效液相色谱仪的操作方法。
3. **了解**　高效液相色谱法的分离方法初选；高效液相色谱仪流程及常见故障及维护。

第一节　高效液相色谱法基础知识

PPT

高效液相色谱法（high performance liquid chromatography，HPLC）系采用高压输液泵将规定的流动相泵入装有填充剂的色谱柱，对供试品进行分离测定的色谱方法。20 世纪 60 年代末期，它在经典液相色谱法基础上，引入气相色谱的理论和实验技术，以高压输送流动相，是采用高效固定相和高灵敏度检测器发展而成的现代液相色谱分析方法。

一、高效液相色谱法的特点

1. 较经典液相色谱法的优势

（1）分离效能高　经典液相色谱法使用固定相的粒度通常大于 $100\mu m$，因而柱效低、分离效能差；而高效液相色谱法使用了规则均匀的多孔微粒固定相，固定相的粒度通常在 $2 \sim 10\mu m$，柱效可达每米 $10^4 \sim 10^5$ 理论塔板数，可分离上百个组分的混合物。

（2）色谱柱可反复使用　经典液相色谱法中，柱填料装填在内径为 $2 \sim 5cm$、长为 $10 \sim 100cm$ 的玻璃柱管内，每次分析都要重新填柱，色谱柱不能连续使用；而高效液相色谱法使用内径为 $1 \sim 5mm$、长为 10~30cm 的不锈钢短柱，且装好的色谱柱可反复使用。

（3）分析速度快　经典液相色谱法由于常压下输送流动相，传质速度慢，分析周期长；而高效液相色谱法采用高压输液泵输送流动相，分析速度快，同时柱后连有高灵敏度的检测器，可对流出物连续检测，易于实现自动化，且所需试样少，微升数量级的试样足以进行全分析。

2. 较气相色谱法的优势

（1）使用范围广　气相色谱法分析的样品必须在操作温度下能迅速汽化且不分解，因而使用范围受到限制；而高效液相色谱法不受样品挥发性和热稳定性的影响，只要求样品能制成溶液便可直接进行分析。因此，高效液相色谱法适合高沸点、极性强、热稳定性差、分子量大的高分子化合物以及离子型化合物的分析。

（2）流动相选择范围宽　气相色谱法中的流动相是气体，主要起运载作用，可供选择的流动相只有三四种；而高效液相色谱法可选用不同性质的溶剂作为流动相，通过改变溶剂的极性或配比，可显著影响分离效果，提高分离选择性。

（3）流出组分回收容易　气相色谱法的流出组分是气体，回收比较困难；而高效液相色谱法的流出组分是液体，回收容易。这对提纯和制备足够纯度的样品特别有利，例如对天然药物、生化物质的有效成分提取或精制时，最常用的手段就是高效液相色谱法。

综上所述，高效液相色谱法的特点如下：分离效能高、分析速度快、检测灵敏度高、应用范围广、流动相的选择范围宽、流出组分易收集、色谱柱可反复使用。因此，高效液相色谱法被广泛用于医药、生化、石油、化工、环境卫生和食品等领域。

二、高效液相色谱法的分类

高效液相色谱法的分类与经典液相色谱法的分类基本相同。按固定相的聚集状态，可分为液 - 固色谱法（LSC）和液 - 液色谱法（LLC）两大类；按分离机制的不同，分为吸附色谱法、分配色谱法、离子交换色谱法、分子排阻色谱法、化学键合相色谱法、亲和色谱法、离子色谱法、离子对色谱法、胶束色谱法、手性色谱法、电色谱法等。其中前四种色谱法为基本类型。本章依据药品、食品分析检验的实际情况，着重介绍最常用的化学键合相色谱法、离子色谱法和反相离子对色谱法。

1. 化学键合相色谱法　是目前使用最广泛的高效液相色谱法，是由液 - 液分配色谱法发展而来。液 - 液分配色谱法的固定相是将固定液涂渍在载体表面而构成，其缺点是固定液容易被流动相渐渐溶解而流失，所以流动相的流速不能高，也不能采用梯度洗脱，色谱柱的重复性、稳定性不好。为了解决这些问题，发展了化学键合相（chemically bonded phase），它是将固定液（含不同官能团的有机分子）利用化学反应键合到载体表面上，使其形成均一、牢固的单分子薄层而构成的固定相，简称键合相（bonded phase）。以化学键合相为固定相的色谱法称为化学键合相色谱法，简称键合相色谱法（bonded phase chromatography，BPC）。

（1）化学键合相类型　利用微粒多孔硅胶表面的硅醇基（Si—OH）与有机分子之间化学反应（如硅烷化反应、硅酸酯化反应）成键，即可得到各种性能的化学键合相。一般按照所键合基团的性质可将化学键合相分为非极性键合相、极性键合相、离子型键合相三类。

1）非极性键合相　键合相表面基团为非极性的烃基，如辛烷基、十八烷基、甲基、苯基等。最常用是十八烷基硅烷键合相（octadecylsilane，ODS），简称 C_{18}，是由十八烷基氯硅烷与硅胶表面的硅醇基反应制得，键合反应为

$$\equiv Si-OH + Cl-\underset{\underset{R_2}{|}}{\overset{\overset{R_1}{|}}{Si}}-C_{18}H_{37} \xrightarrow{-HCl} \equiv Si-O-\underset{\underset{R_2}{|}}{\overset{\overset{R_1}{|}}{Si}}-C_{18}H_{37}$$

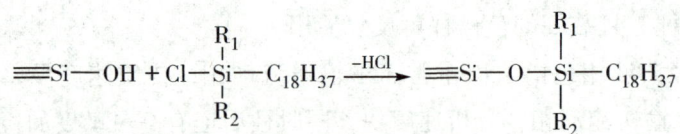

2）极性键合相　键合后带—NH_2、—CN、醚基、醇基等极性基团的固定相。

3）离子型键合相　键合了可交换离子基团的固定相，如可交换阴离子的基团氨基、季铵盐和可交换阳离子的基团磺酸基等。

（2）分离原理　根据键合相和流动相极性的相对强弱，键合相色谱法可分为正相键合相色谱法（normal bonded phase chromatography，NBPC）和反相键合相色谱法（revered bonded phase chromatography，RBPC）。

1）正相键合相色谱法　固定相极性大于流动相的极性，固定相采用极性键合相，如氰基（—CN）、氨基（—NH_2）或二羟基等键合相。流动相一般采用非极性或弱极性溶剂，如烃类溶剂（正己烷、正庚烷、甲苯、异辛烷等）中加适量极性溶剂（如三氯甲烷、二氯甲烷、乙腈、醇等）组成混合流动相，以调节洗脱强度，例如正己烷–甲醇、正己烷–三氯甲烷等。

正相键合相色谱法的分离原理有各种不同的解释，通常认为其分离原理类似于液–液分配色谱，即把有机键合层看作一层液膜，组分在两相间进行分配，极性强的组分分配比（k）大，保留时间（t_R）长，后出色谱柱。该法适用于分离溶于有机溶剂的极性至中等极性的分子型化合物，如脂溶性维生素、脂、芳香醇、芳香胺、有机氯农药、甾族化合物等。

2）反相键合相色谱法　固定相极性小于流动相的极性，固定相常采用非极性键合相，如十八烷基硅烷（C_{18}）、辛烷基硅烷（C_8）等键合相；有时也用弱极性或中等极性的键合相。流动相以水作为基础溶剂，再加入一定量与水互溶的有机溶剂（如甲醇、乙腈、四氢呋喃等）或酸、碱等调节流动相的洗脱能力，例如水–甲醇、水–乙腈、水–甲醇–无机盐缓冲液等。

反相键合相色谱法的分离机制十分复杂，目前说法不一，现能被人们接受的是"疏溶剂作用理论"。溶质的保留行为主要是利用非极性溶质分子或溶质分子中非极性基团和极性溶剂接触时产生排斥力，而从溶剂中被"挤出"，即产生疏溶剂作用，促使溶质分子与键合相表面的非极性烷基发生疏水缔合，而使溶质分子保留在固定相中。当溶质分子的极性越弱，其疏溶剂作用越强，分配比 k 越大，t_R 越大，后出色谱柱；当溶质分子的极性一定时，若增大流动相的极性（水相比例增加），则降低流动相对溶质分子的洗脱能力，使溶质的 k 增大，t_R 增大；反之 k 与 t_R 减小，如图 9–1 所示。键合烷基的疏水性随碳链的延长而增加，使溶质的 k 增大，t_R 增大，分离效果越好，如图 9–2 所示。当链长一定时，硅胶表面键合烷基的浓度越大，则溶质的 k 也越大。该法适用于分离非极性至中等极性的分子型化合物。

（3）化学键合相色谱法的特点　化学键合相耐溶剂冲洗，不易流失；化学性质稳定，热稳定性好；载样量大，传质快，柱效高，适于梯度洗脱；可使用的流动相和键合相种类很多，分离的选择性高，如通过键合不同的基团可以改变其选择性，例如键合氰基、氨基等极性基团可用于分离极性化合物，键合离子交换基团可用于分离离子化合物等。

即学即练9–1

化学键合相的类型分几种？反相键合相色谱法的固定相一般选择哪种键合相？

答案解析

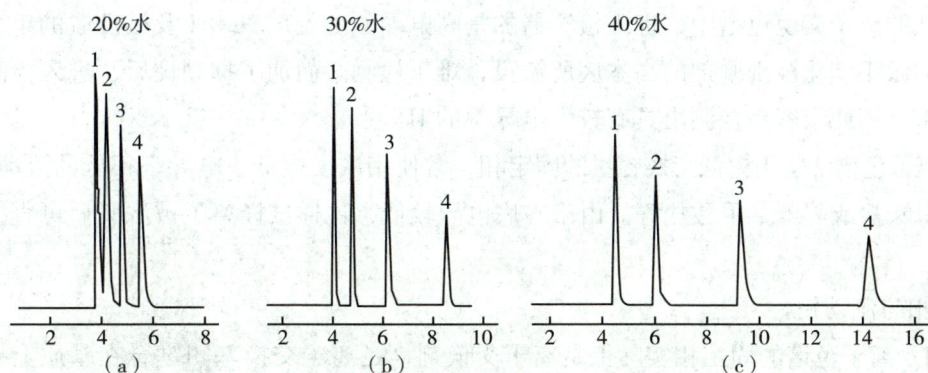

图 9-1　不同极性的流动相分离效果比较图

1. 对羟基苯甲酸甲酯；2. 对羟基苯甲酸乙酯；3. 对羟基苯甲酸丙酯；4. 对羟基苯甲酸丁酯

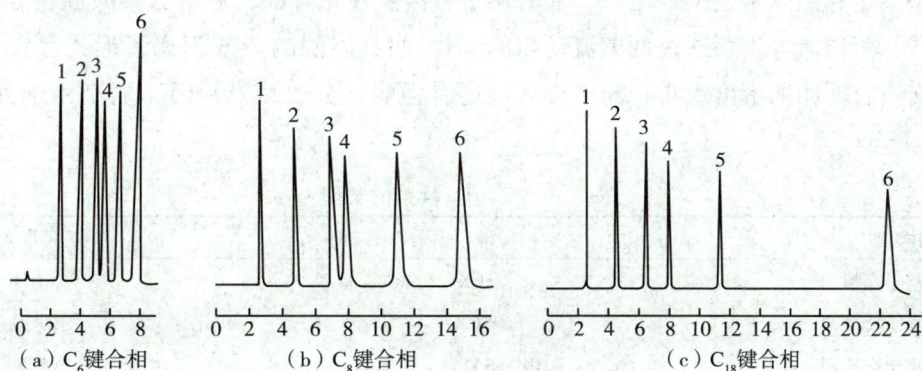

图 9-2　不同长度的碳链键合相分离效果比较图

1. 尿嘧啶；2. 苯酚；3. 乙酰苯；4. 硝基苯；5. 苯甲酸甲酯；6. 甲苯

2. 离子色谱法（ion chromatography，IC）　是利用离子交换原理，连续对共存的多种阴离子或阳离子进行分离、定性和定量的方法。它是由经典离子交换色谱法（ion exchange chromatography，IEC）派生出来的。离子交换色谱法是利用不同待测离子对固定相上交换基团的亲和力差别而实现分离的，一般采用一定 pH 和盐浓度（或离子强度）的缓冲溶液作为流动相洗脱。由于流动相是强电解质溶液，本身有很强的电导背景，不能使用电导检测器，加之一些常见的无机离子在可见或近紫外区没有吸收，也很难用紫外 - 可见检测器进行检测，这使得离子交换色谱法的应用受到了限制。1975 年，斯莫尔（H. Small）提出将离子交换色谱与电导检测器相结合分析各种离子的方法，并称之为离子色谱法。从此，离子色谱作为分离分析各种离子化合物的有用工具，发展十分迅速。它可以分离无机和有机阴、阳离子，以及氨基酸、糖类和 DNA、RNA 水解产物等。

（1）分离原理　离子色谱法可分为两类，即抑制型（双柱型）和非抑制型（单柱型）离子色谱法。以阴离子 X^- 分析为例，简要说明抑制型离子色谱的方法原理。该法使用两根离子交换柱，一根为分离柱，填有低交换容量的阴离子交换剂；另一根为抑制柱，填有高交换容量的阳离子交换剂（称为阴离子抑制柱），两者串联在一起。分离柱的洗脱液进入抑制柱，在两柱上反应为

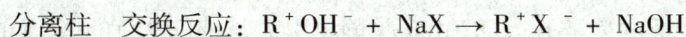

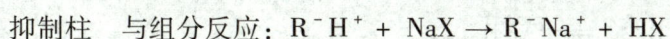

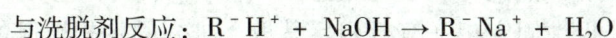

分离柱　交换反应：$R^+OH^- + NaX \rightarrow R^+X^- + NaOH$

　　　　洗脱反应：$R^+X^- + NaOH \rightarrow R^+OH^- + NaX$

抑制柱　与组分反应：$R^-H^+ + NaX \rightarrow R^-Na^+ + HX$

　　　　与洗脱剂反应：$R^-H^+ + NaOH \rightarrow R^-Na^+ + H_2O$

在无抑制柱的离子交换色谱中，进入检测器的是高电导的洗脱剂 NaOH 及被洗脱的组分 NaX，后者所产生的电导的微小变化被洗脱剂的高本底所淹没，难于检测。而加了抑制柱后，进入检测器的本底是电导率很低的水，因此很容易检测出具有较大电导率的 HX。

非抑制型离子色谱法使用更低交换容量的固定相，常使用浓度很低、电导率很低的流动相，如 0.1 ~ 1mmol/L 的苯甲酸盐或邻苯二甲酸盐等。由于本底电导较低，这样试样离子被洗脱后可直接被电导检测器所检测。

（2）固定相与流动相

1）固定相　离子色谱的固定相实际上是离子交换剂，是离子交换基团键合在基质上构成的。基质一般分为合成树脂（聚苯乙烯）、纤维素和硅胶三大类。经典离子交换色谱是采用合成树脂为基质的固定相，有溶胀性，不耐压，不适用于高效液相色谱法；现大多采用离子性硅胶键合相。根据分离对象，离子交换剂有阳离子和阴离子交换剂之分。前者用于分离碱性化合物；后者分离酸性化合物；对于两性试样，如氨基酸、蛋白质等，可通过调节流动相的 pH，使其以阴离子或阳离子形式存在，然后进行分离。根据离子交换官能团离解度大小，离子交换剂还有强弱之分（表9-1），弱型用于分离有机弱酸、弱碱。

表9-1　离子交换剂的类型

类型	符号	官能团
强阳离子交换剂	SCX	$—SO_3H$
弱阳离子交换剂	WCX	$—COOH$
强阴离子交换剂	SAX	$—N^+R_3$
弱阴离子交换剂	WAX	$—NH_2$

2）流动相　离子色谱法大都采用水缓冲溶液作为流动相，有时也可用甲醇、乙醇等有机溶剂与水缓冲溶液混合使用，以改善试样的溶解度。可通过改变流动相（缓冲溶液）中盐离子的种类、浓度和 pH 等，控制试样中各离子的分配比 k 的大小，提高分离的选择性。如果增加流动相中盐的浓度，可以降低待测离子的竞争亲和力，从而降低分配比 k，使其在固定相上的保留时间减少，先出色谱柱；反之，则保留时间增大，后出色谱柱。流动相的 pH 影响有机酸或碱的离解程度。pH 增大，酸的离解度增大而 k 值增大，保留时间增加，后出柱；但有机碱的离解度降低而分配比 k 减小，保留时间减小，先出柱。pH 降低，结果相反。缓冲溶液中缓冲剂浓度增大，待测离子的分配比 k 减小，保留时间会减小。综合多种因素，可通过改变缓冲剂浓度或者 pH 等多种梯度洗脱方式，实现多组分离子混合物的分离。

3. 反相离子对色谱法（reversed - phase paired ion chromatography，RPIC）　是离子对萃取技术与反相色谱法相结合的产物，是分析有机酸、碱、盐的极好方法。

（1）分离原理　反相离子对色谱法是在反相色谱法中，将一种或多种与被测离子电荷相反的离子（称为对离子或反离子）加到极性流动相中，使其与被测离子结合，形成疏水性（中性或弱极性）的离子对缔合物。例如，有一反相离子对色谱系统，其固定相是非极性键合相（如 ODS），流动相为水溶液，并在其中加入一种与待测组分离子 A^- 相反的离子 B^+，B^+ 由于带静电引力与带负电荷的 A^- 生成离子对化合物 A^-B^+。生成离子对反应式为

$$A^-_{(水相)} + B^+_{(水相)} \Longleftrightarrow A^-B^+_{(有机相)}$$

由于离子对化合物具有疏水性，因而被非极性固定相（有机相）萃取，进入固定相被保留。由于待测

组分离子的性质不同，反离子形成离子对的能力不同，形成离子对疏水性的不同，导致各组分离子在固定相中滞留时间的不同，因而组分流出色谱柱先后顺序不同，从而实现分离。

（2）常用离子对试剂　分离阳离子的反离子试剂有烷基磺酸或盐类，如正己烷基磺酸钠和十二烷基磺酸钠等，适用于分析有机碱类和有机阳离子。分析阴离子的反离子试剂有季铵盐类，如四丁基季铵盐、十六烷基三甲基季铵盐、四丁基铵磷酸盐等，常用于分析有机酸和有机阴离子。

（3）固定相与流动相　反相离子对色谱法的固定相常用 ODS 等非极性固定相；流动相一般在甲醇 - 水或乙腈 - 水体系中加入适量离子对试剂，并用缓冲液调至合适的 pH，也可采用梯度洗脱。分离有机碱的 pH 一般为 3 ~ 3.5；分离有机酸的 pH 一般在 7.5 左右。

反相离子对色谱法操作简单，使用普通反相柱，通过改变流动相的 pH、离子对试剂的浓度和种类，能在较大范围内改变分离的选择性，但离子对试剂较贵。

第二节　高效液相色谱仪

PPT

高效液相色谱仪主要包括输液系统、进样系统、分离系统、检测系统和数据记录及处理系统，此外还可配有梯度洗脱、组分收集、色谱柱恒温、在线脱气装置和色谱工作站（图 9-3）。

一、仪器的工作流程

高效液相色谱仪的基本流程：贮液瓶中的流动相经过滤脱气后，由高压泵输送至进样系统，样品注入进样器后，由流动相带入色谱柱内进行分离，分离后的组分依次进入检测器检测，输出信号由数据记录及处理系统采集并处理分析。其流程如图 9-4 所示。

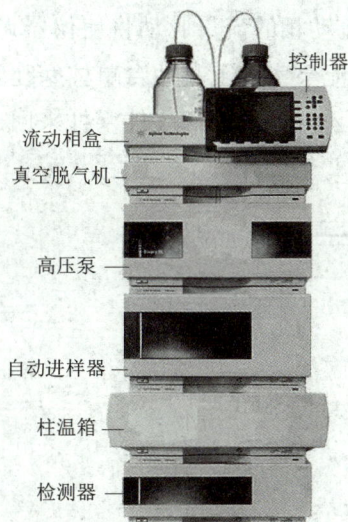

图 9-3　Agilent 高效液相色谱仪

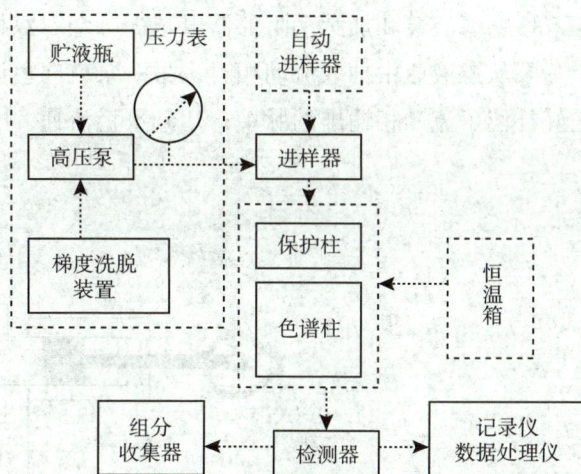

图 9-4　高效液相色谱仪工作流程示意图

即学即练 9-2

请简述高效液相色谱仪的工作流程。

答案解析

二、仪器的主要部件

(一) 输液系统

输液系统由贮液瓶、脱气装置、高压输液泵和梯度洗脱装置等部分组成。

1. 贮液瓶　用于存放流动相，位置一般高于泵体，保持一定的输液静压差。贮液瓶一般用玻璃、不锈钢或聚四氟乙烯等对流动相显惰性而又耐腐蚀的材料制成。贮液瓶配有吸滤器，一般用耐腐蚀的镍合金制成，其作用是防止流动相中可能存在的微小固体颗粒进入高压泵和色谱柱。

2. 脱气装置　流动相中常溶解有一些气体，脱气装置可实现在线真空脱气，防止气体进入仪器管路内，影响泵的工作、色谱柱的分离效率、检测器的灵敏度，使基线不稳定，噪声增加而干扰被测物的测定。

3. 高压输液泵　是高效液相色谱仪的重要部件，其作用是将贮液瓶中的流动相以高压形式连续稳定地送入液路系统。输液泵应耐压、耐腐蚀、密封性好、无脉动或脉动极小，以保证输出的流动相具有恒定的流速，其性能好坏直接影响分析结果的可靠性。

输液泵的种类很多，按动力源划分，可分为机械泵和气动泵；按输液特性，可分为恒压泵和恒流泵。恒压泵常称为气动泵，采用适当的气动装置使高压惰性气体直接加压于流动相，输出无脉动的液流，这种泵的优点是容易获得高压，没有脉冲，流速范围大；缺点是受系统压力变化的影响大，保留值重复性较差，不适于梯度洗脱操作，泵体积较大，更换溶剂麻烦，耗费量大。恒流泵的优点是始终输送恒定流量的液体，与柱压力变化无关，保留值的重复性好，基线稳定，能满足高精度分析和梯度洗脱要求，可分为注射泵和往复泵。目前，应用比较广泛的是往复式柱塞泵，其工作原理是电动机带动凸轮转动，凸轮驱动活塞（也称柱塞）在液缸内往复运动，柱塞在液缸内向后抽动时，出口单向阀关闭，入口单向阀打开，流动相吸入；柱塞在液缸内向前推动时，入口单向阀关闭，出口单向阀压打开，流动相流入色谱柱，如图9-5所示。因在吸入冲程时泵没有输出，流动相的流量脉动将使仪器无法正常工作，所以采用双柱塞恒流泵和加脉动阻尼器以减少脉动。双柱塞恒流泵实际上是两台单柱塞往复泵并联或串联而成，一泵从贮液瓶中抽取流动相时，另一泵就向色谱柱注入流动相，两个柱塞杆来回运动存在的时间差，正好补偿了流动相输出的脉动，达到平稳流速。

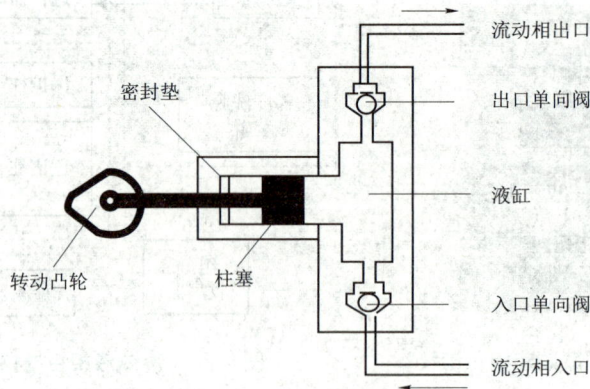

图9-5　柱塞往复泵结构示意图

4. 梯度洗脱装置　作用是把两种或两种以上的不同极性的溶剂，按一定程序连续改变比例配制成所需的淋洗液，注入色谱柱，以达到高速分离的目的。梯度洗脱装置分为内梯度（高压梯度）和外梯度（低压梯度）两种。多元高压输液泵往往多带有梯度洗脱装置。如 Agilent 1100 型二元泵带有内梯度洗脱装置，是用泵将溶剂分别预先加压，然后由高压泵按程序压入梯度混合室，混合后再注入色谱柱。而 Agilent 1200 型四元泵带有外梯度洗脱装置（图 9 – 6），是通过比例电磁阀控制抽取的四种或四种以下流动相组分的体积，在常压下混合后，由高压泵泵入色谱柱。

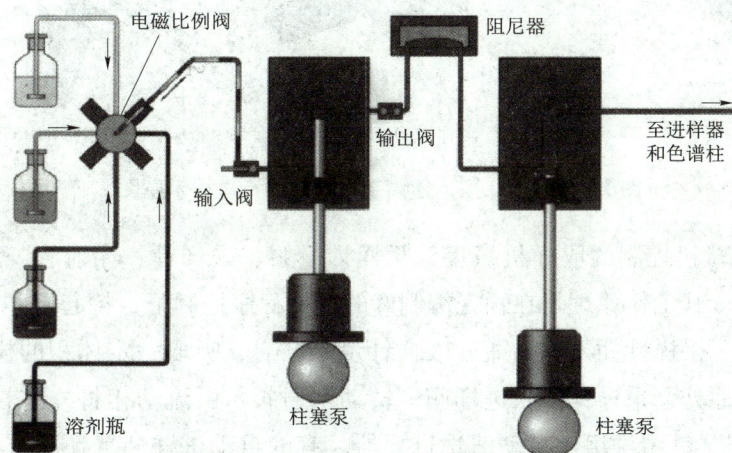

图 9 – 6　四元梯度洗脱装置工作原理示意图

HPLC 洗脱技术有等度洗脱和梯度洗脱两种。等度洗脱是在同一分析周期内流动相的组成保持恒定，适合于组分数目少，性质差别小的试样。梯度洗脱是在一个分析周期内程序控制改变流动相的组成，如溶剂的极性、离子强度、pH 等，适宜分析组分数目多、性质差别大的复杂试样。梯度洗脱能缩短分析时间、提高分离度、改善峰形等；不足是易引起基线漂移和重现性降低。

即学即练 9 – 3

贮液瓶中的吸滤器有什么作用？

答案解析

（二）进样系统

进样系统简称进样器，具有取样和进样两项功能，安装在色谱柱的进口处，其作用是将试样引入色谱柱。常用六通阀进样器和自动进样器。

1. 六通阀进样器　现在使用的六通阀进样器多为 7725i 型手动进样器，一般带有 20μl 的定量管，结构如图 9 – 7 所示。先使六通阀手柄处于取样 "LOAD" 位置，此时流动相不经定量管管路流入色谱柱，试样经微量注射器注入定量管，充满定量管后，多余样品由废液管排出。进样时，转动六通阀手柄至进样 "INJECT" 位置，此时定量管与流动相流路接通，定量管内的试样被流动相带入色谱柱，完成进样。进样体积由定量管的体积严格控制，进样量不同，可更换不同体积的定量管。六通阀进样器进样量准确、重复性好。为确保进样的准确度，微量注射器取样体积必须大于定量管的体积，且一般进样量最少为定量管体积的 3 ~ 5 倍。

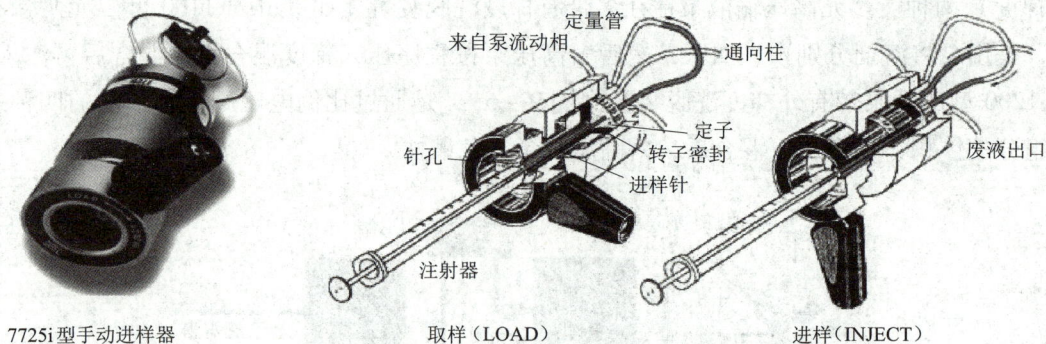

图9-7 7725i型六通阀手动进样器及进样示意图

2. 自动进样器 由微机控制的取样机械手、吸样计量泵、采样针、注射管、六通阀、针座、进样针清洗组件等部分组成。其工作原理是在预先编制好的进样程序控制下，抬起采样针，机械手从样品架上抓取样品瓶放入针座，采样针插入样品瓶，吸样计量泵开启，吸取一定体积的样品后，抬起采样针，机械手移走样品瓶放回原处，采样针插入进样座，转动六通阀，由流动相将样品管中样品带入色谱柱，如图9-8所示。同时进样针清洗组件自动清洗进样器。有的自动进样装置还配有温度控制系统，适用于需低温保存的试样。自动进样器适合大批量样品的连续分析。

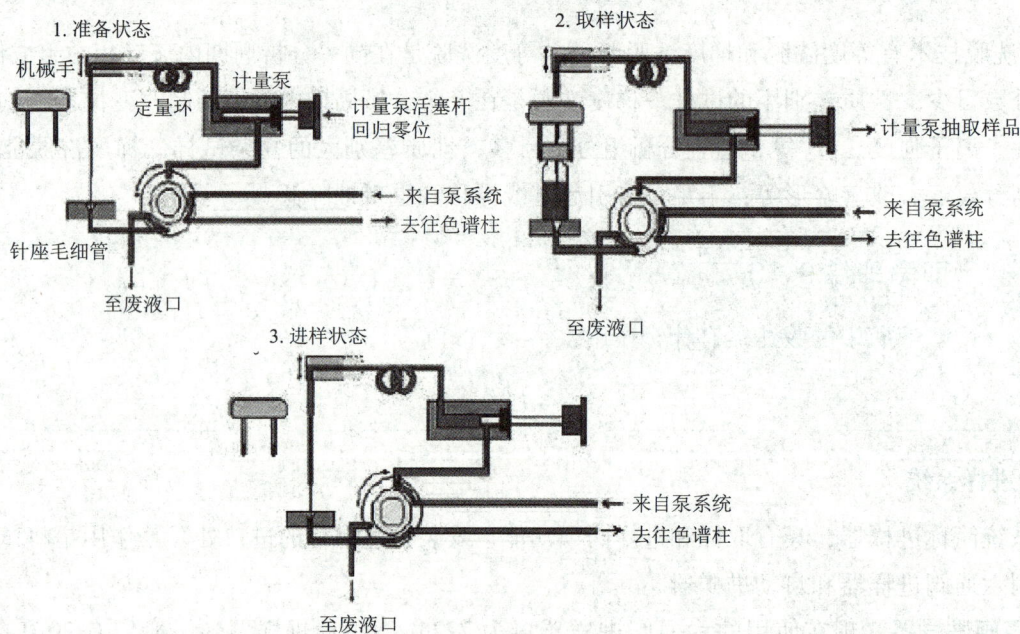

图9-8 全自动进样器工作流程示意图

（三）分离系统

分离系统包括色谱柱、连接管和恒温箱等。色谱柱是高效液相色谱仪的核心部件，被测组分在色谱柱内完成分离。色谱柱内填充剂的性能以及流动相的性质直接影响柱效和分离度，因此填充剂和流动相的选择至关重要。

1. 色谱柱 由柱管、固定相填料、过滤片等组成，如图9-9所示。柱管由不锈钢制成，管内壁要求有很高的光洁度，能承受高压，对流动相呈化学惰性。色谱柱两端的柱接头内装有烧结不锈钢滤片，其孔隙小于填料粒度，可防止填料漏出。

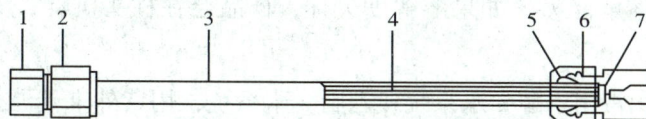

图9-9 色谱柱结构示意图

1. 柱接头；2. 螺帽；3. 柱管；4. 填料；5. 后垫圈；6. 前垫圈；7. 过滤片

（1）色谱柱类型 按主要用途可分为分析型柱与制备型柱两类，分析型柱根据内径及柱长不同又分为常量柱、半微量柱和毛细管柱，见表9-2。药品检验中多选用内径4.6mm、长度15~25cm的分析柱。实验室制备型柱一般内径20~40mm、柱长10~30cm。

表9-2 分析型柱的类型

分析型柱类型	常量柱	半微量柱	毛细管柱
内径（mm）	2~5	1.0~1.5	0.1~1.0
柱长（cm）	10~30	10~20	30~75

（2）填充剂 最常用的色谱柱填充剂为化学键合固定相。反相色谱柱使用非极性填充剂，以十八烷基硅烷键合硅胶最为常用，辛基硅烷键合硅胶和其他不同链长的烷基和苯基也有使用；正相色谱柱使用极性填充剂，常用填充剂有氨基键合硅胶和氰基键合硅胶等；离子交换填充剂用于离子交换色谱柱；凝胶或高分子多孔微球等填充剂用于分子排阻色谱等；手性填充剂用于对映异构体的拆分分析。

色谱柱的内径与长度，填充剂的形状、粒径与粒径分布、孔径、表面积、键合基团的表面覆盖度、载体表面基团残留量，填充的致密与均匀程度等均影响色谱柱的性能，从而直接影响分离物质的保留行为和分离效果，因此应根据被分离物质的性质来选择合适的色谱柱。孔径在15nm以下的填料适合于分析相对分子质量小于2000的化合物，而孔径在30nm以上的填料适合于分析相对分子质量大于2000的化合物。残余硅羟基未封闭的硅胶色谱柱，流动相pH适用于2~8之间，烷基硅烷带有立体侧链保护，或残余硅羟基已封闭的硅胶、聚合物复合硅胶或聚合物色谱柱，可耐受更广泛pH的流动相，可用于pH值小于2或大于8的流动相。

2. 流动相 是在色谱过程中携带待测组分向前移动的物质，它不仅是被分离物质的运载体，而且直接影响分离效果。在化学键合相色谱法中，流动相中溶剂的种类与配比不同，流动相的极性和强度也不同，有可能使组分的洗脱能力不同。在正相色谱中，由于固定相是极性的，所以流动相中的溶剂极性越强、极性溶剂的比例越高，洗脱能力也越强。在反相色谱中，由于固定相是非极性的，所以流动相的洗脱能力随极性的降低而增加。

理想的流动相应具有低黏度、与检测器兼容性好、易于得到纯品和低毒性等特征。选择流动相时应考虑以下几个方面。

（1）化学稳定性好 不与固定相和样品组分起反应。

（2）纯度高 一般要求选用色谱纯的试剂和新鲜高纯水，使用前需经0.45μm（或0.22μm）滤膜过滤，否则影响色谱柱的寿命。

（3）与检测器要求匹配 紫外检测器所用流动相应符合"紫外-可见分光光度法"项下对溶剂的要求；采用低波长检测时，还应考虑有机溶剂的截止使用波长；蒸发光散射检测器、电雾式检测器和质谱检测器不得使用含不挥发性成分的流动相。

（4）黏度要低 高黏度溶剂会影响溶质的扩散、传质，降低柱效。

（5）对样品有适宜的溶解能力　如果溶解度欠佳，样品会在柱头沉淀，不但影响纯化分离，而且堵塞色谱柱，无法恢复。

反相色谱系统的流动相常用甲醇－水系统或乙腈－水系统，用紫外末端波长检测时，宜选用乙腈－水系统。流动相中如需使用缓冲溶液，应尽可能使用低浓度缓冲盐。用十八烷基硅烷键合硅胶色谱柱时，流动相中有机溶剂一般应不低于5%，否则易导致柱效下降、色谱系统不稳定。正相色谱系统的流动相常用两种或两种以上的有机溶剂，如二氯甲烷和正己烷等。

3. 恒温箱　调控色谱柱的温度，保证色谱分离时温度恒定，从而保障分析结果重现性好，提高柱效，降低柱压，保证检测稳定性。

（四）检测系统

高效液相色谱仪的检测器是反映色谱过程中被测组分浓度或质量随时间变化的部件。目前，应用较多的有两类：①通用型检测器，对色谱柱流出液中所有的组分均有响应，如蒸发光散射检测器、电雾式检测器、示差折光检测器；②选择性检测器，只能选择性地检测色谱柱流出液中的某一组分，如紫外－可见分光检测器、荧光检测器、电化学检测器等。其中，最常用的是紫外－可见分光检测器。

1. 紫外－可见分光检测器　测定原理是基于被分析组分对特定波长的紫外－可见光的选择性吸收，其吸光度与组分浓度的关系服从朗伯－比尔定律，检测器的响应值与被测物质的量在一定范围内呈线性关系。紫外－可见分光检测器的灵敏度、精密度及线性范围都较好，也不易受温度和流速的影响，可用于梯度洗脱。但它只能检测有紫外－可见吸收的组分，对于流动相的选择有一定的限制，检测波长必须大于流动相截止波长。常用的紫外－可见分光检测器有可变波长检测器和光电二极管阵列检测器（图9－10）。

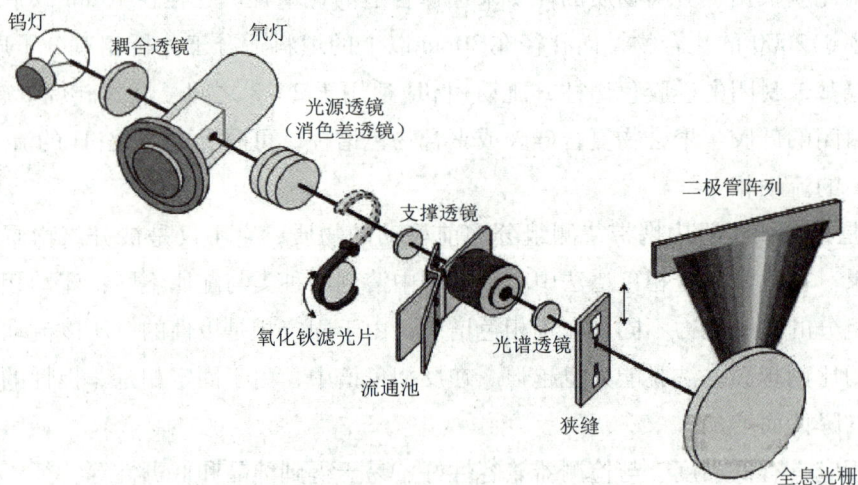

图9－10　光电二极管阵列检测器结构与光路示意图

（1）可变波长检测器　当前HPLC中配置最多的检测器，其结构与一般的紫外－可见分光光度计基本一致，主要差别是用流通池取代了吸收池。可根据被测组分紫外－可见吸收光谱选择相应的测量波长。

（2）光电二极管阵列检测器　是20世纪80年代出现的一种光学多通道检测器。在晶体硅上紧密排列一系列光电二极管，当光透过晶体硅时，二极管输出的电信号强度与光强度成正比。其工作原理如图9－10所示：当复合光透过流通池后，被组分选择性吸收，因而具有组分的光谱特征。此透过的复合光被光栅分光后，照射在光电二极管阵列装置上，每一个二极管对应接受光谱上一个纳米谱带宽的单色光，并将每个纳米光波的光强转变成相应的电信号。输出的电信号经过多次累加，便可同时获得各个瞬间的光谱图（$A-\lambda$ 曲线）及各个波长下的色谱图（$c-t$ 曲线），经计算机处理后即得光谱 – 色谱（$X-t$、$Y-A$、$Z-\lambda$）三维图谱，如图 9 – 11 所示。光谱图用于定性，色谱图用于定量，还可以鉴定色谱峰的纯度及分离状况。

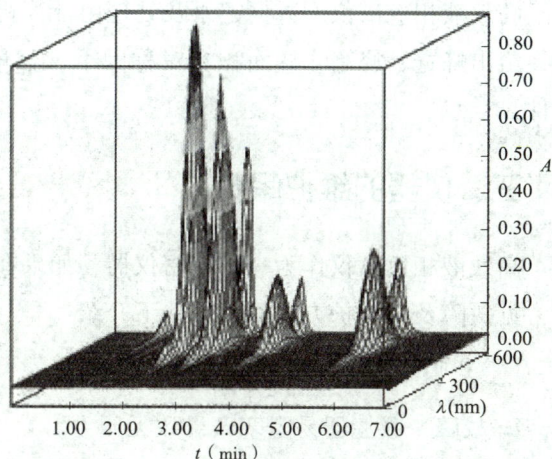

图 9 – 11　三维色谱图

2. 荧光检测器　是一种高灵敏度、高选择性检测器，检测限可达 10^{-10} g/ml，比紫外 – 可见分光检测器灵敏，但只适用于能产生荧光的化合物及通过衍生技术生成荧光衍生物的检测。生物胺、多环芳烃、维生素、甾体化合物可用荧光检测器直接检测。多数氨基酸无荧光，但通过衍生技术生成荧光衍生物，再进行荧光检测。工作原理：具有某种结构的化合物受紫外光激发后，能发射出比激发光波长更长的荧光，其荧光强度与荧光物质的浓度呈线性关系，通过测定荧光强度进行定量分析。

3. 电化学检测器　是选择性检测器，它是利用组分在氧化还原过程中产生的电流或电压变化来对试样进行检测。检测器的响应值与被测物质的量在一定范围内呈线性关系。电化学检测器常用于检测那些没有紫外 – 可见吸收，也不产生荧光但有电极活性的物质，测定的灵敏度较高，检测限可达 10^{-9} g/ml，但对流动相限制较严格，且电极污染易造成重现性差。

4. 蒸发光散射检测器　是通过测定光散射程度来测定物质浓度的通用型检测器，其响应值与被测物质的量呈指数关系，一般需经对数转换。蒸发光散射检测器适用于挥发性低于流动相的组分，也适用于无紫外 – 可见吸收的样品检测，所用流动相不能含有非挥发性的缓冲盐。蒸发光散射检测器能消除流动相的干扰和因温度变化产生的基线漂移，故可用于梯度洗脱，它主要用于检测糖类、高级脂肪酸、磷脂、维生素、甘油三酯及甾体等物质。工作原理：由色谱柱分离的组分随着流动相进入雾化器，被高速载气（常用高纯氮气）喷成微小的雾状液滴，经过加热的漂移管，蒸发除去流动相，试样组分在蒸发室内形成气溶胶，随后进入检测室（图 9 – 12）。用激光照射气溶胶而产生光散射，测定散射光强度而获得组分的浓度信号。

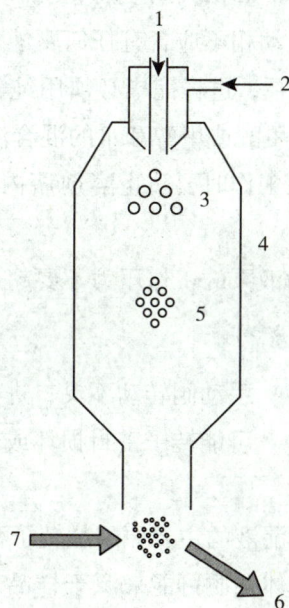

图 9 – 12　蒸发光散射检测器工作原理示意图

1. 携带组分的流动相；2. 氮气；3. 雾滴；
4. 蒸发室（漂移管）；5. 组分的气溶胶
6. 泵（抽去溶剂）7. 光束

5. 示差折光检测器　利用组分和流动相的折射率之差进行测定。示差折光检测器是通用型检测器，只要物质的折射率不同，原则上都可用示差折光检测器检测，但是该检测器的灵敏度低，不能用于痕量分析；对温度及流动相变化非常敏感，不适用于梯度洗脱。

（五）数据记录及处理系统

高效液相色谱仪的数据记录及处理由计算机完成，利用色谱工作站采集、分析色谱数据和处理色谱图，给出峰宽、峰高、峰面积、对称因子、容量因子、分离度等色谱参数；也可反控色谱仪各个模块组件。

三、仪器的维护保养

高效液相色谱仪作为一种精密仪器，如果在使用过程中操作不当，就容易导致仪器出现故障，下面对常见故障及其维护方法简单做一下介绍。

（一）吸滤器

1. 故障 吸滤器易阻塞，导致无压力。

2. 维护 一般吸滤器使用一段时间后出现阻塞时要及时更换新的，或定期用酸、水等溶剂对吸滤器进行彻底的清洗。在使用过程中，对通过吸滤器的纯化水需及时更换，流动相必须用 $0.45\mu m$ 的滤膜过滤。

（二）泵

1. 故障 泵密封损坏或单向阀损坏，产生漏液。

2. 维护

（1）尘埃或其他杂质会磨损泵柱塞、密封环、缸体和单向阀，因此应预先除去流动相中的固体杂质，一般用 $0.45\mu m$ 的滤膜过滤流动相。

（2）流动相不应含有任何腐蚀性物质，含有缓冲液的流动相不应保留在泵内，为防止缓冲液析出结晶而损坏泵，进样完毕必须用纯化水充分清洗泵，再换成有利于泵维护的溶剂（对于反相键合固定相，可以是甲醇或甲醇和水的混合液）充分清洗泵。

（3）泵工作时要防止溶剂瓶内的流动相用完，空泵运转也磨损柱塞、密封环或缸体，最终产生漏液。

（4）输液泵的工作压力不要超过规定的最高压力，否则会使高压密封环变形而产生漏液。

（三）进样阀

1. 故障 手动阀转动不灵；进样阀漏液。

2. 维护 可能转子密封损坏或转子拧得过紧，可以根据实际情况更换或调整转子密封，调整转子的松紧度。

进样阀漏液的主要原因是转子密封受到损坏，而转子密封损坏的原因绝大部分是固体杂质划伤其表面。这些固体杂质可能来源于样品、流动相或缓冲液中盐的结晶，因此必须对样品溶液、流动相进行过滤。

手动进样阀操作及维护要点：①手柄处于"LOAD"和"INJECT"之间时，由于暂时堵住了流路，流路中压力骤增，再转到进样位，过高的压力冲击在柱头上会造成损坏，所以应尽快转动阀，不能停留在中途；②使用液相色谱专用平头进样针进样；③进样时，进样针应插入针导管底部，不用手动进样阀时针头留在进样器内；④清洗进样口时先将专用进样口清洗器（附件）装在注射器上，吸入清洗液，在进样阀"INJECT"进样状态下，将专用进样口清洗器压接在针导管上，缓缓推压注射器，注入清洗液约 1ml；⑤使用缓冲液后，用纯化水清洗流路和针导管后，再用清洗液清洗。

（四）色谱柱

1. 故障　筛板阻塞；柱头塌陷。

2. 维护　对流经色谱柱的流动相和样品必须用 0.45μm 的微孔滤膜过滤，并运用在线过滤器过滤；最好在色谱柱前加保护柱；对以硅胶为载体的键合固定相色谱柱，使用 pH 2~8 的流动相。

色谱柱使用及维护要点：①使用前仔细阅读色谱柱的说明书，注意适用范围，如 pH 范围、压力范围、温度范围、流动相类型等；②安装色谱柱时应使流动相流路方向与色谱柱标签上箭头所示方向一致；③调节流动相流速时应缓慢进行，以避免压力急剧变化而影响柱内填料；④反相色谱柱使用缓冲盐或含盐溶液作流动相时，实验结束后要及时冲洗；⑤色谱柱长期不用应彻底清洗并用说明书中指明的溶剂进行密封保存；⑥不同流动相之间转换时应注意溶剂的互溶性。

（五）检测器

1. 故障　光源灯不能正常工作，可能产生严重噪音、基线漂移、出现平头峰等异常峰，甚至使基线不能回零；流通池污染或流通池有气泡，使噪音增大，影响测定结果。

2. 维护　需要更换光源灯。一般紫外灯使用寿命为 2000 小时，因此不要频繁开关灯，不进行测定时应及时关灯，尽量延长灯的使用寿命。

保持流通池清洁，池后使用反压抑制器，可以使用适当溶剂清洗流通池，要注意溶剂的互溶性，防止缓冲盐长期停滞在流通池内。开机后先开启在线脱气系统，另外流动相也必须脱气后使用。

（六）流动相

1. 故障　流动相如有气泡，一旦气泡进入色谱系统，通常会造成瞬间流速降低和系统压力下降，色谱图上表现为基线波动，噪音增大，进而使测定数值发生偏移，甚至无法分析；如有颗粒物进入色谱系统后，易在柱子入口端被筛板挡住，将柱子堵塞，导致系统压力增加并使色谱峰变形。

2. 维护　流动相在使用前必须经过充分脱气。目前最常采用的脱气方法是超声波脱气法，将盛放流动相的贮液瓶置于超声波清洗器中，用超声波震荡 10~20 分钟。

去除流动相中颗粒物的有效方法是用 0.45μm 微孔滤膜过滤。过滤的装置为溶剂抽滤器，由溶剂过滤瓶和真空泵组成（图 9-13）。

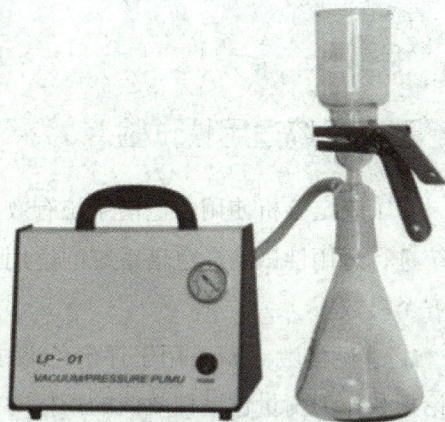

图 9-13　溶剂抽滤器装置图

以上内容只是对高效液相色谱仪中常出现的问题进行了分析，在实际应用中，还存在很多复杂的问题，需要仔细分析问题原因，再逐一进行排除。

第三节　实用分析技术

高效液相色谱法主要用于复杂成分混合物的分离、定性鉴别和定量测定，其专属性好，分析速度快，分离效能高，检测灵敏度高。在中国药典中，HPLC 被广泛用于化学药品、中药、中成药、生化药品中杂质及有效成分的鉴别、检查和含量测定；临床上用于体内药物含量测定和监测。

一、分离方法初选

在应用高效液相色谱法时，常根据样品的相对分子质量、化学结构、溶解度等特性来选择合适的分离方法，一般初选规则如图9-14所示。

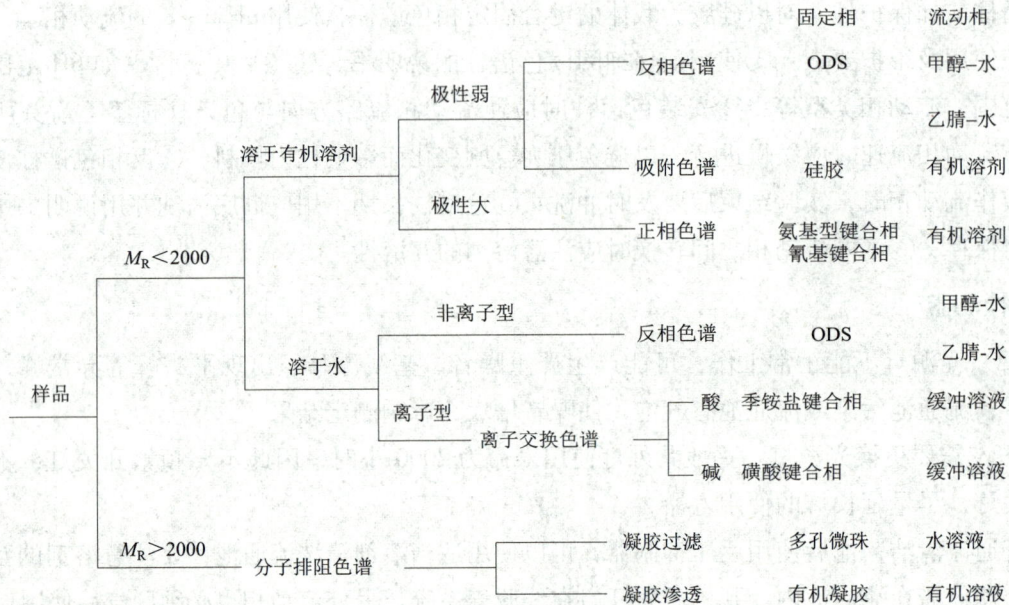

图 9-14 HPLC 分离方法初选

二、系统适用性试验

为了确定分析使用的色谱系统有效且适用，《中国药典》规定必须按照各品种正文项下要求对色谱系统进行适用性试验。色谱系统的适用性试验通常包括理论板数、分离度、灵敏度、拖尾因子和重复性等五个参数。

1. 理论板数（n） 用于评价色谱柱的效能。由于不同物质在同一色谱柱上的色谱行为不同，采用理论板数作为衡量色谱柱效能的指标时，应指明测定物质，一般为待测物质或内标物质的理论板数。理论板数 n 计算公式见第八章（8-7）式。

2. 分离度（R） 用于评价待测物质与被分离物质之间的分离程度，是衡量色谱系统分离的关键指标。无论是定性鉴别还是定量测定，均要求待测物质色谱峰与内标物质色谱峰或特定的杂质对照色谱峰及其他色谱峰之间有较好的分离度。《中国药典》要求，除另有规定外，待测物质色谱峰与相邻色谱峰之间的分离度应不小于1.5。分离度的计算公式为

$$R = \frac{2 \times (t_{R_2} - t_{R_1})}{W_1 + W_2} \quad \text{或} \quad R = \frac{2(t_{R_2} - t_{R_1})}{1.70 \times (W_{1,1/2} + W_{2,1/2})} \tag{9-1}$$

（9-1）式中，t_{R_2} 为相邻两色谱峰中后一峰的保留时间；t_{R_1} 为相邻两色谱峰中前一峰的保留时间；W_1、W_2 及 $W_{1,1/2}$、$W_{2,1/2}$ 分别为此相邻两色谱峰的峰宽及半峰宽。

3. 灵敏度 用于评价色谱系统检测微量物质的能力，通常以信噪比（S/N）来表示。建立方法时，可通过测定一系列不同浓度的供试品或对照品溶液来测定信噪比。定量测定时，信噪比应不小于10；

定性测定时，信噪比应不小于 3。系统适用性试验中可以设置灵敏度实验溶液来评价色谱系统的检测能力。

4. 拖尾因子（T）　评价色谱峰的对称性。拖尾因子计算公式见第八章（8－1）式。《中国药典》要求，以峰高作定量参数时，除另有规定外，T 值应在 0.95～1.05 之间。以峰面积作定量参数时，一般峰拖尾或前伸不会影响峰面积积分，但严重拖尾会影响基线和色谱峰起止的判断和峰面积积分的准确性，此时应对拖尾因子另做规定。

5. 重复性　评价色谱系统连续进样时响应值的重复性能。除另有规定外，通常取各品种项下的对照品溶液，连续进样 5 次，其峰面积测量值（或内标比值或其校正因子）的相对标准偏差应不大于 2.0%。视进样溶液的浓度和（或）体积、色谱峰响应值和分析方法所能达到的精度水平等，对相对标准偏差的要求可适当放宽或收紧，放宽或收紧的范围以满足品种项下检测需要的精密度要求为准。

> **即学即练 9 - 4**
>
> 在高效液相色谱法中，系统适用性试验主要包括哪几项参数？各参数主要作用及要求是什么？
>
> 答案解析

三、定性分析技术

高效液相色谱法的定性分析方法与气相色谱法相似，主要有以下定性方法。

1. 利用保留时间定性　和气相色谱法定性分析类似，主要根据保留时间进行真伪的鉴别。在相同的色谱条件下，待测成分的保留时间与对照品的保留时间应无显著性差异；两个保留时间不同的色谱峰归属于不同化合物，但两个保留时间一致的色谱峰有时未必归属为同一化合物，需要结合化学鉴别反应、红外光谱、紫外光谱等进行定性分析。

▶▶ 实例分析 9 - 1

实例　某同学嗓子痛、咳嗽、全身酸软无力，经医生检查是感冒引起的扁桃体炎，这种情况需要使用抗生素类药物进行治疗，医生给开了头孢氨苄等药物。头孢氨苄是一种半合成的第一代口服头孢菌素类抗生素药物，能抑制细胞壁的合成，使细胞内容物膨胀至破裂溶解而杀死细菌。那么如何鉴别头孢氨苄的真伪呢？

问题　1. 请查《中国药典》（2020 年版）二部，头孢氨苄"鉴别"项下有哪些鉴别方法？

2. 为什么要用多个鉴别方法？

答案解析

2. 利用光谱相似度定性　待测成分的光谱与对照品的光谱的相似度可用于辅助定性分析。二极管阵列检测器可以获得包括色谱信号、时间、波长的三维色谱光谱图，既可用于辅助定性分析，还可用于峰纯度分析。同样应注意，两个光谱不同的色谱峰表征不同化合物，但两个光谱相似的色谱峰未必归属为同一化合物。

3. 利用质谱检测器提供的质谱信息定性　利用质谱检测器提供的色谱峰分子质量和结构的信息进行定性分析，可获得比仅利用保留时间或增加光谱相似性进行定性分析更多的、更可靠的信息，不仅可用于已知物的定性分析，还可提供未知化合物的结构信息。

四、定量测定技术

HPLC 的定量方法与 GC 基本相同，常用内标法、外标法、加校正因子的主成分自身对照法和不加校正因子的主成分自身对照法，前两种方法常用于药物有效成分含量的测定，后两种方法常用于药物中杂质含量测定或限度检查。

（一）内标法

以待测组分和内标物的峰高比或峰面积比求算试样含量的方法。采用内标法可以避免因供试品前处理及进样体积误差、仪器稳定性差等原因带来的定量分析误差。内标法可以分为校正曲线法、内标一点法（内标对比法）、内标二点法及校正因子法。

（二）外标法

以对照品的量对比求算试样含量的方法。按《中国药典》各品种项下的规定，精密称取对照品和供试品，配制成溶液，分别精密量取一定量，注入仪器，记录色谱图，测量对照品溶液和供试品溶液中待测成分的峰面积（或峰高），按下式计算含量：

$$c_X = c_R \frac{A_X}{A_R} \tag{9-2}$$

（9-2）式中，c_X 为供试品的浓度；c_R 为对照品的浓度；A_X 为供试品的峰面积；A_R 为对照品的峰面积。

外标法不必用校正因子，不必加内标物质，只要操作条件稳定，进样准确即可。采用外标法定量测定，以手动进样器定量环或自动进样器进样为宜。

示例 9-1　地塞米松含量的测定

【色谱条件】用十八烷基硅烷键合硅胶为填充剂；以乙腈-水（28∶72）为流动相；检测波长为 240nm；进样体积为 20μl。

【系统适用性试验】系统适用性溶液色谱图中，出峰顺序依次为倍他米松峰与地塞米松峰，两峰之间的分离度应符合要求。

分别精密称取地塞米松对照品 25.12mg 和供试品 25.32mg，用甲醇溶解并稀释至 50ml，各精密量取 5ml 用甲醇分别稀释至 50ml，摇匀。取对照品溶液和供试品溶液各 20μl 分别注入高效液相色谱仪，记录色谱图。

【数据处理结果】对照品峰面积 9445978，供试品峰面积 9385201。按外标法以峰面积计算地塞米松的含量。

解：已知 $A_{对} = 9445978$，$A_{供} = 9385201$，$m_{对} = 25.12\text{mg}$，$m_{供} = 25.32\text{mg}$

$$地塞米松含量（\%）= \frac{c_{对} \times \dfrac{A_{供}}{A_{对}} \times D \times V}{m_{供}} \times 100\%$$

$$= \frac{\dfrac{25.12}{50} \times \dfrac{5}{50} \times \dfrac{9385201}{9445978} \times \dfrac{50}{5} \times 50}{25.32} \times 100\% = 98.57\%$$

（三）加校正因子的主成分自身对照法

测定杂质含量时，可采用加校正因子的主成分自身对照法。按《中国药典》各品种项下规定的杂质限度，将供试品溶液稀释成与杂质限度相当的溶液，作为对照溶液，进样，记录色谱图，调节纵坐标范围和计算峰面积的相对标准偏差后，取供试品溶液和对照溶液适量，分别进样。除另有规定外，供试品溶液的记录时间应为主成分色谱峰保留时间的2倍，测量供试品溶液色谱图上各杂质的峰面积，分别乘以相应的校正因子后与对照溶液主成分的峰面积比较，计算各杂质含量。

（四）不加校正因子的主成分自身对照法

测定杂质含量时，若无法获得待测杂质的校正因子，或校正因子可以忽略，也可采用不加校正因子的主成分自身对照法。

测定杂质含量时，按《中国药典》各品种项下规定的杂质限度，将供试品溶液稀释成与杂质限度相当的溶液，作为对照溶液，同上述（三）操作，取供试品溶液和对照溶液适量，分别进样。除另有规定外，供试品溶液的记录时间应为主成分色谱峰保留时间的2倍，测量供试品溶液色谱图上各杂质的峰面积并与对照溶液主成分的峰面积比较，依法计算杂质含量。

📱 知识链接

《中国药典》（2020年版）对高效液相色谱法新增和修订的内容

1. **色谱参数**　《中国药典》（2020年版）规定，品种正文项下规定的色谱条件（参数），除填充剂种类、流动相组分、检测器类型不得改变外，其余如色谱柱内径与长度、填充剂粒径、流动相流速、流动相组分比例、柱温、进样量、检测器灵敏度等，均可适当调整。若需使用小粒径（约$2\mu m$）填充剂和小内径（如2.1mm）色谱柱或表面多孔填充剂以提高分离度或缩短分析时间，输液泵的性能、进样体积、检测池体积和系统的死体积等必须与之匹配，必要时，色谱条件（参数）可适当调整。调整后，系统适用性应符合要求，且色谱峰出峰顺序不变。

2. **系统适用性试验**　色谱系统的适用性试验通常包括理论板数、分离度、灵敏度、拖尾因子和重复性等五个参数。相比之前版本，2020年版药典对其中的"分离度""重复性"进行了修订。"分离度"由2015年版的"应大于1.5"修订为"应不小于1.5"。"重复性"修订为"除另有规定外，通常取各品种项下的对照品溶液，连续进样5次，其峰面积测量值（或内标比值或其校正因子）的相对标准偏差应不大于2.0%"。视进样溶液的浓度和（或）体积、色谱峰响应和分析方法所能达到的精度水平等，对相对标准偏差的要求进行适当放宽或收紧，放宽或收紧的范围以满足品种项下检测需要的精密度要求为准。

3. **测定法**　新增了对定性分析（保留时间定性、光谱相似度定性、质谱检测器提供的质谱信息定性）的详细解释以及多维液相色谱测定法。

✏ 实践实训

实训十四　高效液相色谱法测定甲硝唑片的含量 🎬微课

【实训目的】

1. **掌握**　高效液相色谱仪的规范操作；流动相配制技术；供试品溶液的配制方法及外标定量法。
2. **熟悉**　高效液相色谱法系统适用性试验。

3. 了解 高效液相色谱法的测定原理及高效液相色谱仪的维护常识。

【基本原理】

甲硝唑属于一种广谱抗生素，具有紫外吸收特性，采用高效液相色谱法测定甲硝唑片的含量，根据含量与峰面积成正比的关系，用外标法以峰面积计算甲硝唑含量。

【实训器材】

1. 仪器 高效液相色谱仪、ODS 柱、电子天平、超声仪、溶剂抽滤器、研钵、角匙、移液管、容量瓶、量筒、烧杯、锥形瓶、漏斗、滤纸、0.45μm 微孔滤膜等。

2. 试剂 甲硝唑片、甲硝唑对照品、甲醇（色谱纯）、超纯水。

【实训内容与操作规程】

1. 色谱条件与系统适用性试验 用十八烷基硅烷键合硅胶为填充剂；以甲醇－水（20∶80）为流动相；检测波长为 320nm；进样体积 10μl。理论板数按甲硝唑峰计算不低于 2000。

2. 流动相配制 量取甲醇 100ml、超纯水 400ml 混合配制成甲醇－水（20∶80）的流动相 500ml，用溶剂抽滤器经 0.45μm 微孔滤膜滤过，超声脱气 10~20 分钟后备用。

3. 溶液制备

（1）供试品溶液 取本品（规格为 0.2g）20 片，精密称定，研细，精密称取片粉适量（约相当于甲硝唑 0.25g），置 50ml 量瓶中，加 50% 甲醇适量，振摇使甲硝唑溶解，用 50% 甲醇稀释至刻度，摇匀，滤过，精密量取续滤液 5ml，置 100ml 量瓶中，用流动相稀释至刻度，摇匀，即得。

（2）对照品溶液 取甲硝唑对照品适量，精密称定，用流动相溶解并定量稀释制成每 1ml 中含甲硝唑 0.25mg 的溶液。

供试品溶液与对照品溶液各配制 2 份，用 0.45μm 的滤膜分别过滤至 4 个标记好的样品瓶中。

4. 高效液相色谱仪操作规程 以岛津 LC－20AT 型高效液相色谱仪为例说明操作规程，其他型号参考相应说明书，具体规程如下。

（1）开机前的准备 ①检查仪器校验标识，确认仪器处于校验周期内；检查上次《实验室仪器设备使用记录表》和仪器状态，确认仪器处于正常状态。将泵的吸滤器从旧流动相中取出，用新流动相冲洗后放入新流动相的贮液瓶中，盖好瓶盖；将排液管的出口端放入废液瓶中，盖好瓶盖。②根据待测供试品的检测方法确定所需的色谱柱。检查仪器上安装的色谱柱是否与其相同，若不同则需进行更换。③检查仪器设备之间的电源线、数据线和输液管道是否连接正常。

（2）开机 接通电源，依次打开高效液相色谱仪的泵、自动进样器、检测器、柱温箱电源，打开脱气按钮，进行脱气 25 分钟，25 分钟后关闭脱气按钮。打开计算机和打印机开关，等待计算机自检完毕后，进入 Windows 界面。在电脑的任一盘内设立文件夹，命名为"甲硝唑"。

（3）进入工作站 点击计算机桌面上的"LabSolutions"图标，点击"仪器"，点击右侧对应的仪器型号图标，进入工作站。

（4）建立进样方法 打开仪器参数视图，建立进样方法。首先在检测器项下设置检测波长；然后在"泵"项下设置流动相流速、通道、最大压力等；在"柱温箱"项下设置柱温；"自动进样器"项下设置清洗液体积、进样针冲程、清洗速度等，"常规"项下设置每针结束时间等。设置完毕，下载，则系统在此方法设定的参数下运行。保存此方法于设定好的甲硝唑文件夹中。

（5）放样 打开自动进样器，把盛装好试样溶液的样品瓶依次放入自动进样器内，关闭好自动进样器门。

（6）建立批处理文件　打开主项目，点击"批处理编辑"，建立甲硝唑片的批处理文件。两个对照品溶液，对照1进样5针，对照2进样2针，供试品溶液两个，各进样2针。批处理文件中，一定标注好各样品的位置、样品架、样品名、进样方法、进样体积及数据文件的保留位置等，保存批处理文件。

（7）进样　点击"批处理文件分析开始"，按照批处理文件的设置顺序分别精密吸取对照品溶液和供试品溶液，注入液相色谱仪，记录色谱图。

（8）数据处理　进样完毕，根据批处理文件中数据文件的保存位置，打开数据文件，对数据进行处理。在"积分"项下，设置半峰宽、斜率、最小峰面积等，回车即根据设定好的参数对数据进行积分，然后在峰表中选择甲硝唑峰，点右键，将选择峰标记到化合物。

（9）打印报告　点击"报告格式"图标，选择适宜的报告格式，将处理好的数据拖入选择的报告模板中，即显示数据对应报告，打印报告。

（10）关机　样品测试完毕后，用相应的溶剂充分冲洗系统，再用适合于色谱柱保存的溶剂冲洗20~30分钟，将流速缓慢降到零。退出化学工作站，关闭计算机，依次关泵及其他窗口。填写《实验室仪器设备使用记录表》。

【实训记录与数据处理】

1. 数据处理方法　对照品1进样5针，计算5针峰面积的 RSD 应不大于2.0%；对照品2进样2针。两份对照溶液的校正因子的比值应在0.98~1.02。

按外标法以峰面积计算甲硝唑片的标示百分含量，计算公式为

$$f_1 = \frac{c_{S1}}{A_{S1}} \quad f_2 = \frac{c_{S2}}{A_{S2}} \quad \bar{f} = \frac{f_1 + f_2}{2}$$

$$X(\%) = \frac{\bar{f} \times A_X \times D \times V \times \overline{W}}{m \times \text{标示量}} \times 100\% \tag{9-3}$$

（9-3）式中，c_{S1} 为对照品溶液1的浓度，g/ml；$\bar{A}_{S1}$ 为对照品溶液1的平均峰面积；f_1 为对照品溶液1的校正因子；c_{S2} 为对照品溶液2的浓度，g/ml；$\bar{A}_{S2}$ 为对照品溶液2的平均峰面积；f_2 为对照品溶液2的校正因子；$\bar{f}$ 为对照品溶液1和2的平均校正因子；X 为试样的标示量的百分含量；A_X 为供试品溶液峰面积；$\overline{W}$ 为平均片重，g；m 为供试品取样量，g；D 为供试品稀释倍数；V 为供试品初溶体积，ml；标示量为药品标示药用规格，g。

2. 数据及结果　结果记录于表9-3、表9-4。

表9-3　对照品测定数据及结果

项目	对照品编号						
	1					2	
对照品称取量（g）							
	测定次数						
	1	2	3	4	5	1	2
峰面积 A_s							
平均峰面积 $\bar{A}_s$							
RSD（%）						—	
理论塔板数 n							
校正因子 f_i							
平均校正因子 $\bar{f}$							

表 9 – 4 样品测定数据及结果

项目	样品编号			
	1		2	
$\overline{W}$ (g)				
m (g)				
	测定次数			
	1	2	1	2
峰面积 A_x				
平均峰面积 $\overline{A}_x$				
含量 X_i (%)				
平均含量 $\overline{X}$ (%)				
相对平均偏差 (%)				
《中国药典》规定值	93.0% ~ 107.0%			
结论				

【注意事项】

（1）流动相、样品溶液必须用 0.45 μm 的滤膜过滤，流动相必须脱气后方可使用。

（2）进样前，色谱柱必须用流动相充分冲洗平衡，使基线平稳。

（3）实验完毕后，先用适合的溶剂冲洗色谱柱 20 ~ 30 分钟，然后再用适合于色谱柱保存的溶剂冲洗 20 ~ 30 分钟。

（4）为了更好地保护色谱柱，最好在色谱柱前加一个预柱，以防堵塞或污染柱子。

【思考题】

（1）高效液相色谱法中，为什么需要配制两个对照品溶液？

（2）高效液相色谱法中，流动相配制要注意哪些事项？

实训十五　高效液相色谱法测定饮料中山梨酸的含量

【实训目的】

1. 掌握　高效液相色谱仪的规范操作和饮料试样的制备技术。
2. 熟悉　高效液相色谱仪的基本组成及本法在食品分析中的应用。
3. 了解　高效液相色谱法的测定原理及高效液相色谱仪的维护常识。

【基本原理】

山梨酸又称为清凉茶酸、2，4 – 己二烯酸、2 – 丙烯基丙烯酸。它是一种食品添加剂，对酵母、霉菌等许多真菌具有抑制作用，被广泛用作食品防腐剂。但是过量易引起人的再生障碍性贫血、粒状白细胞缺乏等，因此国家严格限制其使用量。

山梨酸具有紫外吸收特性，样品经处理注入高效液相色谱仪后，色谱峰面积在一定范围内与浓度呈线性关系，用待测组分的标准品绘制标准曲线。具体做法：用标准品配制成不同浓度的标准系列，在与待测组分相同的色谱条件下，等体积准确进样，测量各峰的峰面积（或峰高），用峰面积（或峰高）对标准品浓度绘制标准曲线，此标准曲线应是通过原点的直线。若标准曲线不通过原点，说明测定方法存在系统误差。标准曲线的斜率即绝对校正因子。标准曲线是样品浓度与峰面积之间的线性关系，将样品的峰面积代入标准曲线可获得未知试样的浓度。

【实训器材】

1. 仪器 高效液相色谱仪、ODS 柱、超声仪、溶剂抽滤器、离心机（转速 >8000r/min）、涡轮振荡器、离心管、电子天平、移液管、0.45μm 微孔滤膜、0.22μm 水相微孔滤膜、量筒、容量瓶等。

2. 试剂 甲醇（色谱纯）、乙酸铵、超纯水、山梨酸标准品、碳酸饮料。

【实训内容与操作规程】

1. 色谱条件与系统适用性试验 用十八烷基硅烷键合硅胶为填充剂；以甲醇 – 乙酸铵（5∶95）为流动相；检测波长为 230nm；进样量 10μl。

2. 溶液配制

（1）乙酸铵溶液（1.54g/L） 称取 1.54g 乙酸铵，加水溶解并稀释至 1000ml，经 0.22μm 水相微孔滤膜过滤后备用。

（2）山梨酸标准储备溶液（1.0mg/ml） 精密称取 0.1000g 山梨酸标准品，置于 100ml 容量瓶中，加甲醇 5ml 溶解，用水稀释至刻度，摇匀。

（3）山梨酸标准中间溶液（200mg/L） 精密吸取山梨酸标准储备溶液 10.0ml 于 50ml 容量瓶中，加水稀释至刻度，摇匀。

（4）标准系列工作溶液 取 8 个 10ml 的容量瓶，分别精密加入山梨酸标准中间溶液（200mg/L）0、0.05、0.25、0.50、1.00、2.50、5.00 和 10.00ml，加水定容至刻度，配制成质量浓度分别为 0、1.00、5.00、10.00、20.00、50.00、100.00 和 200.00mg/L 的标准系列工作溶液。

3. 流动相配制 量取甲醇 50ml、1.54g/L 的乙酸铵溶液 950ml，混合在一起配制成甲醇 – 乙酸铵（5∶95）流动相，用溶剂抽滤器经 0.45μm 微孔滤膜滤过，超声脱气 10～20 分钟，备用。

4. 试样制备 准确称取碳酸饮料样品约 2g 于 50ml 具塞离心管中，加水约 25ml，用涡轮振荡器涡旋混匀，于 50℃ 水浴超声 20 分钟，冷却至室温后于离心机上以 8000r/min 离心 5 分钟，将水相转移至 50ml 容量瓶中。于残渣中加水 20ml，涡旋混匀后超声 5 分钟，再用离心机以 8000r/min 离心 5 分钟，将水相转移至同一 50ml 容量瓶中，并用水定容至刻度，混匀。取适量上清液经 0.22μm 微孔滤膜过滤后，滤液待测。平行制备 2 份试样溶液。

5. 标准曲线的绘制 准确吸取标准系列工作溶液各 10μl，分别注入液相色谱仪中，测定相应的峰面积，以标准系列工作溶液的浓度为横坐标，峰面积为纵坐标，绘制标准曲线。

6. 测定 准确吸取 10μl 样品溶液注入液相色谱仪中，记录色谱图，测得峰面积，根据标准曲线得到待测液中山梨酸的浓度 c。

试样中山梨酸的含量按下式计算：

$$X = \frac{c \times V}{m \times 1000} \tag{9-4}$$

（9-4）式中，X 为试样中山梨酸含量，g/kg；c 为待测液中山梨酸的浓度，mg/L；m 为试样质量，g；V 为试样定容体积，ml；1000 为 mg/kg 转换为 g/kg 的换算因子。

【实训记录与数据处理】

结果记录于表 9-5、表 9-6。

表 9-5 标准曲线数据及结果

项目		标准系列编号							
		1	2	3	4	5	6	7	8
标准系列工作液浓度（mg/L）									
标准系列溶液峰面积 A									
标准曲线	线性方程								
	相关系数								

表 9-6 样品测定数据及结果

项目	样品编号			
	1		2	
取样量 m（g）				
	测定次数			
	1	2	1	2
峰面积 A				
平均峰面积 $\overline{A}$				
被测溶液中山梨酸浓度 $c_{查}$（mg/L）				
含量 X_i（g/kg）				
平均含量 $\overline{X}$（g/kg）				
相对平均偏差（%）				

【注意事项】

（1）使用仪器之前，要打开 purge 阀将各个通道冲洗 4 ~ 5 分钟；purge 阀在关闭状态时，不宜拧过紧。

（2）流动相必须用 0.45μm 的滤膜过滤，进入仪器前必须进行脱气。当使用缓冲液或含盐溶液作流动相时，要用 95% 的去离子水进行过渡。乙酸盐缓冲液易长霉，应尽量现用现配，不要储存。

（3）避免在泵压过高的状态下长时间工作，如果流速较大且压力较高，关闭泵以前需将流速逐渐降低以避免压力波动过大，损坏色谱柱。无压力显示或压力波动较大时，不能进行分析，应检查排气阀是否关闭，泵中气泡是否已排出，故障排除后方能进行操作。如压力升高，甚至自动停泵，应检查柱端有无污染、堵塞。

（4）即使样品和流动相已做过前处理，却仍难以避免柱子受到污染，因此必须对色谱柱进行清洗。一般在每次柱子使用完毕后，先用适合的溶剂冲洗色谱柱 20 ~ 30 分钟，然后用适合于色谱柱保存的溶剂冲洗 20 ~ 30 分钟。

【思考题】

（1）请查阅相关资料，在标准曲线法中，绘制标准曲线一般要求几个点？

（2）如何除去试样中的二氧化碳？除去二氧化碳的目的是什么？

目标检测

答案解析

一、选择题

（一）单选题

1. 将固定液的官能团通过化学反应键合到载体表面而制得的固定相叫（　　）。

　　A. 聚合固定相　　　　B. 分配固定相　　　　C. 键合固定相　　　　D. 吸附固定相

2. 在反相键合相色谱法中，常用的固定相是（　　）。

　　A. 硅胶　　　　　　　　　　　　　B. 氧化铝

　　C. 十八烷基硅烷键合硅胶　　　　　D. 甲醇

3. 在反相键合相色谱法中，固定相与流动相的极性关系是（　　）。

　　A. 固定相的极性大于流动相的极性　　　　B. 固定相的极性小于流动相的极性

　　C. 固定相的极性与流动相的极性相近　　　　D. 不能确定，依据组分性质而定

4. 在反相键合相色谱法中，流动相的极性增大，洗脱能力（　　）。

　　A. 降低　　　　　　　B. 增强　　　　　　　C. 不变化　　　　　　D. 不能确定

5. 在反相键合相色谱法中，若以甲醇－水为流动相，增加甲醇的比例时，组分的容量因子 k 与保留时间 t_R 将发生的变化是（　　）。

　　A. k 与 t_R 增大　　　B. k 与 t_R 减小　　　C. k 减小，t_R 不变　　　D. k 增大，t_R 减小

6. 在反相键合相色谱法中，流动相常用（　　）。

　　A. 甲醇－水　　　　　B. 正己烷　　　　　　C. 正己烷－水　　　　D. 石油醚－水

7. 下列因素中，能使组分的保留时间变短的是（　　）。

　　A. 减慢流动相的流速

　　B. 正相色谱正己烷－二氯甲烷流动相系统增大正己烷比例

　　C. 反相色谱流动相为乙腈－水，增加乙腈比例

　　D. 增加色谱柱柱长

8. 可用于正相键合相色谱法的固定相有（　　）。

　　A. ODS　　　　　　　B. 氨基键合相　　　　C. 硅胶　　　　　　　D. 高分子多孔微球

9. 高效液相色谱的主要部件包括（　　）。

　　A. 高压输液系统、分光系统、色谱分离系统、检测器、色谱柱

　　B. 载气系统、进样系统、色谱分离系统、检测器、数据处理系统

　　C. 高压输液系统、原子化装置、色谱分离系统、检测器、色谱柱

　　D. 高压输液系统、进样系统、色谱分离系统、检测系统、数据记录及处理系统

10. 高效液相色谱法的检测器是（　　）。

　　A. 氢火焰离子化检测器　　　　　　B. 热导检测器

　　C. 蒸发光散射检测器　　　　　　　D. 氮磷检测器

（二）多选题

1. 用 ODS 柱分析一弱极性物质，以某一比例乙腈－水为流动相时，样品的 t_R 值较大，若想减小 t_R 应

（　　　）。

    A. 增加乙腈的比例 　　　B. 增加水的比例 　　　C. 增加流速 　　　D. 降低流速

2. 高效液相色谱法的定量指标有（　　　）。

    A. 峰面积 　　　　　　　B. 半峰宽 　　　　　　　C. 峰高 　　　　　　　D. 保留时间

3. 下列为通用型检测器的是（　　　）。

    A. 紫外 – 可见分光检测器 　　　　　　　B. 荧光检测器

    C. 示差折光检测器 　　　　　　　　　　D. 蒸发光散射检测器

4. 高效液相色谱法与气相色谱法比较具有的优点是（　　　）。

    A. 灵敏度高 　　　　　　B. 分析速度快 　　　C. 流动相选择范围宽 　　　D. 室温下操作

5. 色谱系统适用性试验内容包括（　　　）。

    A. 理论塔板数 　　　　　B. 重复性 　　　　　　C. 分离度 　　　　　　D. 拖尾因子

二、简答题

1. 简述高效液相色谱法中流动相的选择原则。

2. 高效液相色谱仪由哪些结构组成？各部件有何作用？

三、计算题

1. 测定生物碱试样中药根碱和小檗碱的含量：称取内标物、药根碱和小檗碱对照品各 0.3000g 配成混合溶液，测得峰面积分别为 3612、3441 和 4053。称取 0.2300g 内标物和试样 0.8290g，同法配制成溶液后，在相同色谱条件下测得峰面积为 4163、3714 和 4546。计算试样中药根碱和小檗碱的含量。

2. HPLC 法测定愈风宁心片中葛根素（规格 5mg）的含量：取本品 10 片，除去包衣，精密称定，总质量为 0.0634g，研细，精称取细粉 5mg，精密称定，置于具塞锥形瓶中，精密加 30% 乙醇 50ml，密塞，称定重量，超声 20 分钟，放冷，称定质量，用 30% 乙醇补足减失的质量，摇匀，过滤，取续滤液作为供试液。分别吸取葛根素对照液（80μg/ml）及供试液 10μl，注入 HPLC 仪中测定，测得峰面积分别为 362427、360325。计算愈风宁心片中葛根素的含量。

3. HPLC 法测定氧氟沙星的含量：取本品约 0.0622g，精密称定，置 50ml 量瓶中，用 0.1mol/L 的盐酸溶解并稀释至刻度，摇匀，精密量取 5ml 置 50ml 量瓶中，加 0.1mol/L 的盐酸稀释至刻度，摇匀，作为供试品溶液。另取氧氟沙星对照品 0.0606，同法配成对照品溶液。分别吸取对照品溶液及供试品溶液各 10μl，注入 HPLC 仪，测得峰面积分别为 130255、129123。按外标法以峰面积计算氧氟沙星的含量。

书网融合……

    知识回顾 　　　　　微课 　　　　　习题

（高秀蕊）

第十章　质谱分析实用技术

学习引导

非法添加化学药物是保健食品常见的不合格原因之一，造成重大的食品安全隐患，如假冒减肥类保健食品中常检出西布曲明，声称增强免疫力的不合格保健品中添加他达拉非，这些非法添加物已列入国家药品监督管理部门公布的保健食品中可能非法添加的物质名单。保健食品种类繁多，非法添加的违禁药物也防不胜防，因此十分有必要建立相应的监测体系，及时发现问题，控制风险。那么如何借助现代仪器设备和分析手段快速准确地识别出保健食品中可能违法的添加剂呢？

本章主要介绍质谱法基本原理、质谱仪主要部件、质谱分析技术和色谱－质谱联用分析技术。

学习目标

1. **掌握**　质谱法的基本原理；质谱仪的组成；分子离子峰的判断依据。

2. **熟悉**　电子轰击电离、化学电离、电喷雾电离和大气压化学电离的工作原理；磁质量分析器、四极杆质量分析器、飞行时间质量分析器、离子阱质量分析器的工作原理；质谱扫描四种模式。

3. **了解**　场电离和场解吸电离、基质辅助激光解吸电离的工作原理；色谱－质谱联用技术在食品药品领域的应用。

第一节　质谱法基础知识 📱微课1

PPT

一、基本原理

质谱法（mass spectrometry，MS）是将试样置于高真空环境中，应用离子化技术，将物质分子转化为运动的气态离子，利用离子在电场或磁场中运动性质的差异，将这些离子按其质量 m 和电荷 z 的比值 m/z（质荷比）大小顺序进行收集和记录，即得到质谱图。根据质谱峰的位置和离子峰信息进行物质的定性和结构分析，根据峰的强度进行定量分析。从本质上讲，质谱是物质带电粒子的质量谱。

二、质谱图

以离子质荷比为横坐标，离子相对强度为纵坐标得到的二维图，称为质谱图或棒图，如图10－1所

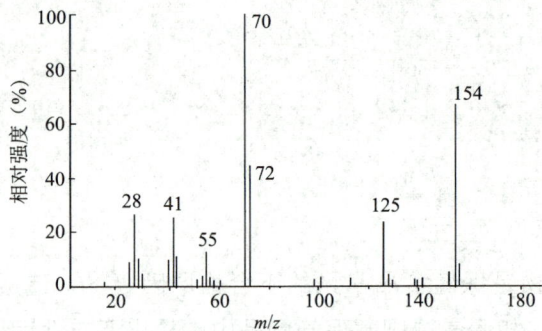

图 10 - 1　标准质谱图

示。一般将质谱图中最强离子峰称为基峰，以基峰的峰高作为 100% ，其他离子峰对基峰的相对百分值来表示相对强度。

由质谱法基本原理及质谱图不难发现，质谱分析的过程可基本分为四个环节：①将样品引入一定装置并汽化；②汽化后的样品分子进行电离即离子化；③电离后的离子经电场加速后进入一定装置，按质荷比的不同进行分离；④经检测、记录，绘制质谱图。根据质谱图提供的信息，通过质荷比，可以确定离子的质量，从而进行样品的定性分析和结构解析；通过每种离子的峰高（相对强度），可以进行定量分析。

三、质谱法的特点

与其他仪器分析方法相比，质谱法具有以下特点：①灵敏度高、进样量少、分析速度快，通常只需微克级甚至更少的样品就能完成定性或定量分析；②特征性强、应用范围广，可以分析气体、固体、液体样品，测定化合物的相对分子质量、碎片离子质量，推测分子式、结构式以及较好地区别干扰物质等；③与色谱仪等联用可进一步提高分析性能。

第二节　质谱仪 📱微课 2

PPT

一、仪器的主要部件

质谱仪一般由真空系统、进样系统、离子化系统（离子源）、质量分析器、检测系统和自动控制及数据处理系统构成，如图 10 - 2 所示。

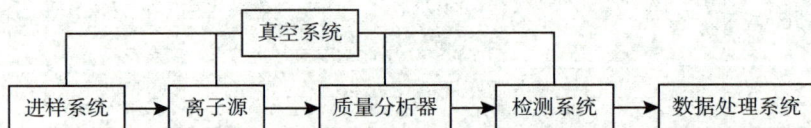

图 10 - 2　质谱仪结构示意图

（一）真空系统

质谱仪中离子产生和经过的系统必须处于高真空状态（离子源真空度应达 $1.3 \times 10^{-5} \sim 1.3 \times 10^{-4}$ Pa，质量分析器的真空度应达 1.3×10^{-6} Pa）。若真空度过低，则可能造成离子源灯丝氧化损坏、加速区高压放电副反应过多、本底增高使图谱复杂难解等问题。质谱仪的抽真空系统一般由机械泵和油扩散泵或涡轮分子泵串联组成。机械泵将系统的真空度预抽到 $10^{-2} \sim 10^{-1}$ Pa，再经油扩散泵或涡轮分子泵继续抽吸并维持所需的真空度。

（二）进样系统

进样系统的作用是在不破坏真空环境、具有可靠重复性的条件下，将样品引入离子源。常见的进样方式有间歇式进样、直接探针进样及色谱联用进样。

1. 间歇式进样　对于气体及沸点不高且易挥发的液体样品可采用间歇式进样。通过可拆卸式的样品管将少量样品（10~100μg）引入贮存器，抽真空并加热使样品汽化（真空度<1Pa，温度150℃）。由于进样系统的压强远大于离子源的压强，样品分子可通过分子漏隙（带有小针孔的玻璃或金属膜），以分子流的形式渗透进高真空度的离子源中，如图10-3所示。

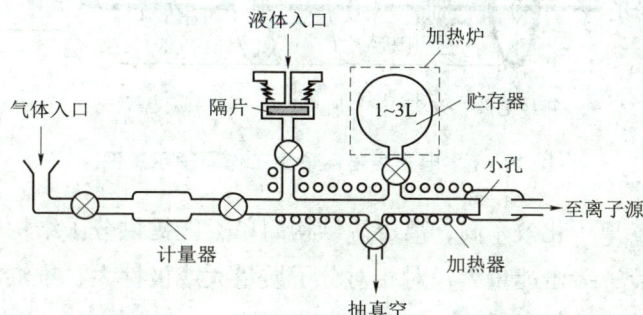

图10-3　间歇式进样系统工作原理示意图

2. 直接探针进样　对于高沸点的液体及固体样品，可将其置于进样杆顶部的小坩埚（因其比较细小故称探针）中经过真空锁直接引入离子源，如图10-4所示。调节加热温度，使样品汽化为气体。此方法引入离子源的样品可少至纳克级，且进样简便，应用越来越广。

3. 色谱联用进样　对于组成复杂的混合物的测定，质谱仪通常会与气相色谱、液相色谱等仪器联用，将色谱分离后的流出组分通过适当的接口引入质谱仪，依次进行各组分的质谱分析。色谱-质谱联用是目前复杂混合物最有效的分析手段。

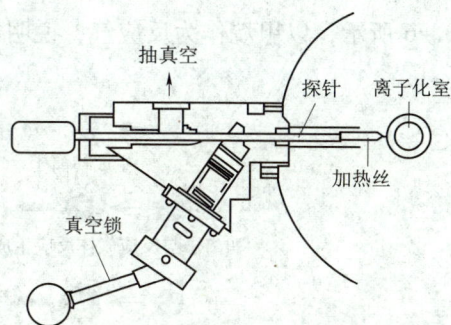

（三）离子源

离子源是质谱仪的核心部分，很大程度上决定了质谱仪的灵敏度和分辨率等性能。主要作用是将进样系统引入的气态样品分子转化为带电离子，并对离子进行加速使其进入质量分析器。离子源的种类很多，其原理和用途也各

图10-4　直接探针进样系统工作原理示意图

不相同。对于不同的分子应选择不同的电离方法，通常能给样品较大能量的电离方法称为硬电离方法，而给样品较小能量的电离方法称为软电离方法。下面简单介绍几种常用的离子源。

1. 电子轰击电离源（electron impact source，EI）　是应用最早、最为广泛的电离源，属于硬电离方法，主要用于热稳定的、易挥发有机物的电离（一般相对分子质量小于400）。如图10-5所示，样品分子由狭缝进入离子化室，受到热灯丝（钨丝或铼丝）发出的、再被阳极加速的高能电子流（约70 eV电压）轰击，失去一个电子而电离成分子离子（M^+），或进一步裂解产生质量较小的、具有待测化合物结构特征的碎片离子和中性自由基（一般分子中共价键解离能约为10 eV），如果碎片离子还有较高的内能，将继续裂解，直至离子内能低于化学键解离能。生成的离子在排斥电极作用下通过离子透过狭缝进入加速电极，再经过聚焦电极等多级电极加速后进入质量分析器。

195

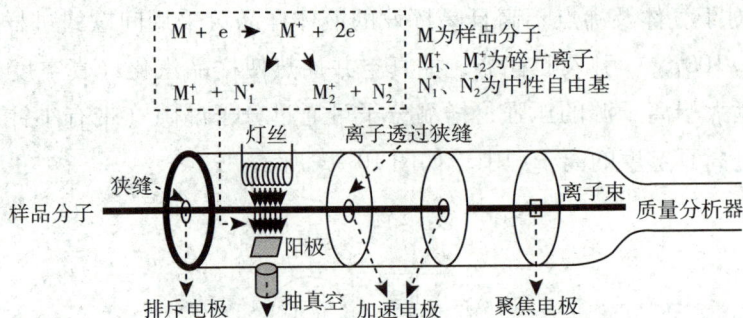

图 10 – 5 电子轰击离子源工作原理示意图

电子轰击电离的优点：离子化效率高，离子源结构简单，能提供分子结构中重要官能团信息，是标准质谱图首选电离源。缺点：轰击能量大，对相对分子质量大或极性大、难汽化、热稳定性差的有机物易产生大量碎片离子，难给出分子离子信息，质谱解析困难。

2. 化学电离源（chemical ionization source，CI） 和 EI 源的主要区别在于 CI 源工作过程中需引进一种反应气体（常用 CH_4、N_2、He、NH_3 等）。样品分子在承受高能电子束轰击之前，被反应气体按约为 $10^4 : 1$ 的比例进行稀释，从而使样品分子与电子之间的碰撞概率极小。高能电子束优先使反应气体电离或裂解，生成的离子和反应气体或样品气体分子继续发生离子 – 分子反应，通过质子交换使样品分子离子化，而不是用高能电子束进行电离，由此可见，与 EI 相比，CI 是相对温和的离子化方式。如图 10 – 6 所示，以甲烷作为反应气，说明化学电离的过程。

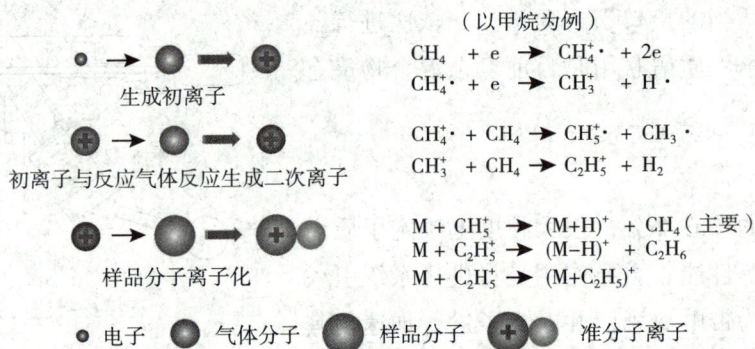

（以甲烷为例）

$$CH_4 + e \rightarrow CH_4^+ \cdot + 2e$$
$$CH_4^+ \cdot + e \rightarrow CH_3^+ + H \cdot$$

生成初离子

$$CH_4^+ \cdot + CH_4 \rightarrow CH_5^+ \cdot + CH_3 \cdot$$
$$CH_3^+ + CH_4 \rightarrow C_2H_5^+ + H_2$$

初离子与反应气体反应生成二次离子

$$M + CH_5^+ \rightarrow (M+H)^+ + CH_4 （主要）$$
$$M + C_2H_5^+ \rightarrow (M-H)^+ + C_2H_6$$
$$M + C_2H_5^+ \rightarrow (M+C_2H_5)^+$$

样品分子离子化

● 电子　● 气体分子　● 样品分子　⊕ 准分子离子

图 10 – 6 化学电离过程

化学电离的优点：①质谱图简单，因电离样品分子的不是高能电子流，而是能量较低的二次离子，样品分子的裂解可能性大大降低，产生碎片离子峰的数目随之减少，适用于采用电子轰击离子化无法得到分子质量信息的热稳定性的、易挥发化合物的分析；②准分子离子峰［如 $(M+H)^+$ 或 $(M-H)^+$ 离子峰］强度大，可提供样品相对分子质量信息，且可作基峰用于定量分析。缺点：CI 所得质谱图不是标准质谱，不能进行在库检索。图 10 – 7 是某有机分子化学电离和电子轰击电离所得的质谱图比较。EI 和 CI 进行电离前，样品必须进行汽化，主要用于气相色谱 – 质谱联用。

3. 场电离源和场解吸电离源 是 20 世纪 60 年代相继出现的质谱电离方式。场电离源（field ionization source，FI）是应用强电场诱导样品电离的一种离子化方式，样品分子需汽化后电离，不适用于难挥发、热不稳定的有机化合物。场解吸电离源（field desorption ionization source，FD）中，样品分子无须汽化再电离，特别适用于非挥发性、热不稳定的生物样品或相对分子质量高达 10^5 的高分子物质。FI 和 FD 均可得到较强的分子离子峰。

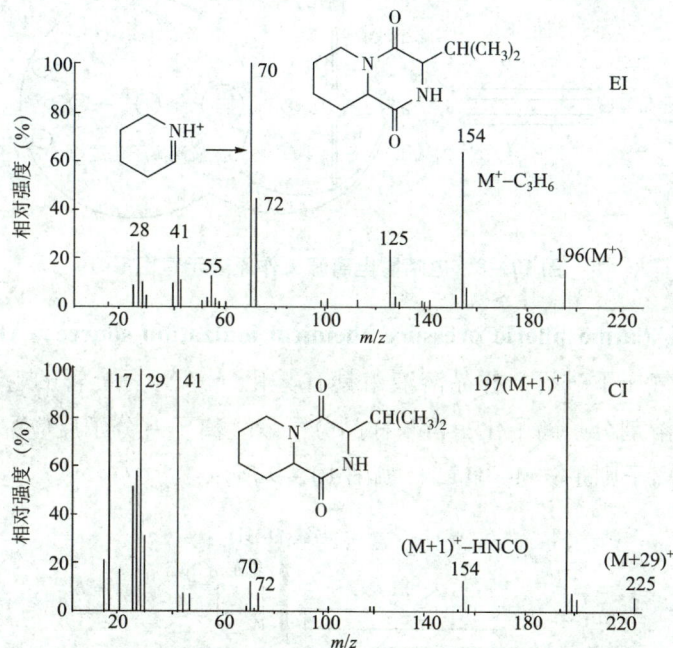

图 10-7　电子轰击（EI）和化学电离（CI）电离所得的质谱图比较

4. 基质辅助激光解吸离子源（matrix-assisted laser desorption ionization source，MALDI）　是一种高灵敏度和高选择性的电离源，其原理是将样品涂布于金属靶上，被短周期、强脉冲激光轰击产生共振吸收而使能量转移至样品。为了避免样品分解，将低浓度的样品分散在过量的液体或固体基质中，基质可以强烈地吸收激光，从而使能量间接转移到样品分子上。特别适合与飞行时间质量分析器结合使用，应用于分析分子质量在 100000D 以上生物大分子，如肽、蛋白质、核酸等，可以得到精确的分子量信息。

5. 电喷雾电离源（electrospray ionization source，ESI）　是在研发液相色谱和质谱联用仪过程中提出的重要软电离方法。其原理是在毛细管末端接一个不锈钢探针，探入常压离子化室，针头周围加一圆筒形电极，针头接地后，将 2~5kV 电压加于圆筒形电极。当毛细管中液体流出探针时，圆筒形电极可对液体表面充电，从而产生细雾状带电微滴（直径 1~3μm），并进一步离子化。受电场驱动，带电的微滴通过高纯干燥氮气气帘，借助气帘的膨胀，使液滴进一步分散，加速溶剂蒸发，微滴表面的电荷激剧增加，斥力远大于表面张力，造成带电离子从微滴表面逸出，通过毛细管进入一级泵抽气的真空中，再经静电透镜组（加速和透过作用）进入质量分析器，如图 10-8 所示。气帘的作用是阻止不带电荷的粒子通过毛细管进入真空离子室，也能减小分子与离子的聚合。毛细管的作用是维持离子化室和聚焦单元间的真空度差，隔离其入口处的 2~5kV 高压。电喷雾电离可采用正离子或负离子两种模式，可根据被分析离子的极性决定。

电喷雾电离的优点：①样品分子不易发生裂解，质谱为无碎片质谱，特别适合于热不稳定的生物大分子，获得生物大分子的相对分子量信息；②可在大气压条件下，使溶液中样品分子离子化，是液相色谱-质谱联用、毛细管电泳-质谱联用最成功的接口技术。

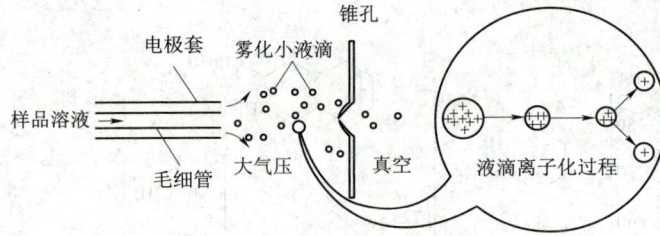

图 10 - 8　电喷雾电离源工作原理示意图

6. 大气压化学电离源（atmospheric pressure chemical ionization source，APCI）　原理与化学电离源相同，但离子化是在大气压下进行。样品溶液由具有雾化气（N_2）套管的毛细管端流出，通过加热管末端电晕放电针放电，溶剂分子离子化，再与样品分子发生离子 - 分子反应，形成单电荷离子，正离子通常是（M + H）$^+$，负离子则是（M - H）$^-$，如图 10 - 9 所示。

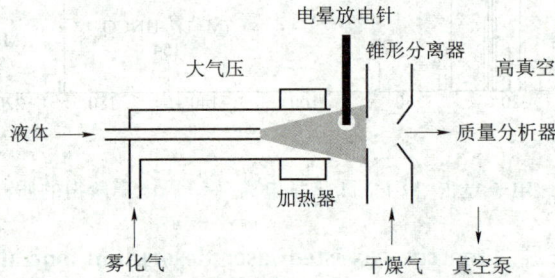

图 10 - 9　大气压化学电离源工作原理示意图

大气压化学电离的优点：①离子化效率高，样品溶液借助雾化气的作用喷入加热器，溶质与溶剂均转化为蒸气，对流动相的组成要求小于电喷雾电离，常用于分析分子质量小于 1500D 的小分子或弱极性化合物；②电离在大气压条件下进行，主要产生的是（M + H）$^+$ 或（M - H）$^-$ 离子，与 CI 相比离子损失少，碎片离子也少，适合与高效液相色谱联用。

（四）质量分析器

质量分析器是质谱仪的"眼睛"，其作用是将离子源产生的并经高压电场加速的样品离子，按质荷比的大小不同将其分开，并允许足够数量的离子通过，产生可被快速测量的离子流。质量分析器需用真空泵保持高真空状态，以保证离子在飞行区通过时不会与其他气体分子相碰撞。质量分析器的种类较多，主要类型有磁质量分析器、四极杆质量分析器、飞行时间质量分析器、离子阱质量分析器等。

1. 磁质量分析器（magnetic mass analyzer）　是扇形电磁铁，由离子源中产生的离子经加速电压加速做直线运动，其具有的动能为

$$z \cdot U = \frac{m \cdot v^2}{2} \tag{10-1}$$

（10 - 1）式中，z 为离子所带的电荷；U 为加速电压。

在加速电场电压 U 一定时，离子的运动速率 v 与其质量 m 有关。当正离子进入质量分析器（垂直于离子直线运动方向的均匀扇形磁场）时，在磁场力的作用下，正离子飞行轨迹发生弯曲，将改变原有的运动方向做圆周运动，如图 10 - 10 所示。

但此时离子的离心力也同时存在。只有当离子受到的磁场力和离心力平衡时，离子才能飞出扇形区域到达检测器，即

$$B \cdot z \cdot v = \frac{m \cdot v^2}{r} \qquad (10-2)$$

（10-2）式中，B 为磁场强度；r 为离子在磁场中的运动半径。将式（10-1）和（10-2）两式消去速率 v，可得质谱方程

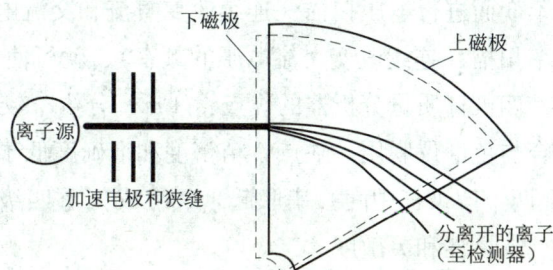

图 10-10　磁质量分析器工作原理示意图

$$r^2 = \frac{2U}{B^2} \times \frac{m}{z} \qquad (10-3)$$

由此方程可发现，离子在磁场中运动的圆周半径 r 与质荷比 m/z、磁场强度 B、加速电压 U 有关。当磁场强度 B、加速电压 U 固定时，离子运动的圆周半径 r 取决于离子本身的质荷比的大小，因此具有不同质荷比的离子，由于运动半径的不同而被分析器分开。这就是磁质量分析器的分离原理，也是设计质量分析器的依据。采用固定加速电压 U 而连续改变磁场强度 B（称为磁场扫描），或固定磁场强度 B 而连续改变加速电压 U（称为电场扫描），可使具有不同质荷比的离子具有相同的运动曲率（相当于固定圆周半径 r），进而依次通过质量分析器出口狭缝，到达检测器。

磁质量分析器有单聚焦和双聚焦两种。

（1）单聚焦分析器　分辨率较低，测量范围 m/z 小于 5000，灵敏度低，多用于同位素质谱仪和气体质谱仪。

（2）双聚焦分析器　分辨率高，灵敏度高，测量范围 m/z 达 150000，适用于有机质谱仪。

2. 四极杆质量分析器（quadrupole mass analyzer，QMA）　由四根截面为双曲面或圆形的棒状电极组成，两组电极间施加一定的直流电压和射频（频率可连续改变）的交流电压。其工作原理如图 10-11 所示。

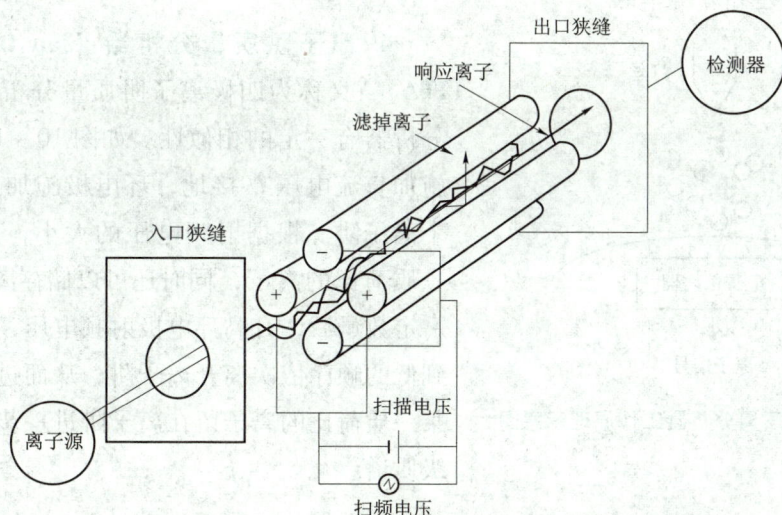

图 10-11　四极杆质量分析器工作原理示意图

当离子束进入圆形电极所包围的空间后，离子做横向摆动。在一定的直流电压、交流电压、频率和一定尺寸等条件下，只有某种（或一定范围内）质荷比的离子（共振离子）才能到达检测器并产生信号，其他离子（非共振离子）在运动过程中撞击电极而被过滤掉，被真空泵抽走。若使交流电压的频

率不变而进行电压扫描（连续改变直流和交流电压的大小且两者电压比恒定），或保持电压不变而进行频率扫描（连续改变交流电压的频率），就可使不同质荷比的离子按顺序依次到达检测器而得到质谱图。

四极杆质量分析器的优点：①m/z分辨率较高，测量范围m/z达2000，灵敏度高；②分析速度快，适合与色谱仪联用。缺点：精密度和准确度低于磁质量分析器。将两个四级杆质量分析器和一个碰撞室（在两个四级杆中间）串联起来，组成三重四级杆质量分析器，比单四极杆质量分析器有更好的专属性、选择性和灵敏度。

3. 飞行时间质量分析器（time of flight mass analyzer，TOF） 工作原理较简单，从离子源飞出的离子动能基本一致，在加速电场加速后，再进入长度为L（约1米）的无电场又无磁场的漂移管。离子到达漂移管另一端的时间t为

$$t = \frac{L}{v} \qquad v = \sqrt{\frac{2U \cdot z}{m}} \qquad (10-4)$$

故具有不同质荷比的离子，到达漂移管另一端的时间差为

$$\Delta t = L\left(\frac{1}{v_1} - \frac{1}{v_2}\right) = L \cdot \frac{\sqrt{(m/z)_1} - \sqrt{(m/z)_2}}{\sqrt{2U}} \qquad (10-5)$$

由上述可知，在加速电场一定时，两种不同质荷比的离子到达漂移管另一端的时间差Δt取决于两者m/z的平方根之差，这样不同的m/z离子就在不同的时刻离开漂移管到达检测器。为了防止连续离子化和加速将导致检测器的连续输出而无法获得信息，所以飞行时间质量分析器辅以脉冲式（约10kHz）电子轰击离子化和用具有相同频率的脉冲电场加速，再馈入一个具有相同水平扫描频率的显示器，从而得到质谱图。

飞行时间质量分析器的优点：①检测离子的质荷比没有上限，测定相对分子质量的范围达到几十万原子质量单位（u），适用于生物质谱仪（如分析蛋白质）；②可以进行准确质量测定，由准确质量数能够进一步获得分子离子或碎片离子的元素组成；③扫描速度快，适用于研究快速反应；④体积小，操作方便。缺点：重现性差和分辨率低。

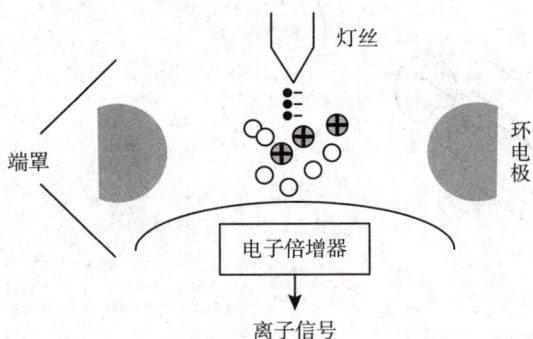

图10-12 离子阱质量分析器工作原理示意图

4. 离子阱质量分析器（ion trap mass analyzer，ITA） 又称为四极离子阱质量分析器，与四极杆质量分析器有一定的相似性。如图10-12所示，端罩电极施加直流电压U接地，环电极施加射频电压V形成一个离子阱。根据射频电压的大小，离子阱可以捕获某一质荷比的离子，同时还可以储存离子，待离子累积到一定数量后，升高环电极射频电压，离子按质荷比从高到低的顺序依次离开离子阱，从而进行检测。也可以将某一质荷比的离子留在离子阱进一步裂解，从而获得多级质谱。

（五）检测系统

质谱仪常用的检测器有电子倍增管、闪烁检测器和法拉第杯等。

1. 电子倍增管 工作原理是从质量分析器飞出的离子轰击阴极产生电子发射，电子在电场的作用下，依次轰击下一级电极释放更多的电子而被放大。电子倍增管有10~20级，放大倍数一般在10^5~10^8。现代质谱仪中常用隧道电子倍增管，其工作原理与电子倍增管工作原理相似。因其体积小，多个

隧道电子倍增管可以串联，同时检测多个 m/z 不同的离子，减少样品重复测定次数，提高分析效率。但电子倍增管一次使用时间过长，放大增益会减小，检测灵敏度会下降。

2. 闪烁检测器　由质量分析器飞出的高速离子轰击闪烁体使其放光，然后用光电倍增管检测闪烁体发出的光，从而得到离子流的信息。

3. 法拉第杯　是质谱仪中最简单的一种检测器，如图 10-13 所示。法拉第杯与质谱仪的其他部分保持一定的电位差以便捕获离子。当离子经过入口狭缝和一个或多个抑制栅电极进入杯时，产生电流，经高电阻 R 转换成电压后放大记录。

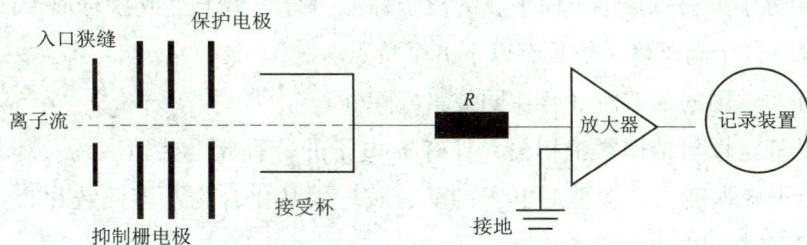

图 10-13　法拉第杯工作原理示意图

（六）自动控制及数据处理系统

现代质谱仪还配有完善的计算机系统，不仅能快速准确地采集数据和处理数据，而且能监控质谱仪各部件的工作状态，实现质谱仪的全自动操作，并能代替人工进行被测化合物的定性和定量分析。

二、仪器的主要性能指标

1. 质量范围　是指质谱仪能够测定质荷比的范围，通常采用原子质量单位（D）进行量度。对于多数离子源，电离得到的离子为单电荷离子。这样，质量范围实际上就是可以测定的分子质量范围；对于电喷雾离子源，由于形成的离子带有多电荷，尽管质量范围只有几千，但可以测定的分子量可达 10^5D以上。质量范围的大小取决于质量分析器，如四级杆质谱仪一般为 10～1000D，磁质谱仪一般为 1～10000D，飞行时间质谱仪可达几十万 D。

2. 分辨率　表示质谱仪分开两个相邻的、质量差异很小的峰的能力，通常用 $R = m/\Delta m$ 表示。$m/\Delta m$ 是指仪器记录质量分别为 m 与 $m + \Delta m$ 的谱线时能够辨认出质量差 Δm 的最小值。一般规定强度相近的相邻两峰间的峰谷为峰高的 10% 作为基本分开的标志。根据 R 值的高低，可以将质谱仪分为低分辨质谱仪和高分辨质谱仪。R 值小于 1000 的为低分辨质谱仪，如单聚焦磁质谱仪、四级杆质谱仪、离子阱质谱仪和飞行时间质谱仪等，可以满足一般有机分析的要求；R 值大于 1000 的为高分辨质谱仪，如双聚焦磁质谱仪。

3. 灵敏度　包括绝对灵敏度、相对灵敏度和分析灵敏度。绝对灵敏度是指质谱仪可以检测到的最小样品量；相对灵敏度是指仪器可以同时检测得到的大组分和小组分含量之比；分析灵敏度是指质谱仪的输入样品量与输出信号之比，通常以一定量的样品在一定条件下产生分子离子峰的信噪比（S/N）表示。

4. 质量准确度　又称质量精度，是指离子质量实测值与理论值的接近程度，通常用相对误差表示。

5. 精密度　是指质谱分析同一样品所得多个测量值之间的偏差。

第三节　实用分析技术

PPT

一、定性分析技术

（一）质谱中常见离子峰

1. 分子离子峰　分子失去一个电子而生成的离子称为"分子离子"或"母离子"，相应的质谱峰称为分子离子峰或母峰。分子离子峰一般具有以下五个特点。

（1）一般出现在质谱图的最右侧（存在同位素峰除外）。

（2）分子离子的稳定性与结构紧密相关，具有 π 电子的芳香族、共轭多烯及环状化合物的分子离子稳定性好，分子离子峰强度大；含孤对电子的醇、胺、硝基化合物及多侧链化合物的分子离子不稳定，分子离子峰小或有时不出现。

（3）分子离子所含的电子数目一定是奇数，含电子数目是偶数的离子不是分子离子。

（4）分子离子的质量数服从"氮规则"。若有机分子中含氮原子的数目是偶数或不含氮原子，则分子离子的质量数是偶数；若分子中含氮原子数目为奇数，则分子离子的质量数是奇数。不符合"氮规则"的离子，不是分子离子。

（5）假定的分子离子峰与相邻的质谱峰间的质量差要合理。如在比该峰小 3 ~ 14 个质量数间出现峰，则该峰不是分子离子峰。因一个分子同时失去 3 ~ 5 个氢原子是不可能的，能失去的最小基团通常是甲基，所以相邻的离子峰应是 $(M-15)^+$ 峰。

分子离子峰的主要用途是确定化合物的相对分子质量，利用高分辨率质谱仪给出精确的分子离子峰质量数，是测定有机物相对分子质量的最快速、可靠的方法之一。

2. 碎片离子峰　分子在离子源中获得的能量超过分子离子化所需的能量，造成分子中的化学键断裂而产生碎片离子，碎片离子如有足够的能量会继续裂解成更小的碎片离子，碎片离子相应的质谱峰称为碎片离子峰。一般位于分子离子峰的左侧，碎片离子的形成与分子结构有着密切的关系，且大多数是有规律的，人们可根据碎片离子的种类推测原有化合物的大致结构。

3. 同位素离子峰　有机化合物一般由 C、H、O、N、S、Cl 及 Br 等元素组成，它们都有同位素。不同元素的同位素因含量的不同，在质谱图中会出现含有这些同位素的离子峰，称为同位素离子峰，常用 M 表示轻质同位素峰，M+1、M+2 等表示重质同位素峰。同位素天然丰度比及分子中同位素原子数目决定重质同位素峰和轻质同位素峰的峰强度比。

因 $^2H/^1H$、$^{17}O/^{16}O$ 的天然丰度比太小，同位素峰可忽略不计，但 $^{34}S/^{32}S$、$^{37}Cl/^{35}C$、$^{81}Br/^{79}Br$ 的天然丰度比很大，它们的同位素峰具有非常明显的特征，可以利用同位素峰强比推断分子中是否含有 S、Cl、Br 及原子的数目。

4. 多电荷离子峰　某些非常稳定的分子，能失去两个或两个以上的电子，在质谱图中质量数为 $m/(nz)$（n 为失去的电子数）的位置上，出现多电荷离子峰。在低分辨率的质谱仪上，多电荷离子峰的质荷比可能是整数，也可能不是整数，如为后者，则很易区分。如芳香族化合物和含有共轭体系的分子易出现双电荷离子峰。多电荷离子峰的出现，表明被分析的样品很稳定。

除了上述离子外，分子离子在裂解过程中，还可能产生重排离子、亚稳态离子、络合离子等，相应地产生重排离子峰、亚稳态离子峰、络合离子峰等离子峰。因它们产生的机制较复杂，解析比较困难，在此不做介绍。

（二）定性应用

质谱是纯物质鉴定的最有力工具之一，其中包括相对分子质量测定、化学式确定和结构鉴定。

1. 相对分子质量测定　一般说来，依据分子离子峰确定的原则，确立了被测样品的分子离子峰，其分子离子峰的质荷比 m/z 就是被测样品的相对分子质量。利用高分辨率质谱仪可以区分相对分子质量整数部分相同而非整数部分质量不相同的化合物。例如：四氮杂苉 $C_5H_4N_4$（120.044）、苯甲脒 $C_7H_8N_2$（120.069）、甲乙苯 C_9H_{12}（120.094）和乙酰苯 C_8H_8O（120.157）。若测得某化合物的分子离子峰的质荷比 m/z 是 120.157，则显然该化合物是乙酰苯 C_8H_8O。

2. 化学式确定　在质谱图中，确定分子离子峰并知道化合物的相对分子质量后，就可确定化合物的部分或整个分子式。利用质谱法确定化合物的方法有两种：①用高分辨率质谱仪确定分子式；②用同位素峰强比，通过计算或查 Beynon 表确定分子式。Beynon 计算了相对分子质量在 500 以下的只含 C、H、O、N 四种元素的化合物的 M+1 和 M+2 同位素峰与分子离子峰的相对强度，并编制成表格。根据质谱图中 M+1、M+2 和分子离子峰 M 相对百分比，就能根据 Beynon 表确定化合物可能的经验化学式。

示例 10-1　查 Beynon 表推测化学式

已知某化合物的质谱图中，M 为 102，相对强度 M+1 为 6.78，M+2 为 0.40。

表 10-1　Beynon 表中 M=102 部分数据

分子式	M+1	M+2	分子式	M+1	M+2
$C_5H_{10}O_2$	5.64	0.53	$C_6H_{14}O$	6.75	0.39
$C_5H_{12}NO$	6.02	0.35	C_7H_4N	8.01	0.28
$C_5H_{14}N_2$	6.39	0.17	C_8H_6	8.74	0.34

由表 10-1 数据可知，$C_6H_{14}O$ 最符合上述条件。

3. 结构鉴定　从化合物的质谱图进行结构鉴定的程序如下：①确证分子离子峰，大致知道属于某类化合物和相对分子质量；②根据同位素峰强度比或精密质量法确定化学式；③利用化学式计算不饱和度；④利用碎片离子信息，推断结构；⑤综合以上信息或联合红外光谱、核磁共振波谱等手段确证结构，也可从测得的质谱图中提取几个（一般为 8 个）最重要的信息与文献提供的标准图谱比较确证。因结构确证较复杂，这里只做了解。

二、定量测定技术

质谱仪因有较高分辨率和灵敏度，也常作为检测器使用。质谱检出的离子流强度与离子的数目成正比，在一定质谱条件下离子数目和化合物的量也成正比，因此通过测量离子流强度可以进行定量测定。离子源出来的离子种类较多，为了提高检测的灵敏度，应选择重现性好、强度大且和其他组分有显著不同峰的一个或多个离子作为监测离子，前者是单离子监测，后者为多离子监测。单离子监测灵敏度高、检测限更低，多离子监测可同时对多种组分进行定量，但灵敏度会下降、检测限会升高。

定量分析时多与色谱仪联用，先用色谱分离，再利用质谱进行分析。一般采用内标法，以消除样品预处理及操作条件改变而引起的误差。内标物的物理化学性质应和被测物相似，且不存于被测样品中，内标物最好是被测物的同位素标记物或其同系物。

实例 某化合物分子式为 $C_9H_{10}O_2$，其质谱如图 10 – 14 所示。

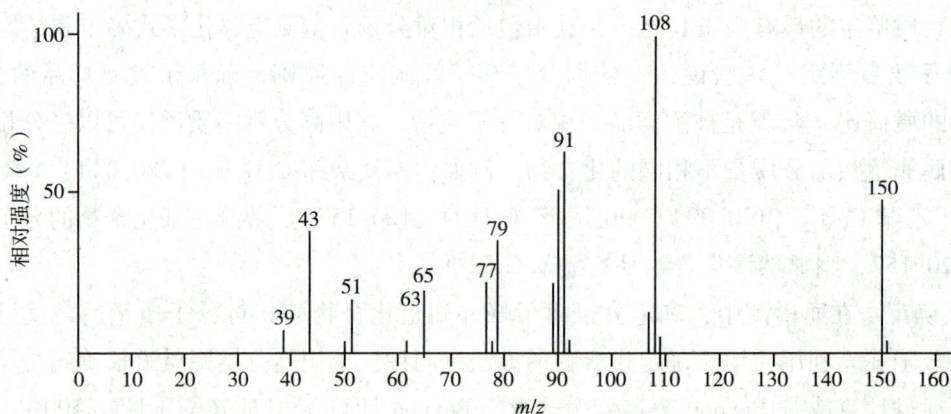

图 10 – 14 $C_9H_{10}O_2$ 的质谱图

答案解析

问题 试解析未知物的可能结构。

第四节 色谱联用技术 ℮ 微课3

PPT

色谱可作为质谱的样品导入装置，可对样品进行初步分离纯化，给出化合物的保留时间，与质谱给出的化合物分子量、结构信息和离子强度结合，可以较为有效地鉴别和测定复杂体系或混合物中的化合物。

一、气质联用技术

气相色谱 – 质谱联用技术（GC – MS）发展较早，广泛应用于易挥发的或经衍生化处理后易挥发的有机物分析。

（一）气相色谱 – 质谱联用仪色谱条件的选择

气相色谱的流出物已经是气相状态，可直接导入质谱。但气相色谱与质谱的工作压力相差较大，开始联用时需借助各种气体分离器以解决工作压力问题。随着毛细管气相色谱和高速真空泵的应用，现在气相色谱流出物已经可以直接导入质谱。对于气相色谱而言，应考虑以下色谱条件的选择与控制。

1. 载气 对于 GC – MS，载气必须满足以下条件：①化学惰性；②不干扰质谱图；③不干扰总离子流的检测；④具有使样品富集的某种特性。常用的载气是高纯氦气。

2. 色谱柱 应选择柱效高、惰性好、热稳定性好的色谱柱。GC – MS 常用的色谱柱是 MS 专用毛细管色谱柱，在使用时经常发生流失现象，应避免老化、降解等。GC – FID 中使用的毛细管柱，特别是极性毛细管柱和大口径毛细管柱不能随意在 GC – MS 中使用。

3. 柱温　一般原则是在使最难分离的组分得到较好分离的前提下，采用较低的柱温，但以保留时间适宜，峰形不拖尾为度。对于宽沸程的多组分混合物，可采用程序升温法，即在分析过程中按一定速度提高柱温，随着柱温规律上升，组分由低沸点到高沸点依次流出色谱柱。

（二）气相色谱－质谱联用仪质谱条件的选择

GC－MS 在分析测定时，对于质谱部分而言，应考虑以下两个方面。

1. 扫描模式　质谱图中信息量的多少往往和质谱仪扫描工作模式有关，常有以下四种。

（1）全扫描（full scan）　质谱采集时，扫描一段范围，比如 150～500D。对于未知物或化合物结构确证，首选全扫描模式，能看到更多的离子信息。

（2）单离子检测扫描（single ion monitoring, SIM）　针对一级质谱而言，即只扫一个离子。对于已知的化合物，为提高某个离子的灵敏度，并排除其他离子的干扰，可以只扫描一个离子。还可以调整分辨率来略微调节采样窗口的宽度。比如，要对 500D 的离子进行 SIM，较高分辨率状态下，可以设定取样宽度为 1.0，这时质谱只扫 499.5～500.5D。但对于较纯的、杂质干扰较少的体系，可设定较低的分辨率，比如取样宽度设为 2D，质谱扫谱 499～501D。如果没有干扰的情况下，取样宽度宽一些，待测化合物的灵敏度更高；但是有很强干扰的情况下，设定较高分辨率，反而提高了灵敏度信噪比，因为降低了噪音。

（3）选择反应检测扫描（selective reaction monitoring, SRM）　针对二级质谱或多级质谱而言，第一次被选择的特征离子称为前体离子，前体离子在碰撞室经过碰撞裂解，再次选择一个碎片离子进行检测。因为两次或多次都只选单离子，所以噪音和干扰被排除得更多，专属性更好，灵敏度更高。

（4）多反应检测扫描（multi reaction monitoring, MRM）　多个化合物同时测定时，多个 SRM 一起扫描，其特点跟 SRM 一致。有的厂家并不区分 SRM 和 MRM，因为只要一次实验同时执行数个 SRM 就是 MRM 方式。质谱定量分析时，倾向于用 SIM 或 SRM/MRM。如图 10－15 所示，MRM 模式比 SIM 模式有更高的专属性和抗干扰能力，也有更低的检测限，有利于对混合组分中痕量组分进行快速灵敏的检测。

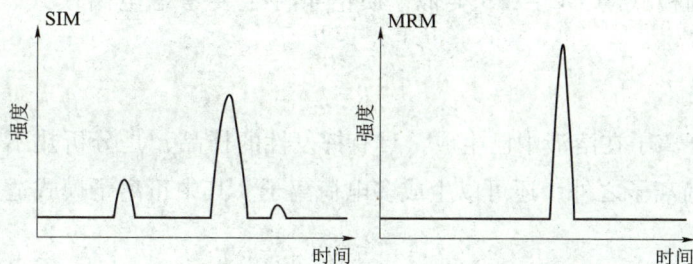

图 10－15　SIM 和 MRM 扫描模式离子流色谱图比较

2. 离子源　GC－MS 采用的离子源主要有 EI 源和 CI 源。EI 源可以提供丰富的结构信息，轰击电压一般为 70eV，是标准质谱图首选电离源，但不适用于难挥发、热不稳定的样品，不能检测负离子。CI 源所得质谱图简单，准分子离子峰强度大，但图谱重现性差，质谱谱库中几乎无 CI 源标准图谱。

即学即练 10－1

Full scan、SIM、SRM、MRM 各代表何种意思？分析时如何选择扫描模式？

答案解析

二、液质联用技术

液相色谱 – 质谱联用技术（LC – MS）是在 GC – MS 之后发展起来的，其核心部件接口装置的研究经历了一个更长的过程。经过液相色谱柱分离后，柱后流出物为待测组分和大量的液体流动相，而它们不能直接进入高真空的质谱部分，同时大量液体流动相还会影响待测组分的离子化。因此，LC – MS 的接口装置应能满足液相和质谱传质过程中真空度的匹配，将液体流动相和待测组分汽化，并去除大量的流动相分子，实现待测组分的电离。经过多年研究，直到大气压离子化接口技术（如 ESI、APCI）发展成熟，LC – MS 才真正被广泛应用。如用于物质有效成分、杂质或非法添加物的鉴别和结构鉴定，有毒有害物质的限量检查，以及非法添加物、复杂样本中低浓度物质的定量测定。

（一）液相色谱 – 质谱联用仪色谱条件的选择

使用 LC – MS 时，对于色谱条件重点考虑流动相的组成、样品性质及色谱柱的选择，具体要求如下。

1. 流动相　反相色谱可选择甲醇、乙腈，正相色谱可选择异丙醇、正己烷；水相添加剂为易挥发的缓冲盐（如甲酸铵、乙酸铵等）和易挥发的酸碱（如甲酸、乙酸、氨水等），不能使用不易挥发的缓冲盐（如硫酸盐、磷酸盐等）。为了达到较好的分析结果，可根据质谱正负离子模式，调节流动相 pH 或添加酸碱调节剂。

2. 样品性质　样品相对分子质量通常不宜过大（＜1000），分子结构中极性基团应较少。

3. 色谱柱的选择　ESI 源选用 4.6mm 内径色谱柱一般需要柱后分流，目前多采用 2.1mm 内径的色谱柱；APCI 源选用 4.6mm 内径色谱柱最合适。为提高分析效率，常采用小于 100mm 的短柱，大批量分析时可以节省大量时间。

（二）液相色谱 – 质谱联用仪质谱条件的选择

LC – MS 的质谱扫描模式与 GC – MS 类似，质谱条件主要考虑电离模式、离子源参数、MRM 参数等。

1. 电离模式

（1）ESI 源　适用于离子在溶液中已生成，具有挥发性的样品，是分析热不稳定化合物的首选。该电离模式除了生成单电荷离子之外，还可以生成多电荷离子。其中正离子模式适用于碱性样品，负离子模式适用于酸性样品。

（2）APCI 源　适用于离子在气态条件中生成，具有一定的挥发性、热稳定性的化合物，如相对分子质量和极性中等的脂肪酸类，该电离模式只生成单电荷离子。

2. 离子源参数　其设置直接影响灵敏度和稳定性，应从以下方面进行优化：干燥器温度及流量、雾化器压力或喷针位置、其他辅助雾化干燥气参数、毛细管电压等。

3. MRM 参数　全扫描或 SIM 应优化毛细管出口电压，保证母离子的传输效率；MRM 应使用优化好的毛细管出口电压、碰撞能量，进一步优化驻留时间等。

示例 10 – 2　液相色谱 – 串联质谱法测定人血浆中利培酮的浓度

【仪器】Agilent 1200 型液相色谱 – 6410B 质谱联用仪，含双高压泵、自动进样器、柱温箱、电喷雾离子化接口、三重四极杆质谱检测器。色谱工作站：MassHunter Workstation Software。

【色谱条件】色谱柱：Hedera ODS – 2（2.1mm×150mm，5μm）；流动相：20mmol/L 乙酸铵水溶液

（含 0.1% 甲酸）- 乙腈（65∶35，*V/V*）；流速：0.4ml/min；柱温：30℃；进样量：2μl。

【质谱条件】离子检测方式：多反应检测（MRM）；离子极性为正离子；离子化方式：气动辅助电喷雾离子化（ESI）；利培酮和内标（多奈哌齐）的检测对象分别：m/z 411.2→191.1、m/z 380.2→91.0；传输区电压分别：135V、105V；碰撞能量分别：30eV、46eV；干燥气流速：9L/min；雾化室压力：40psi；干燥气温度：350℃。

【血浆预处理】精密吸取血浆样品 0.5ml，置于 10ml 玻璃离心管中，加入内标溶液 30μl（多奈哌齐 101.2ng/ml），涡旋混匀，加入饱和碳酸氢钠溶液 0.5ml，涡旋 1 分钟。加入甲基叔丁基醚 3ml，涡旋 3 分钟，于 4000r/min 离心 10 分钟。取上清液置另一离心管中，在 40℃ 水浴中以氮气流吹干后，加入 100μl 流动相溶解，涡旋 3 分钟。于 15600r/min 高速离心 5 分钟，吸取上清液转移至自动进样器样品瓶中，进行 LC - MS/MS 分析。

【质谱分析】利培酮在 ESI 电离源正离子扫描模式下，主要生成［M + H］⁺ 准分子离子峰 m/z 441.2，经碰撞室气体碰撞后主要碎片离子峰为 m/z 191.1；内标多奈哌齐在相同模式下，主要生成［M + H］⁺ 准分子离子峰 m/z 380.2，经碰撞室气体碰撞后主要碎片离子峰为 m/z 91.0（图 10 - 16）。

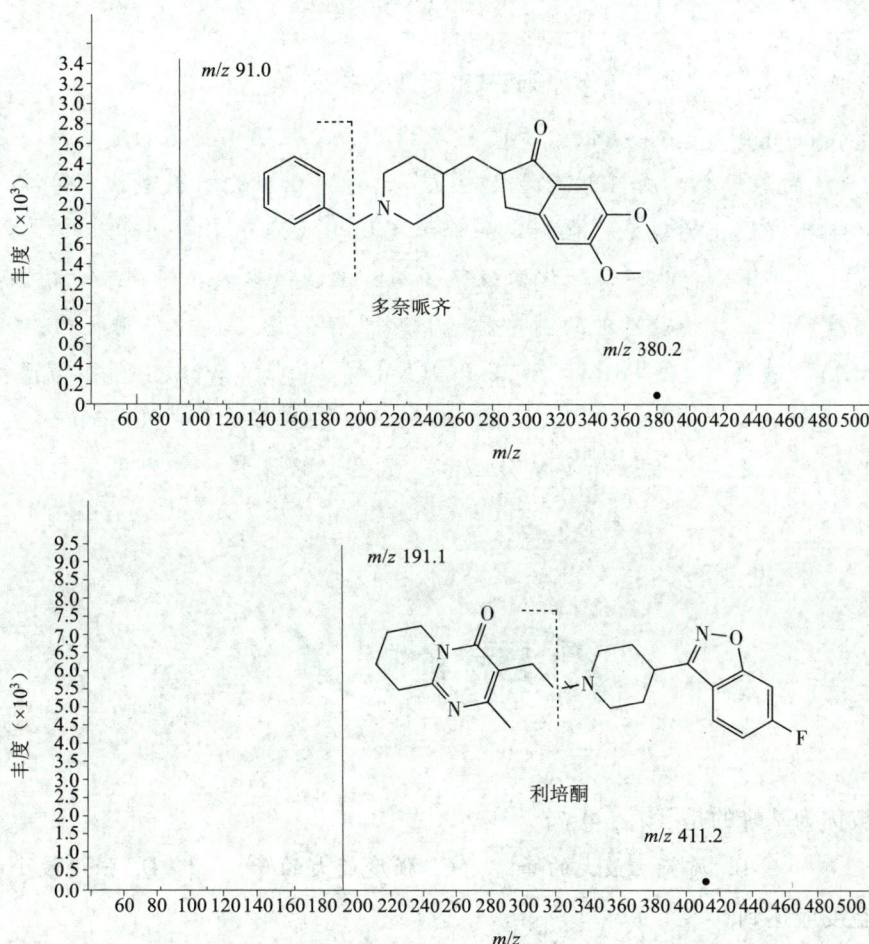

图 10 - 16　内标多奈哌齐和利培酮的电喷雾离子化质谱扫描图（MRM 模式）

【结果】取空白血浆 0.5ml 分别按照血浆样品处理进行操作分析。结果表明，样品中内源性物质不干扰利培酮和内标的测定，如图 10 - 17 所示。利培酮和多奈哌齐色谱峰的保留时间分别为 1.9 分钟和 2.5 分钟。

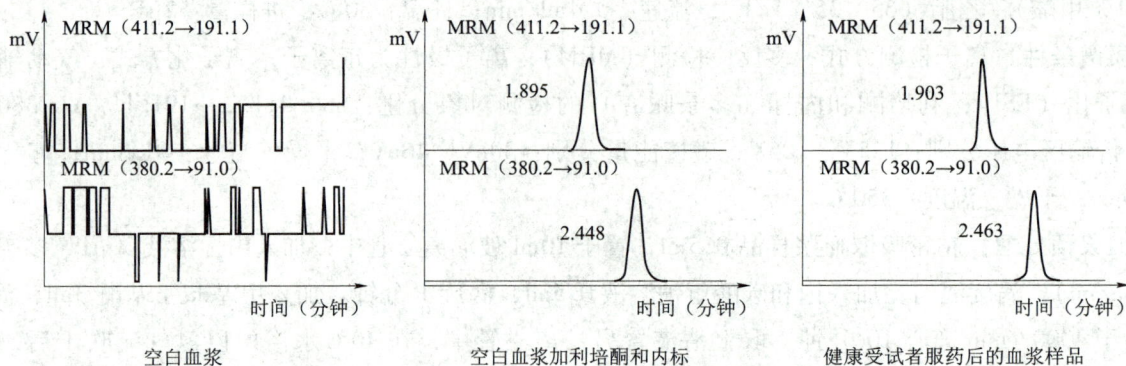

图 10 – 17　血浆中利培酮 LC – MS/MS 色谱图

利培酮的定量下限为 0.02050ng/ml，线性范围为 0.02050 ~ 51.25ng/ml，血浆样品典型标准曲线方程为 $Y = 0.3434X + 0.001521$（权重系数 $Y = 1/X^2$），$r = 0.9987$。提取回收率与介质效应、精密度与准确度均符合生物样品分析要求。

知识链接

核磁共振波谱技术

核磁共振（nuclear magnetic resonance，NMR）是指处于外磁场中物质的原子核（原子核有自旋运动，自旋量子数 $I \neq 0$ 的原子核，如 ^1H、^{13}C、^{31}P、^{19}F 等）受到相应兆赫数量级的射频电磁波作用时，在其磁能级之间发生共振跃迁的现象。在恒定的外加磁场中，处于不同化学环境（如结构环境）的多个同种原子核发生磁共振，产生不同的化学位移（与标准物核磁共振时射频电磁波频率差），记录化学位移峰位、强度和精细结构等情况的图谱称为核磁共振波谱。目前应用较为广泛的核磁共振波谱有氢谱（^1H NMR）、碳谱（^{13}C NMR）、磷谱（^{31}P NMR）、二维（如碳 – 氢二维谱）和多维核磁共振波谱等。NMR 在有机化合物的结构解析、构象分析、动态过程及反应机制的研究、聚合物立体规整性和序列分布的研究及定量分析等许多方面显示出了巨大的优势，成为化学、生物、医药等领域不可缺少的分析技术。

目标检测

答案解析

一、选择题

1. 在质谱图中，被称为基峰的是（　　）。

A. 分子离子峰　　　　　B. 质荷比最大的峰　　　C. 强度最大的峰　　　D. 强度最小的峰

2. 质量分析器真空度应达到（　　）。

A. 1.3×10^{-6}Pa　　　B. 1.3×10^{-4}Pa　　　C. 1.3×10^{-2}Pa　　　D. 1.3×10^{-5}Pa

3. 电子轰击离子源的离子化试剂是（　　）。

A. 高能电场　　　　　　B. 高能电子　　　　　　C. 试剂离子　　　　　D. 高能等离子体

4. 质谱图中出现准分子离子峰时采用的离子化方式是（　　）。

A. ESI　　　　　　　　　B. ICP　　　　　　　　C. EI　　　　　　　　D. CI

5. 表示大气压化学电离源的英文缩写是（　　　）。

    A. EI   B. CI   C. APCI   D. APPI

6. 要想获得较多碎片离子宜选用的离子源是（　　　）。

    A. EI   B. CI   C. ESI   D. APCI

7. 质量检测范围没有上限的质量分析器是（　　　）。

    A. 单聚焦质量分析器   B. 磁质量分析器

    C. 四极杆质量分析器   D. 飞行时间质量分析器

8. 判断分子离子峰的错误方法是（　　　）。

    A. 一般出现在质谱图最右侧   B. 分子离子所含电子数目一定是偶数

    C. 分子离子质量数服从"氮规则"   D. 假定的分子离子峰与相邻峰的质量数要有意义

9. 已知某化合物的质谱图中 M 和 M + 2 峰强度比近似于 1∶1，则该化合物中可能含有的元素是（　　　）。

    A. S   B. Cl   C. Br   D. N

10. 测定有机物的相对分子质量，应采用（　　　）。

    A. UV   B. IR   C. GC   D. MS

二、填空题

1. 质谱常用的进样系统有间歇式进样、直接探针进样及_____。

2. 在质谱图中，强度最大的峰被称为_____。

3. 质谱图中常见的离子峰有分子离子峰、_____、_____、多电荷离子峰等。

4. 液质联用中适用于热不稳定的生物大分子的离子源是_____；适用于非极性或中等极性小分子分析的离子源是_____。

5. 质谱扫描模式包括_____、_____、_____、多反应检测扫描。

6. 质谱分析在定性方面的应用主要包括相对分子质量测定、_____、_____。

三、简答题

1. 常见的离子峰类型有哪些？从这些离子峰中可以得到一些什么信息？

2. 画出质谱仪的结构示意图，并说明各部分的作用。

3. 常见的离子源有哪些？试述 3 种常见离子源的适用范围及其所得谱图特点。

4. 色谱与质谱联用后有什么特点？

书网融合……

知识回顾　　　　微课1　　　　微课2　　　　微课3　　　　习题

（于　勇）

参考文献

［1］国家药典委员会. 中华人民共和国药典［M］. 2020 年版. 北京：中国医药科技出版社，2020.

［2］国家药典委员会. 中国药典分析检测技术指南［M］. 北京：中国医药科技出版社，2017.

［3］中国食品药品检定研究院. 中国药品检验标准操作规范（2019 年版）［M］. 北京：中国医药科技出版社，2019.

［4］中国食品药品检定研究院. 药品检验仪器操作规程及使用指南［M］. 北京：中国医药科技出版社，2019.

［5］欧阳卉，赵强. 食品仪器分析技术［M］. 北京：中国医药科技出版社，2019.

［6］任玉红，闫冬良. 仪器分析［M］. 北京：人民卫生出版社，2018.

［7］李维斌，赵强. 分析化学［M］. 北京：人民卫生出版社，2018.

［8］高秀蕊，孙春艳. 仪器分析操作技术［M］. 青岛：中国石油大学出版社，2017.

［9］张士清. 药物分析［M］. 北京：科学出版社，2021.

［10］龚子东，柯宇新. 分析化学基础［M］. 北京：中国医药科技出版社，2016.

［11］柴逸峰，邱欣. 分析化学［M］. 8 版. 北京：人民卫生出版社，2016.

［12］武汉大学. 分析化学［M］. 6 版. 北京：高等教育出版社，2018.

［13］许国旺. 分析化学手册（第 5 分册）［M］. 3 版. 北京：化学工业出版社，2016.

［14］孙耀然. 基于纳米结构材料的光吸收特性及应用研究［D］. 杭州：浙江大学，2015.